AutoCAD 2016、3ds Max 2016 与 Photoshop CC 室内设计实例教程

三维书屋工作室

胡仁喜　　孟培　等编著

机械工业出版社

本书围绕一个大酒店室内设计，对其从施工图到效果图的完整设计流程进行了翔实的讲解。本书按知识结构分为 AutoCAD 篇、3ds Max 篇、V-Ray 篇和 Photoshop 篇，首先介绍了利用 AutoCAD 2016 进行施工图设计的方法与步骤，然后介绍了在此基础上利用 3ds Max 2016 进行相应的效果图立体建模，再进一步利用 V-Ray 进行光线跟踪渲染，最后利用 Photoshop CC 进行后期合成处理与色彩调整。每一篇都是先进行必要的基础知识讲解，再通过大酒店设计流程实例进行演练。

全书结构紧凑，内容丰富，在讲解基础知识的同时，完整地为读者展现了室内设计工程的具体实施方法与技巧。

本书可以作为广大建筑和室内设计从业人员以及爱好者的学习参考书，也可以作为建筑与室内设计相关专业和艺术设计相关专业学生实践提高的教材。

图书在版编目（CIP）数据

AutoCAD 2016、3ds Max 2016 与 Photoshop CC 室内设计实例教程/胡仁喜等编著. —4 版. —北京：机械工业出版社，2016.12（2022.1 重印）

ISBN 978-7-111-55744-9

Ⅰ . ①A⋯ Ⅱ . ①胡⋯ Ⅲ . ①室内装饰设计—计算机辅助设计—AutoCAD 软件—教材②室内装饰设计—计算机辅助设计—应用软件—教材 Ⅳ. ①TU238-39

中国版本图书馆 CIP 数据核字(2016)第 311188 号

机械工业出版社（北京市百万庄大街 22 号 邮政编码 100037）
责任编辑：曲彩云 责任印制：李 昂
北京中兴印刷有限公司印刷
2022 年 1 月第 4 版第 2 次印刷
184mm×260mm · 23.75 印张 · 573 千字
3001—3800 册
标准书号：ISBN 978-7-111-55744-9
 ISBN 978-7-89386-044-7（光盘）
定价：69.00 元（含 1DVD）

前　言

室内设计是目前蓬勃发展的一门学科，融合了建筑工程与美术设计两大学科的设计艺术精华。

现实的工程设计项目中，完整的室内设计包含了室内设计施工图和效果图两部分，两者各有侧重，又相辅相成，共同组成了室内设计的完整过程。

现代室内设计随着计算机技术的发展已经完全 CAD（计算机辅助设计）化。目前针对室内设计的各种 CAD 软件有很多，也各有其独到的优势。历经多年实践检验，AutoCAD、3ds Max、V-Ray 和 Photoshop 作为优秀的 CAD 软件，已经得到室内设计人员的广泛认同，成为较流行的室内设计软件。在这四大软件中，AutoCAD 主要应用于室内建筑施工图的设计；3ds Max、V-Ray 和 Photoshop 组合用以室内建筑效果图的设计，其中 3ds Max 又主要用来进行效果图的立体建模，V-Ray 专司渲染处理，Photoshop 应用于后期图像的合成和色彩处理，三者各司其职，共同完成室内建筑效果图的设计。

在本书的制作中，编者收集了最新的权威信息，并根据新版本的特点，围绕一个大酒店室内设计——从施工图到效果图的完整设计流程，循序渐进地演示了 AutoCAD、3ds Max、V-Ray 以及 Photoshop 相结合所进行的室内设计施工图、室内建模、灯光设置、材质设定、光能计算、渲染输出和后期处理的方法与技巧。

一、本书特色

市面上的室内设计书籍浩如烟海，读者要挑选一本自己中意的书很困难，真可谓"乱花渐欲迷人眼"。那么，本书为什么能够在您"众里寻她千百度"之际，于"灯火阑珊"中让您"蓦然回首"呢，那是因为本书具有以下 5 大特色：

● 编者权威

本书编者是 Autodesk 公司中国认证考试官方教材指定执笔作者，有多年的计算机辅助设计领域的工作经验和教学经验。本书是编者总结了多年的设计经验以及教学的心得体会，历时多年精心编著而成，力求全面细致地展现出 AutoCAD、3ds Max、V-Ray 和 Photo shop 四大软件在室内设计应用领域的各种功能和协调使用方法。

● 实例经典

本书围绕大酒店室内设计这一目前非常热门的室内设计案例展开讲解。每一篇都遵循先进行必要的基础知识讲解，再通过大酒店设计流程实例演练的思路展开介绍。本书在讲解基础知识的同时，完整地给读者展现了室内设计工程的具体实施方法与技巧，不仅保证了读者能够学好理论，更重要的是能帮助读者掌握实际的操作技能。

● 内容全面

本书按知识结构分为 AutoCAD 篇、3ds Max 篇、V-Ray 篇和 Photoshop 篇。首先讲述了利用 AutoCAD 2016 进行施工图设计的方法与步骤，然后在此基础上讲述了利用 3ds Max 2016 进行相应的效果图立体建模，再进一步讲述了利用 V-Ray 进行光线跟踪渲染，最后讲述了利用 Photoshop CC 进行后期合成处理与色彩调整。

● 提升技能

本书编写意图是使刚从事室内设计的读者可以在较短的时间内全面掌握 AutoCAD、3ds Max、V-Ray 及 Photoshop 的室内设计施工图与效果图的设计工作流程；使操作者既能轻松掌握 AutoCAD 的平面设计功能、3ds Max 的各个建模功能，又能学习 V-Ray 的图块、灯光处理功能，也能掌握利用 Photoshop 进行平面修饰处理的功能；进而使读者具有独立创作室内设计施工图和效果图的全程实际工程应用能力。同时，本书也是室内设计施工和装潢设计人员的好帮手，能进一步帮助其提高专业设计制作的水平和艺术表现能力。

● 知行合一

本书结合典型的室内设计实例详细讲解了 AutoCAD、3ds Max、V-Ray 和 Photoshop 的知识要点，让读者在学习案例的过程中能够潜移默化地掌握 AutoCAD、3ds Max、V-Ray 和 Photoshop 软件的操作技巧，同时培养室内工程设计实践能力。

二、本书的组织结构和主要内容

本书以 AutoCAD 2016、3ds Max 2016、V-Ray 和 Photoshop CC 为演示平台，全面介绍了这些软件在室内建筑施工图和效果图设计中的应用，可以帮助读者全面掌握室内设计的相关知识。全书分为 4 篇，共 10 章。各部分内容如下：

1. AutoCAD 施工图篇——介绍 AutoCAD 施工图绘制过程

第 1 章 室内设计概述。

第 2 章 AutoCAD 2016 入门。

第 3 章 大酒店大堂室内设计图绘制。

第 4 章 大酒店客房室内设计图绘制。

2. 3ds Max 效果建模篇——围绕大酒店室内设计详细介绍 3ds Max 建模过程

第 5 章 3ds Max 2016 简介。

第 6 章 建立大酒店 3ds Max 立体模型。

3. V-Ray 效果图渲染篇——围绕大酒店室内设计详细介绍大酒店室内渲染过程

第 7 章 V-Ray 简介。

第 8 章 V-Ray 渲染宾馆。

4. Photoshop 后期处理篇——围绕大酒店室内设计详细介绍大酒店室内设计效果图后期合成处理过程

第 9 章 Photoshop CC 入门。

第 10 章 在 Photoshop CC 中进行后期处理。

三、本书源文件

本书所有实例操作需要的原始文件和结果文件以及上机实验实例的原始文件和结果文件都在随书光盘的"yuanwenjian"目录下，读者可以复制到计算机硬盘中参考和使用。

四、光盘使用说明

本书除利用传统的纸介质进行讲解外，随书还配送了多媒体学习光盘。光盘中包含了全书讲解实例和练习实例的源文件素材，并制作了全程实例动画同步 AVI 文件。为了增强教学的效果，并进一步方便读者的学习，编者对实例动画进行了配音讲解。利用编者精心设计的多媒体界面，读者可以随心所欲，像看电影一样轻松愉悦地学习本书。

光盘中有两个重要的目录希望读者关注，"yuanwenjian"目录下是本书所有实例操作需要的原始文件和结果文件以及上机实验实例的原始文件和结果文件，"动画"目录下是本书所有实例的操作过程视频 AVI 文件，总时长约 7h12min。

如果读者对本书提供的多媒体界面不习惯，也可以打开该文件夹，选用自己喜欢的播放器进行播放。

提示：由于本书多媒体光盘插入光驱后自动播放，有些读者不知道怎样查看文件光盘目录，具体的方法是退出本光盘自动播放模式，然后再单击计算机桌面上的"我的电脑"图标，打开文件根目录，在光盘所在盘符上单击鼠标右键，在打开的快捷菜单中选择"打开"命令就可以查看光盘文件目录。

五、读者学习导航

本书突出了实用性及技巧性，使读者可以很快地掌握室内设计的方法和技巧。本书可供广大的技术人员和工程设计专业的学生学习使用，也可作为各大、中专院校的教学参考书。

本书学习内容导航如下：

● 如果没有任何基础：从头开始学习。
● 如果需要学习建筑施工图设计：学习第 2～4 章。
● 如果需要学习建筑三维造型设计：学习第 5、6 章。
● 如果需要学习渲染技术：学习第 7、8 章。
● 如果需要学习图像处理技术：学习第 9、10 章。
● 如果想成为室内设计高手：你就一直学到最后一页吧！

六、致谢

本书由三维书屋工作室策划，Autodesk 公司中国认证考试官方教材指定执笔专家胡仁喜博士和孟培老师主要编写，康士廷、王敏、王玮、张日晶、王艳池、闫聪聪、王培合、王义发、王玉秋、杨雪静、刘昌丽、卢园、孙立明、甘勤涛、李兵、路纯红、阳平华、李亚莉、张俊生、李鹏、周冰、董伟、李瑞、王渊峰等参加了部分章节的编写。

本书虽经编者几易其稿，但由于时间仓促，加之水平有限，书中不足之处在所难免，望广大读者登录 www.sjzswsw.com 或联系 win760520@126.com 批评指正，编者将不胜感激，也欢迎加入三维书屋图书学习交流群（QQ：379090620）进行交流探讨。

编　者

目　录

第 1 篇

AutoCAD 施工图篇

▶▶▶ 主要内容

- 室内设计概述
- AutoCAD 2016 入门
- 大酒店大堂室内设计图绘制
- 大酒店客房室内设计图绘制

第 1 章

室内设计概述

为了让初学者对室内设计有一个粗略的了解，本章介绍了室内设计的基本知识。由于它不是本书的主要内容，所以只做简明扼要的介绍。对于室内设计的知识，初学者仅仅阅读这一部分是远远不够的，还应该参看其他专门的相关书籍，在此特别说明。

室内设计图样是交流设计思想、传达设计意图的技术文件，是室内装饰施工的依据，所以它们应该遵循统一的制图规范，在正确的制图理论及方法的指导下完成，否则就会失去图样的意义。因此，即使是在当今大量采用计算机绘图的形势下，仍然有必要掌握基本的绘图知识。考虑到部分读者未经过常规的制图训练，因此在本节中将必备的制图知识做一个简单介绍。

- 了解室内设计的基本概念。
- 把握室内设计中涉及的几个要素和注意事项。
- 了解室内设计制图的基本概念。
- 把握室内设计制图的表现形式、程序、要求规范及内容。

1.1 室内设计基本知识

一般来说,室内设计工作可能出现在整个工程建设过程的以下 3 个时期:

(1)与建筑设计、景观设计同期进行。这种方式有利于室内设计师与建筑师、景观设计师配合,从而使建筑室内环境和室外环境风格协调统一,为设计出良好的建筑作品提供了条件。

(2)在建筑设计完成后、建筑施工未结束之前进行。室内设计师在参照建筑、结构及水暖电等设计图样资料的同时,也需要和各部门、各工程师交流设计思想,同时注意施工中难以避免更改的部位,并做出相应的调整。

(3)在主体工程施工结束后进行。这种情况下,室内设计师对建筑空间的规划设计参与性最小,基本上是在建筑师设计成果的基础上来完成室内环境设计。当然,在一些大跨度、大空间结构体系中,设计师的自由度还是比较大的。

室内设计中的几个要素如下:

1. 设计前的准备工作

(1)明确设计任务及要求,包括功能要求、工程规模、装修等级标准、总造价、设计期限及进度、室内风格特征及室内氛围趋向、文化内涵等。

(2)现场踏勘收集第一手资料,收集必要的相关工程图,查阅同类工程的设计资料或现场参观学习同类工程,获取设计素材。

(3)熟悉相关标准、规范和法规的要求,熟悉定额标准,熟悉市场的设计取费惯例。

(4)与业主签订设计合同,明确双方责任、权利及义务。

(5)考虑与各工种协调配合的问题。

2. 两个出发点和一个归宿

室内设计力图满足使用者物质上和精神上的各种需求。在进行室内设计时,应注意两个出发点:一个是室内环境的使用者;另一个是既有的建筑条件,包括建筑空间情况、配套的设备条件(水、暖、电、通信等)及建筑周边环境特征。一个归宿是创造良好的室内环境。

第一个出发点是基于以人为本的设计理念提出的。对于装修工程,小到个人、家庭,大到一个集团的全体职员,都是设计师服务的对象,但有的设计师比较倾向于表现个人艺术风格而忽略了这一点。从使用者的角度考察,应注意以下几个方面:

(1)人体尺度。考察人体尺度,可以获得人在室内空间里完成各种活动时所需的动作范围,以此作为确定构成室内空间的各部分尺度的依据。在很多设计手册里都有各种人体尺度的参数,读者在需要时可以查阅。然而,仅仅满足人体活动的空间是不够的,确定空间尺度时还需考虑人的心理需求空间,它的范围比活动空间大。此外,在特意塑造某种空间意象时(如高大、空旷、肃穆等),空间尺度还要做相应的调整。

(2)室内功能要求、装修等级标准、室内风格特征及室内氛围趋向、文化内涵要求等。一方面设计师可以直接从业主那里获得这些信息,另一方面设计师也可以就这些问题给业主提出建议或者跟业主协商解决。

(3)造价控制及设计进度。室内设计要考虑客户的经济承受能力,否则无法实施。

如今生活工作的节奏比较快，把握设计期限和进度，有利于按时完成设计任务、保证设计质量。

第二个出发点的目的在于仔细把握现有的建筑客观条件，充分利用它的有利因素，局部纠正或规避不利因素。

如何设计出好的室内作品，这中间还有一个设计过程，需要考虑空间布局、室内色彩、装饰材料、室内物理环境、室内家具陈设、室内绿化因素、设计方法和表现技能等。

3．空间布局

人们在室内空间里进行生活、学习、工作等各种活动时，每一种相对独立的活动都需要一个相对独立的空间，如会议室、商店、卧室等。一个相对独立的活动过渡到另一个相对独立的活动，这中间就需要一个交通空间，如走道。人的室内行为模式和规范影响着空间的布置，反过来，空间的布置又有利于引导和规范人的行为模式。此外，人在室内活动时，对空间除了物质上的需求，还有精神上的需求。物质需求包括空间大小及形状、家具陈设、人流交通、消防安全、声光热物理环境等；精神需求是指空间形式和特征能否反映业主的情趣和美的享受，能否对人的心理情绪进行良性的诱导。从这个角度来看，不难理解各种室内空间的形成、功能及布置特点。

在进行空间布局时，一般要注意动静分区、洁污分区、公私分区等问题。动静分区就是指相对安静的空间和相对嘈杂的空间应有一定程度的分离，以免互相干扰。例如，在住宅里，餐厅、厨房、客厅与卧室相互分离；在宾馆里，客房部与餐饮部相互分离等。洁污分区，也叫干湿分区，指的是诸如卫生间、厨房这种潮湿环境应该跟其他清洁、干燥的空间分离。公私分区是针对空间的私密性问题提出来的，空间要体现私密、半私密、公开的层次特征。另外，还有主要空间和辅助空间之分。主要空间应争取布置在具有多个有利因素的位置上，辅助空间布置在次要位置上。这些是对空间布置上的普遍看法，在实际操作中则应具体问题具体分析，做到有理有据，灵活处理。

室内设计师直接参与建筑空间的布局和划分的机会较小。大多情况下，室内设计师面对的是已经布局好了的空间。比如在一套住宅里，起居厅、卧室、厨房等空间和它们之间的连接方式基本上已经确定；再如写字楼里，办公区、卫生间、电梯间等空间及相对位置也已确定了。于是，室内设计师在把握建筑师空间布局特征的基础上，需要亲自处理的是更微观的空间布局。比如在住宅里，应如何布置沙发、茶几、家庭影视设备，如何处理地面、墙面、顶棚等构成要素以完善室内空间；再如将一个建筑空间布置成快餐店，应考虑哪个区域布置就餐区，哪个区域布置服务台，哪个区域布置厨房，流线如何引导等。

4．室内色彩和材料

视觉感受到的颜色来源于可见光波。可见光的波长范围为380～780nm，依波长由大到小呈现出红、橙、黄、绿、青、蓝、紫等颜色及中间颜色。当可见光照射到物体上时，一部分波长的光线被吸收，而另一部分波长的光线被反射，反射光线在人的视网膜上呈现的颜色就被认为是物体的颜色。颜色具有3个要素，即色相、明度和彩度。色相，指一种颜色与其他颜色相区别的特征，如红与绿相区别，它由光的波长决定。明度，指颜色的明暗程度，它取决于光波的振幅。彩度，指某一纯色在颜色中所占的比例，有的也将它称为纯度或饱和度。进行室内色彩设计时，应注意以下几个方面：

（1）室内环境的色彩主要反映为空间各部件的表面颜色以及各种颜色相互影响后的

视觉感受，它们还受光源（如自然光、人工光）的照度、光色和显色性等因素的影响。

（2）仔细结合材质、光线研究色彩的选用和搭配，使之协调统一，有情趣，有特色，能突出主题。

（3）考虑室内环境使用者的心理需求、文化倾向和要求等因素。

材料的选择，须注意材料的质地、性能、色彩、经济性、健康环保等问题。

5．室内物理环境

室内物理环境是室内光环境、声环境、热工环境的总称。这3个方面直接影响着人的学习与工作效率、人的生活质量、身心健康等，是提高室内环境质量不可忽视的因素。

（1）室内光环境　室内的光线来源于两个方面：一方面是自然光，另一方面是人工光。自然光由直射太阳光穿过地球大气层时扩散而成的天空光组成。人工光主要是指各种电光源发出的光线。

尽量争取利用自然光满足室内的照度要求，在不能满足照度要求的地方辅助人工照明。一般情况下，特别是在冬天，一定量的直射阳光照射到室内，有利于室内杀菌和人的身体健康；在夏天，炙热的阳光射到室内会使室内迅速升温，长时间照射会使室内陈设物品褪色、变质等，所以应注意遮阳、隔热问题。

现代用的照明电光源可分为两大类：一类是白炽灯，另一类是气体放电灯。白炽灯是靠灯丝通电加热到高温而放出热辐射光，如普通白炽灯、卤钨灯等；气体放电灯是靠气体激发而发光，属冷光源，如荧光灯、高压钠灯、低压钠灯、高压汞灯等。

照明设计应注意以下几个因素：①合适的照度；②适当的亮度对比；③宜人的光色；④良好的显色性；⑤避免眩光；⑥正确的投光方向。除此之外，在选择灯具时，应注意其发光效率、寿命及是否便于安装等因素。目前国家出台的相关照明设计标准中规定有各种室内空间的平均照度标准值，许多设计手册中也提供了各种灯具的性能参数，读者可以参阅。

（2）室内声环境　室内声环境的处理主要包括两个方面：一方面是室内音质的设计，如音乐厅、电影院等，目的是提高室内音质，满足应有的听觉效果；另一方面是隔声与降噪，旨在隔绝和降低各种噪声对室内环境的干扰。

（3）室内热工环境　热工环境受室内热辐射、室内温度、湿度、空气流速等因素的综合影响。为了满足人们舒适、健康的要求，在进行室内设计时，应结合空间布局、材料构造、家具陈设、色彩、绿化等方面综合考虑。

6．室内家具陈设

家具是室内环境的重要组成部分，也是室内设计需要处理的重点之一。室内家具多半是到市场、工厂购买或定做，也有少部分家具由室内设计师直接进行设计。在选购和设计家具时，应该注意以下几个方面：

（1）家具的功能、尺度、材料及做工等。

（2）形式美的要求宜与室内风格、主题协调。

（3）业主的经济承受能力。

（4）充分利用室内空间。

室内陈设一般包括各种家用电器、运动器材、器皿、书籍、化妆品、艺术品及其他个人收藏等。处理这些陈设物品，宜适度、得体，避免庸俗化。

此外，室内的各种织物的功能、色彩、材质的选择和搭配也是不容忽视的。

7．室内绿化

绿色植物常常是生机盎然的象征，把绿化引进室内有助于塑造室内环境。常见的室内绿化有盆栽、盆景、插花等形式，一些公共室内空间和一些居住空间也综合运用花木、山石、水景等园林手法来达到绿化目的，如宾馆的中庭设计等。

绿化能够改善和美化室内环境，可以在一定程度上改善空气质量，改善人的心情，也可以利用它来分隔空间，引导空间，突出或遮掩局部位置。它的功能灵活多样。

进行室内绿化时，应该注意以下因素：

（1）植物是否对人体有害。注意植物散发的气味是否有害健康，或者使用者对植物的气味是否过敏，有刺的植物不应让儿童接近等。

（2）植物的生长习性。注意植物喜阴还是喜阳、喜潮湿还是喜干燥、常绿还是落叶等习性，注意土壤需求、花期、生长速度等。

（3）植物的形状、大小和叶子的形状、大小、颜色等。注意选择合适的植物和合适的搭配。

（4）与环境协调，突出主题。

（5）精心设计，精心施工。

8．室内设计制图

不管多么优秀的设计思想都要通过图样来传达。准确、清晰、美观的制图是室内设计不可缺少的部分，对赢得中标和指导施工起着重要的作用，是设计师必备的技能。

1.2 室内设计制图基本知识

1.2.1 室内设计制图概述

1．室内设计制图的概念

室内设计图是室内设计人员用来表达设计思想、传达设计意图的技术文件，是室内装饰施工的依据。室内设计制图就是根据正确的制图理论及方法，按照国家统一的室内制图规范将室内空间6个面上的设计情况在二维图面上表现出来，它包括室内平面图、室内顶棚平面图、室内立面图、室内细部节点详图等。住房和城乡建设部出台的《房屋建筑制图统一标准》（GB/T 50001—2010）和《建筑制图标准》（GB/T 50104—2010）是室内设计中手工制图和计算机制图的依据。

2．室内设计制图的方式

室内设计制图有手工制图和电脑制图两种方式。手工制图又分为徒手绘制和工具绘制两种。

手工制图应该是设计师必须掌握的技能，也是学习AutoCAD软件或其他电脑绘图软件的基础，尤其是徒手绘画，往往是体现设计师素养和职场上的闪光点。采用手工绘图的方式可以绘制全部的图样文件，但是需要花费大量的精力和时间。电脑制图是指操作绘图软件在电脑上画出所需图形，并形成相应的图形文件，通过绘图仪或打印机将图形文件输出，形成具体的图样。一般情况下，手绘方式多用于方案构思设计阶段，电脑制图多用于施工图设计阶段。这两种方式同等重要，不可偏废。在本书里，重点讲解应用 AutoCAD 绘制室内设计图，对于手绘不做具体介绍，读者若需要加强这项技能，可以参看其他相关书籍。

3．室内设计制图程序

室内设计制图的程序是跟室内设计的程序相对应的。室内设计一般分为方案设计阶段和施工图设计阶段。方案设计阶段形成方案图（有的书籍将该阶段细分为构思分析阶段和方案图阶段），施工图设计阶段形成施工图。方案图包括平面图、顶棚图、立面图、剖面图及透视图等，一般要进行色彩表现，它主要用于向业主或招标单位进行方案展示和汇报，所以其重点在于形象地表现设计构思。施工图包括平面图、顶棚图、立面图、剖面图、节点构造详图及透视图，它是施工的主要依据，因此它需要详细、准确地表示出室内布置、各部分的大小形状、材料、构造做法及相互关系等各项内容。

1.2.2 室内设计制图的要求及规范

1．图幅、图标及会签栏

图幅即图面的大小。需根据国家规范的规定，按图面的长和宽的大小确定图幅的等级。室内设计常用的图幅有 A0（也称 0 号图幅，其余类推）、A1、A2、A3 及 A4，每种图幅的长宽尺寸见表 1-1，表中的尺寸代号意义如图 1-1 和图 1-2 所示。

表 1-1　图幅标准　　　　　　　　　　　　　　　（单位：mm）

尺寸代号 \ 图幅	A0	A1	A2	A3	A4
b×1	841×1189	594×841	420×594	297×420	210×297
c		10			5
a			25		

图标即图纸的图标栏，它包括设计单位名称、工程名称、签字区、图名区及图号区等内容。一般图标格式如图 1-3 所示，如今不少设计单位采用自己个性化的图标格式，但是仍必须包括这几项内容。

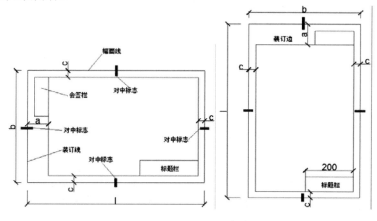

图 1-1　A0～A3 图幅格式

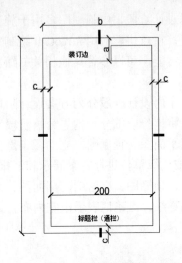

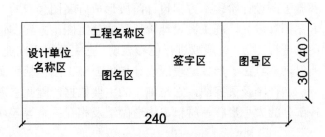

图 1-2　A4 图幅格式　　　　　　　　　　图 1-3　图标格式

　　会签栏是为各工种负责人审核后签名用的，它包括专业、姓名、日期等内容，具体内容根据需要设置图 1-4 所示为其中的一种格式，对于不需要会签的图样，可以不设此栏。

图 1-4　会签栏格式

　　2．线型要求

　　室内设计图主要由各种线条构成，不同的线型表示不同的对象和不同的部位，代表着不同的含义。为了图面能够清晰、准确、美观地表达设计思想，工程实践中采用了一套常用的线型，并规定了它们的使用范围，见表 1-2。在 AutoCAD 中可以通过"图层"中"线型""线宽"的设置来选定所需线型。

注意

标准实线宽度 b=0.4～0.8mm。

　　3．尺寸标注

　　第 2 章将详细介绍尺寸标注的设置问题。

　　4．文字说明

　　在一幅完整的图样中用图线方式表现得不充分和无法用图线表示的地方，就需要进行文字说明，如材料名称、构配件名称、构造做法、统计表及图名等。文字说明是图样内容的重要组成部分，制图规范对文字标注中的字体、字的大小、字体字号搭配等方面做了一些具体规定。

（1）一般原则　字体端正，排列整齐，清晰准确，美观大方，避免过于个性化的文字标注。

表1-2　常用线型

名　称	线　型		线宽	适用范围
实线	粗		b	1.平、剖面图中被剖切的主要建筑构造(包括构配件)的轮廓线 2.建筑立面图或室内立面图的外轮廓线 3.建筑构造详图中被剖切的主要部分的轮廓线 4.建筑构配件详图中的外轮廓线 5.平、立、剖面的剖切符号
	中粗		0.7b	1.平、剖面图中被剖切的次要建筑构造(包括构配件)的轮廓线 2.建筑平、立、剖面图中建筑构配件的轮廓线 3.建筑构造详图及建筑构配件详图中的一般轮廓线
	中		0.5b	小于0.7b的图形线、尺寸线、尺寸界限、索引符号、标高符号、详图材料做法引出线、粉刷线、保温层线、地面和墙面的高差分界线等
	细		0.25b	图例填充线、家具线、纹样线等
虚线	中粗		0.7b	1.建筑构造详图及建筑构配件不可见的轮廓线 2.平面图中的梁式起重机(吊车)轮廓线 3.拟建、扩建建筑物轮廓线
	中		0.5b	投影线、小于0.5b的不可见轮廓线

（续）

名　称		线　型	线宽	适用范围
虚线	细	— — — — — — — — —	0.25b	图例填充线、家具线等
点画线	细	— · — · — · — · — ·	0.25b	轴线、构配件的中心线、对称线等
折断线	细	——————／\———————	0.25b	省画图样时的断开界限
波浪线	细	～～～～～～～	0.25b	构造层次的断开界线，有时也表示省略画出时的断开界限

（2）字体　一般标注推荐采用仿宋字，标题可用楷体、隶书、黑体字等。例如：

仿宋：室内设计（小四）室内设计（四号）室内设计（二号）

黑体：室内设计（四号）室内设计（小二）

楷体：室内设计（四号）室内设计（二号）

隶书：**室内设计（三号）室内设计（一号）**

字母、数字及符号：0123456789abcdefghijk% @ 或

0123456789abcdefghijk%@

（3）字的大小　标注的文字高度要适中。同一类型的文字采用同一大小的字。较大的字用于较概括性的说明内容，较小的字用于较细致的说明内容。

（4）字体及大小的搭配　注意体现层次感。

5．常用图示标志

（1）详图索引符号及详图符号　室内平、立、剖面图中，在需要另设详图表示的部位标注一个索引符号，以表明该详图的位置，这个索引符号即详图索引符号。详图索引符号采用细实线绘制，圆圈直径为10mm。如图1-5d～g所示用于索引剖面详图，当详图就在本张图纸时采用图1-5a所示的形式，当详图不在本张图纸时采用图1-5b～g所示的形式。

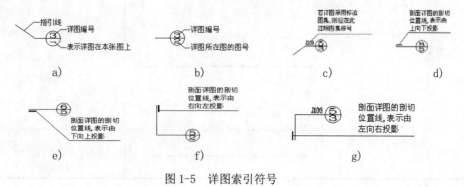

图1-5　详图索引符号

详图符号即详图的编号，用粗实线绘制，圆圈直径为 14mm，如图 1-6 所示。

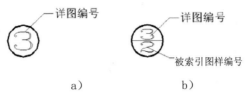

图 1-6 详图符号

（2）引出线 由图样引出一条或多条线段指向文字说明，该线段就是引出线。引出线与水平方向的夹角一般采用 0º、30º、45º、60º、90º，常见的引出线形式如图 1-7 所示。图 1-7a～d 所示为普通引出线，图 1-7e～h 所示为多层构造引出线。使用多层构造引出线时，应注意构造分层的顺序要与文字说明的分层顺序一致。文字说明可以放在引出线的端头（如图 1-7a～h 所示），也可放在引出线水平段之上（如图 1-7i 所示）。

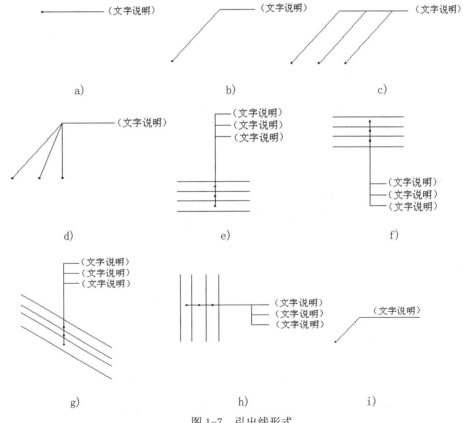

图 1-7 引出线形式

（3）内视符号 在房屋建筑中，一个特定的室内空间领域总会存在竖向分隔（隔断或墙体），因此，根据具体情况，就有可能绘制 1 个或多个立面图来表达隔断、墙体及家具、构配件的设计情况。内视符号标注在平面图中，包含视点位置、方向和编号 3 个信息，建立平面图和室内立面图之间的联系。内视符号的形式如图 1-8 所示，图中立面图编号可用英文字母或阿拉伯数字表示，黑色的箭头指向表示立面的方向；图 1-8a 所示为单向内视符号，图 1-8b 所示为双向内视符号，图 1-8c 所示为四向内视符号，A、B、C、D 顺时针标注。

a)

b)

c)

图1-8　内视符号

为了方便读者查阅，见表1-3列出了室内设计图常用符号图例。

表 1-3　室内设计图常用符号图例

符　号	说　　明	符　号	说　　明
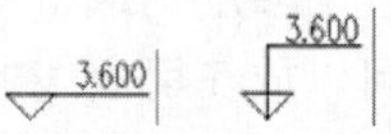 ▽ 3.600　▽ 3.600	标高符号，线上数字为标高值，单位为 m。右面一个在标注位置比较拥挤时采用	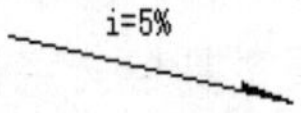 i=5%	表示坡度
⌐1　1⌐	标注剖切位置的符号，标数字的方向为投影方向，"1"与剖面图的编号"4-1"对应	 2　2	标注绘制断面图的位置，标数字的方向为投影方向，"2"与断面图的编号"2-2"对应
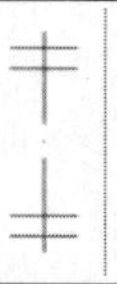 对称符号图形	对称符号。在对称图形的中轴位置画此符号，可以省画另一半图形	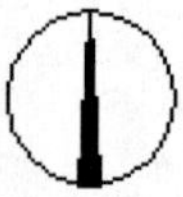 指北针图形	指北针
楼板开方孔图形	楼板开方孔	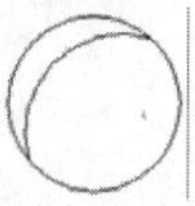 楼板开圆孔图形	楼板开圆孔
@	表示重复出现的固定间隔，如"双向木格栅@500"	Φ	表示直径，如 Φ30
平面图 1:100	图名及比例	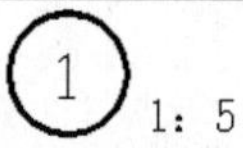 ① 1：5	索引详图名及比例
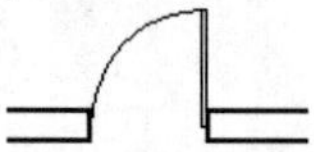 单扇平开门图形	单扇平开门	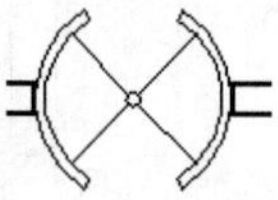 旋转门图形	旋转门
 双扇平开门图形	双扇平开门	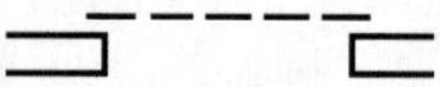 卷帘门图形	卷帘门
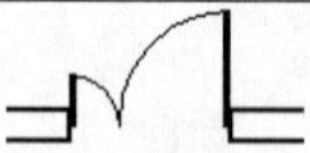 子母门图形	子母门	 单扇推拉门图形	单扇推拉门
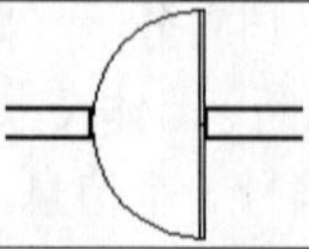 单扇弹簧门图形	单扇弹簧门	 双扇推拉门图形	双扇推拉门
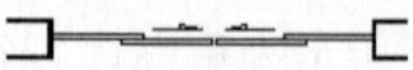 四扇推拉门图形	四扇推拉门	 折叠门图形	折叠门

（续）

符 号	说 明	符 号	说 明
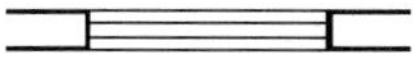	窗	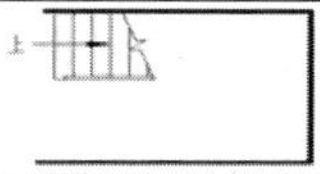	首层楼梯
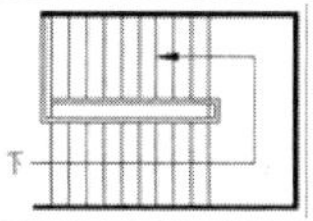	顶层楼梯	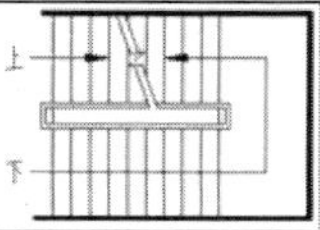	中间层楼梯

6．常用材料符号

室内设计图中经常应用材料图例来表示材料，在无法用图例表示的地方，也采用文字说明。为了方便读者查阅，见表1-4列出了常用材料图例。

表 1-4　常用材料图例

材料图例	说 明	材料图例	说 明
	自然土壤		夯实土壤
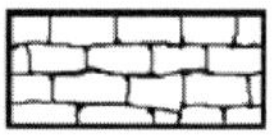	毛石砌体	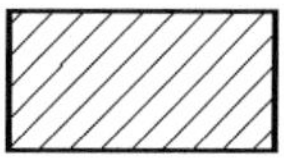	普通砖
	石材	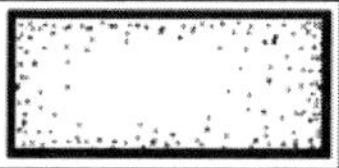	砂、灰土
	空心砖		松散材料
	混凝土	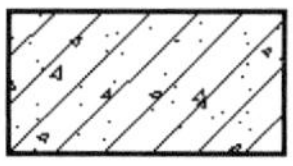	钢筋混凝土
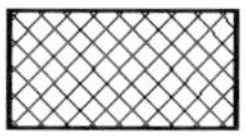	多孔材料	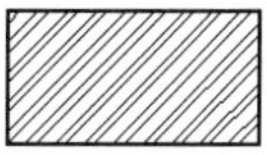	金属
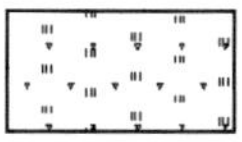	矿渣、炉渣	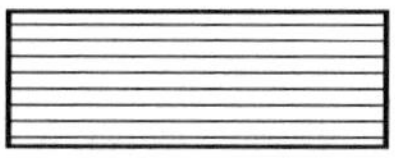	玻璃
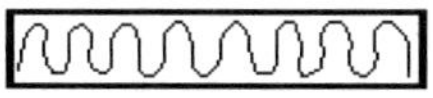	纤维材料		防水材料（上、下两种根据绘图比例大小选用
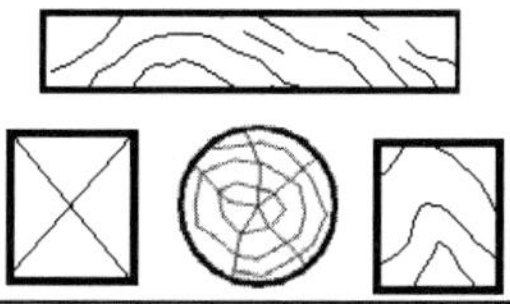	木材	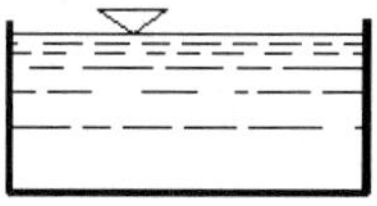	液体（须注明液体名称）

7．常用绘图比例

下面列出常用绘图比例，读者可根据实际情况灵活使用。

（1）平面图：1:50、1:100 等。

（2）立面图：1:20、1:30、1:50、1:100 等。

（3）顶棚图：1:50、1:100 等。

（4）构造详图：1:1、1:2、1:5、1:10、1:20 等。

1.2.3　室内设计制图的内容

如前所述，一套完整的室内设计图一般包括平面图、顶棚图、立面图、构造详图和透视图。

1．室内平面图

室内平面图是以平行于地面的切面在距地面 1.5mm 左右的位置将上部切去而形成的正投影图。室内平面图中应表达的内容有：

（1）墙体、隔断、门窗、各空间大小及布局、家具陈设、人流交通路线、室内绿化等。若不单独绘制地面材料平面图，则应该在平面图中表示出地面材料。

（2）标注各房间尺寸、家具陈设尺寸及布局尺寸，对于复杂的公共建筑，则应标注轴线编号。

（3）注明地面材料名称及规格。

（4）注明房间名称、家具名称。

（5）注明室内地坪标高。

（6）注明详图索引符号、图例及立面内视符号。

（7）注明图名和比例。

（8）对需要辅助文字说明的平面图，还要注明文字说明、统计表格等。

2．室内顶棚图

室内设计顶棚图是根据顶棚在其下方假想的水平镜面上的正投影绘制而成的镜像投影图。顶棚图中应表达的内容有：

（1）顶棚的造型及材料说明。

（2）顶棚灯具和电器的图例、名称规格等说明。

（3）顶棚造型尺寸标注、灯具、电器的安装位置标注。

（4）顶棚标高标注。

（5）顶棚细部做法的说明。

（6）详图索引符号、图名、比例等。

3．室内立面图

以平行于室内墙面的切面将前面部分切去后，剩余部分的正投影图即室内立面图。立面图的主要内容有：

（1）墙面造型、材质及家具陈设在立面上的正投影图。

（2）门窗立面及其他装饰元素立面。

（3）立面各组成部分尺寸、地坪吊顶标高。

（4）材料名称及细部做法说明。

（5）详图索引符号、图名、比例等。

4．构造详图

为了放大个别反映设计内容和细部做法，多以剖面图的方式表达局部剖开后的情况，这就是构造详图。表达的内容有：

（1）以剖面图的绘制方法绘制出各材料断面、构配件断面及其相互关系。

（2）用细线表示出剖视方向上看到的部位轮廓及相互关系。

（3）标出材料断面图例。

（4）用指引线标出构造层次的材料名称及做法。

（5）标出其他构造做法。

（6）标注各部分尺寸。

（7）标注详图编号和比例。

5．透视图

透视图是根据透视原理在平面上绘制出能够反映三维空间效果的图形，它与人的视觉空间感受相似。室内设计常用的绘制方法有一点透视、两点透视（成角透视）和鸟瞰图 3 种。

透视图可以通过人工绘制，也可以应用计算机绘制，是一个完整的设计方案中不可缺少的部分。它能直观表达设计思想和效果，故也称作效果图或表现图。

1.2.4 室内设计制图的计算机应用软件简介

1．二维图形的制作

这里的二维图形是指绘制室内设计平面图、立面图、剖面图、顶棚图、详图的矢量图形。在工程实践中，应用最多的软件是美国 Autodesk 公司开发的 AutoCAD 软件。它的最新版本也就是本书介绍的 AutoCAD 2016。AutoCAD 是一个功能强大的矢量图形制作软件。它适应于建筑、机械、汽车、产品、服装等诸多行业，并且它为二次开发提供了良好的平台和接口。为了方便建筑设计及室内设计绘图，国内有关公司出版了一些基于 AutoCAD 的二次开发软件，如天正、圆方等。

2．三维图形的制作

三维图形的制作分为两个步骤：一是建模，二是渲染。这里的建模指的是通过计算机建立室内空间的虚拟三维模型和灯光模型。渲染指的是应用渲染软件对模型进行渲染。

（1）常见的建模软件有美国 Autodesk 公司开发的 AutoCAD、3ds Max、3DS VIZ 等。应用 AutoCAD 可以进行准确建模，但是它的渲染效果较差，一般需要导入 3ds Max 或 3DS VIZ 中附材质、设置灯光，而后渲染，而且还要处理好导入前后的接口问题。3ds Max 和 3DS VIZ 都是功能强大的三维建模软件，二者的界面基本相同，不同的是 3ds Max 面向普遍的三维动画制作，而 3DS VIZ 是 Autodesk 公司专门为建筑、机械等行业定制的三维建模及渲染软件，取消了建筑、机械行业不必要的功能，增加了门窗、楼梯、栏杆、树木等造型模块和环境生成器，3DS VIZ 4.2 以上的版本还集成了 V-Ray 的灯光技术，弥补了 3ds Max 的灯光技术的欠缺。

（2）常用的渲染软件有 3ds Max、3DS VIZ 和 V-Ray 等。V-Ray 的优点是它的灯光技术，它不但能计算直射光产生的光照效果，而且能计算光线在界面上发生反射以后形成的环境光照效果，与真实情况更接近，从而渲染效果比较好，尤其适用于室内效果图制作。另外，3ds Max、3DS VIZ 不断推出新版本，它们的灯光技术也越来越完善。

3．后期制作

模型渲染以后一般都需要进行后期处理，Adobe 公司开发的 Photoshop 是一个首选的、功能强大的平面图像后期处理软件。若需将设计方案做成演示文稿进行方案汇报，则可以根据具体情况，选择 PowerPoint、Flash 及其他影音制作软件。

第 **2** 章

AutoCAD 2016 入门

本章开始循序渐进地学习 AutoCAD 2016 绘图的有关基本知识。了解如何设置图形的系统参数、样板图，熟悉建立新的图形文件、打开已有文件的方法等，为后面进入系统学习准备必要的前提知识。

   点

- 了解 AutoCAD 的操作界面。
- 学习绘图系统，熟悉文件管理、基本输入操作、图层设置的基本流程。
- 掌握 CAD 绘图功能。

2.1 操作界面

　　AutoCAD 操作界面是 AutoCAD 显示、编辑图形的区域，一个完整的草图与注释操作界面如图 2-1 所示，包括标题栏、绘图区、十字光标、坐标系图标、命令行窗口、状态栏、布局标签和快速访问工具栏等。

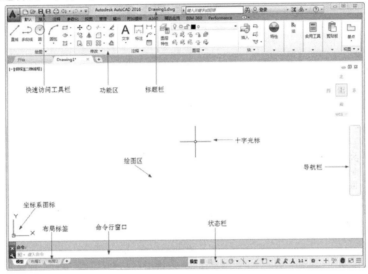

图 2-1　AutoCAD 2016 中文版的操作界面

⚠注意

　　安装 AutoCAD 2016 后，默认的界面如图 2-2 所示，在绘图区中右击鼠标，打开快捷菜单，如图 2-3 所示，选择"选项"命令，打开"选项"对话框，选择"显示"选项卡，在窗口元素对应的"配色方案"中设置为"明"，如图 2-4 所示，单击"确定"按钮，退出对话框，其操作界面如图 2-1 所示。

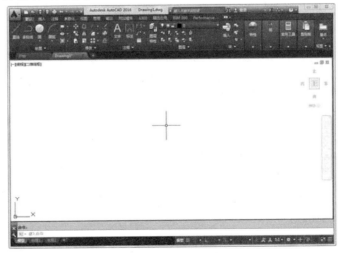

图 2-2　默认界面

17

图 2-3 快捷菜单

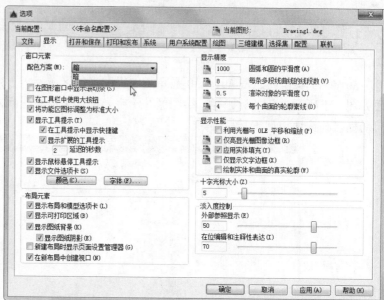

图 2-4 "选项"对话框

2.1.1 标题栏

在 AutoCAD 2016 中文版绘图窗口的最上端是标题栏。在标题栏中，显示了系统当前正在运行的应用程序名称和版本（AutoCAD 2016）以及用户正在使用的图形文件。在用户第一次启动 AutoCAD 时，在绘图窗口的标题栏中，将显示在启动时创建并打开的图形文件的名字 Drawing1.dwg，如图 2-1 所示。

2.1.2 绘图区

绘图区是指在标题栏下方的大片空白区域，绘图区是用户使用 AutoCAD 绘制图形的区域，用户完成一幅设计图形的主要工作都是在绘图区域中完成的。在绘图区域中，还有一个作用类似光标的十字线，其交点反映了光标在当前坐标系中的位置。在 AutoCAD 2016 中，将该十字线称为光标，AutoCAD 通过光标显示当前点的位置。十字线的方向与当前用户坐标系的 X、Y 轴方向平行，十字线的长度系统预设为屏幕大小的 5%，如图 2-1 所示。

1. 修改图形窗口中十字光标的大小

光标的长度系统预设为屏幕大小的 5%，用户可以根据绘图的实际需要更改其大小，其方法为：在绘图窗口中选择菜单中的"工具"→"选项"命令，弹出"选项"对话框。如图 2-4 所示，打开"显示"选项卡，在"十字光标大小"文本框中直接输入数值，或者拖动文本框后的滑块，即可以对十字光标的大小进行调整；此外，还可以通过设置系统变量 CURSORSIZE 的值，实现对其大小的更改。命令行提示与操作如下：

命令: CURSORSIZE✓

输入 CURSORSIZE 的新值 <5>:

在提示下输入新值即可，其默认值为 5%。

2．修改绘图窗口的颜色

在默认情况下，AutoCAD 2016的绘图窗口是黑色背景、白色线条，这不符合绝大多数用户的习惯，因此修改绘图窗口的颜色是大多数用户都需要进行的操作。

修改绘图窗口颜色的方法为：在图2-5所示的"显示"选项卡中单击"窗口元素"选项组中的"颜色"按钮，打开图2-6所示的"图形窗口颜色"对话框；在"颜色"下拉列表框中选择需要的窗口颜色，然后单击"应用并关闭"按钮，此时AutoCAD软件的绘图区域颜色即可变为所选择的窗口颜色，通常按视觉习惯选择白色为窗口颜色。

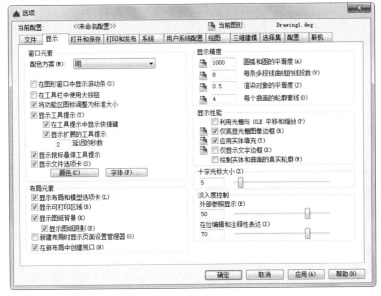

图2-5　"选项"对话框中的"显示"选项卡

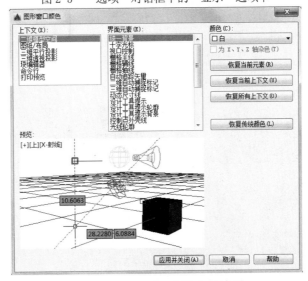

图2-6　"图形窗口颜色"对话框

2.1.3　坐标系

在绘图区域的左下角，有一个箭头指向图标，称之为坐标系，表示用户绘图时正使用的坐标系形式，如图 2-1 所示。坐标系的作用是为点的坐标确定一个参照系。根据工作需要，用户可以选择将其关闭。方法是选择菜单中的"视图"→"显示"→"UCS 图标"→"开"命令，将 UCS 图标关闭，如图 2-7 所示。

图 2-7　"视图"菜单

2.1.4　菜单栏

在 AutoCAD 快速访问工具栏处调出菜单栏，如图 2-8 所示，调出后的菜单栏如图 2-9 所示。同其他 Windows 程序一样，AutoCAD 的菜单也是下拉形式的，并在菜单中包含子菜单。AutoCAD 的菜单栏中包含 12 个菜单："文件""编辑""视图""插入""格式""工具""绘图""标注""修改""参数""窗口"和"帮助"，这些菜单几乎包含了 AutoCAD 的所有绘图命令，后面的章节将对这些菜单功能作详细的讲解。一般来讲，AutoCAD 下拉菜单中的命令有以下 3 种。

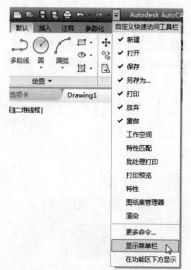

图 2-8　调出菜单栏

图 2-9　菜单栏显示界面

（1）带有子菜单的菜单命令　这种类型的命令后面带有小三角形，例如，单击菜单栏中的"绘图"命令，指向其下拉菜单中的"圆"命令，屏幕上就会进一步显示出"圆"子菜单中所包含的命令，如图2-10所示。

（2）打开对话框的菜单命令　这种类型的命令后面带有省略号，例如，单击菜单栏中的"格式"菜单，选择其下拉菜单中的"文字样式（S）..."命令，如图2-11所示。屏幕上就会打开对应的"文字样式"对话框，如图2-12所示。

（3）直接操作的菜单命令　这种类型的命令后面既不带小三角形，也不带省略号，选择该命令将直接进行相应的操作。例如，选择菜单栏中的"视图"→"重画"命令，系统将刷新显示所有视口，如图2-13所示。

图 2-10　带有子菜单的菜单命令

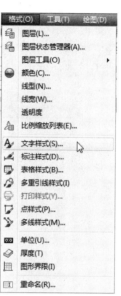

图 2-11　打开对话框的菜单命令

图 2-12　"文字样式"对话框

图 2-13　直接操作的菜单命令

2.1.5 工具栏

工具栏是一组按钮工具的集合，选择菜单栏中的"工具"→"工具栏"→"AutoCAD"，调出所需要的工具栏，把光标移动到某个按钮上，稍停片刻即在该按钮的一侧显示相应的功能提示，此时，单击按钮就可以启动相应的命令了。

（1）设置工具栏 AutoCAD 2016 提供了几十种工具栏，选择菜单栏中的"工具"→"工具栏"→"AutoCAD"，调出所需要的工具栏，如图 2-14 所示。单击某一个未在界面显示的工具栏名，系统自动在界面打开该工具栏；反之，关闭工具栏。

（2）工具栏的"固定""浮动"与"打开" 工具栏可以在绘图区"浮动"显示（如图 2-15 所示），此时显示该工具栏标题，并可关闭该工具栏，可以拖动"浮动"工具栏到绘图区边界，使它变为"固定"工具栏，此时该工具栏标题隐藏。也可以把"固定"工具栏拖出，使它成为"浮动"工具栏。

图 2-14 调出工具栏

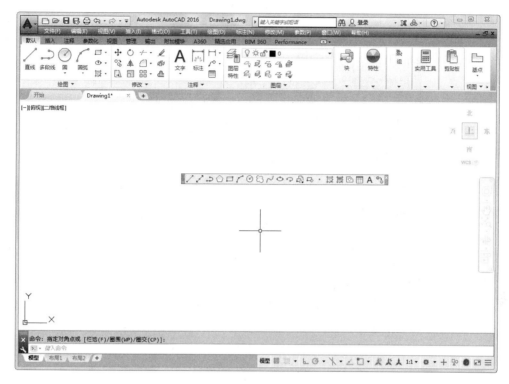

图 2-15 "浮动"工具栏

有些工具栏按钮的右下角带有一个小三角，单击会打开相应的工具栏，将光标移动到某一按钮上并单击，该按钮就变为当前显示的按钮。单击当前显示的按钮，即可执行相应的命令（如图 2-16 所示）。

图 2-16 打开工具栏

2.1.6 命令行窗口

命令行窗口是输入命令名和显示命令提示的区域，默认的命令行窗口布置在绘图区下方，是若干文本行，如图 2-17 所示。对命令窗口，有以下几点需要说明：

（1）移动拆分条，可以扩大或缩小命令行窗口。

（2）可以拖动命令行窗口，布置在界面中的其他位置。

（3）对当前命令行窗口中输入的内容，可以按 F2 键用文本编辑的方法进行编辑，如图 2-17 所示。AutoCAD 文本窗口和命令行窗口相似，它可以显示当前 AutoCAD 进程中命令的输入和执行过程，在执行 AutoCAD 的某些命令时，它会自动切换到文本窗口，列出有关信息。

（4）AutoCAD 通过命令行窗口反馈各种信息，包括出错信息，因此，用户要时刻关注在命令行窗口中显示的信息。

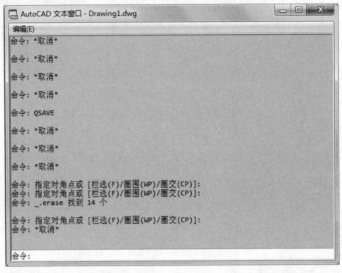

图 2-17　文本窗口

📖 2.1.7　布局标签

AutoCAD 2016 系统默认设定一个模型空间布局标签和"布局 1""布局 2"两个图纸空间布局标签。在这里有两个概念需要解释一下。

1. 布局

布局是系统为绘图设置的一种环境，其中包括图纸大小、尺寸单位、角度设定、数值精确度等环境变量，用户可以根据实际需要改变这些变量的值。例如，默认的尺寸单位是毫米，如果要绘制的图形的单位是英寸，就可以改变尺寸单位环境变量的设置，具体方法将在后面的章节中进行介绍。用户也可以根据需要设置符合自己要求的新标签，具体方法也在后面的章节中进行介绍。

2. 模型

AutoCAD 的空间分为模型空间和图纸空间。模型空间是通常绘图的环境，而在图纸空间中，用户可以创建叫作"浮动视口"的区域，以不同的视图显示所绘图形。用户可以在图纸空间中调整浮动视口并决定所包含视图的缩放比例。如果选择图纸空间，则可打印多个视图，用户可以打印任意布局的视图。

AutoCAD 2016 系统默认打开模型空间，用户可以通过鼠标左键单击选择需要的布局。

📖 2.1.8　状态栏

状态栏在屏幕的底部，依次有"坐标""模型空间""栅格""捕捉模式""推断约束""动态输入""正交模式""极轴追踪""等轴测草图""对象捕捉追踪""二维对象捕捉""线宽""透明度""选择循环""三维对象捕捉""动态 UCS""选择过滤""小控件""注释可见性""自动缩放""注释比例""切换工作空间""注释监视器""单位""快捷特性"
"图形性能""全屏显示"和"自定义"28 个功能按钮。单击部分开关按钮，可以实现这
些功能的开关。通过部分按钮也可以控制图形或绘图区的状态。

 注意

默认情况下，状态栏不会显示所有工具，可以通过状态栏上最右侧的"自定义"按钮 ，
在打开的快捷菜单中选择要添加到状态栏中的工具。状态栏上显示的工具可能会发生变化，
具体取决于当前的工作空间以及当前显示的是"模型"选项卡还是布局选项卡。下面对部分
状态栏上的按钮做简单介绍，如图 2-18 所示。

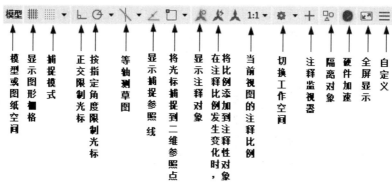

图 2-18 状态栏

（1）模型或图纸空间　在模型空间与布局空间之间进行转换。

（2）显示图形栅格　栅格是覆盖用户坐标系（UCS）的整个 XY 平面的直线或点的矩
形图案。使用栅格类似于在图形下放置一张坐标纸。利用栅格可以对齐对象并直观显示对
象之间的距离。

（3）捕捉模式　对象捕捉对于在对象上指定精确位置非常重要。不论何时提示输入
点，都可以指定对象捕捉。默认情况下，当光标移到对象的对象捕捉位置时，将显示标记
和工具提示。

（4）正交限制光标　将光标限制在水平或垂直方向上移动，以便于精确地创建和修
改对象。当创建或移动对象时，可以使用"正交"模式将光标限制在相对于用户坐标系
（UCS）的水平或垂直方向上。

（5）按指定角度限制光标（极轴追踪）　使用极轴追踪，光标将按指定角度进行移
动。创建或修改对象时，可以使用"极轴追踪"来显示由指定的极轴角度所定义的临时对
齐路径。

（6）等轴测草图　通过设定"等轴测捕捉/栅格"，可以很容易地沿三个等轴测平面
之一对齐对象。尽管等轴测图形看似三维图形，但它实际上是二维表示。因此不能期望提
取三维距离和面积、从不同视点显示对象或自动消除隐藏线。

（7）显示捕捉参照线（对象捕捉追踪）　使用对象捕捉追踪，可以沿着基于对象捕
捉点的对齐路径进行追踪。已获取的点将显示一个小加号（+），一次最多可以获取 7 个追
踪点。获取点之后，当在绘图路径上移动光标时，将显示相对于获取点的水平、垂直或极
轴对齐路径。例如，可以基于对象端点、中点或者对象的交点，沿着某个路径选择一点。

（8）将光标捕捉到二维参照点（对象捕捉） 使用执行对象捕捉设置（也称为对象捕捉），可以在对象上的精确位置指定捕捉点。选择多个选项后，将应用选定的捕捉模式，以返回距离靶框中心最近的点。按 Tab 键以在这些选项之间循环。

（9）显示注释对象 当图标亮显时表示显示所有比例的注释性对象；当图标变暗时表示仅显示当前比例的注释性对象。

（10）在注释比例发生变化时，将比例添加到注释性对象 注释比例更改时，自动将比例添加到注释对象。

（11）当前视图的注释比例 单击注释比例右下角小三角符号弹出注释比例列表，如图 2-19 所示，可以根据需要选择适当的注释比例。

（12）切换工作空间 进行工作空间转换。

（13）注释监视器 打开仅用于所有事件或模型文档事件的注释监视器。

（14）隔离对象 当选择隔离对象时，在当前视图中显示选定对象。所有其他对象都暂时隐藏；当选择隐藏对象时，在当前视图中暂时隐藏选定对象。所有其他对象都可见。

（15）硬件加速 设定图形卡的驱动程序以及设置硬件加速的选项。

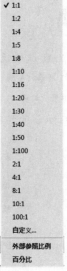

图 2-19 注释比例列表

（16）全屏显示 该选项可以清除 Windows 窗口中的标题栏、功能区和选项板等界面元素，使 AutoCAD 的绘图窗口全屏显示，如图 2-20 所示。

（17）自定义 状态栏可以提供重要信息，而无须中断工作流。使用 MODEMACRO 系统变量可将应用程序所能识别的大多数数据显示在状态栏中。使用该系统变量的计算、判断和编辑功能可以完全按照用户的要求构造状态栏。

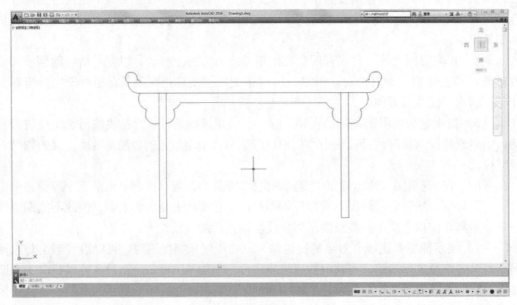

图 2-20 全屏显示

2.1.9 滚动条

在打开的 AutoCAD 2016 默认界面是不显示滚动条的，我们需要把滚动条调出来，选择菜单栏中的"工具"→"选项"命令，系统打开"选项"对话框，单击"显示"选项卡，将"窗口元素"中的"在图形窗口中显示滚动条"勾选上，如图 2-21 所示。

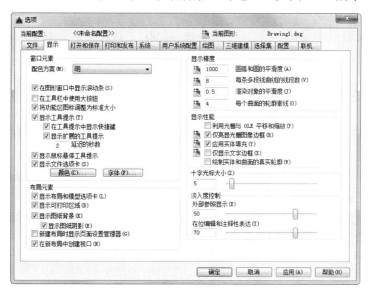

图 2-21　"选项"对话框中的"显示"选项卡

滚动条包括水平和垂直滚动条，用于上下或左右移动绘图窗口内的图形。用鼠标拖动滚动条中的滑块或单击滚动条两侧的三角按钮，即可移动图形，如图 2-22 所示。

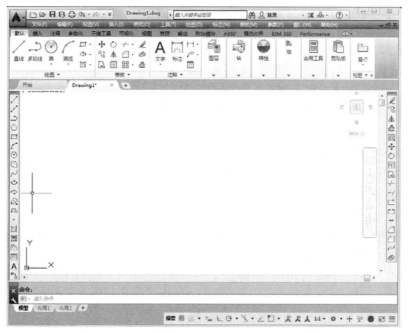

图 2-22　显示"滚动条"

2.1.10 快速访问工具栏和交互信息工具栏

1．快速访问工具栏

快速访问工具栏中包括"新建""打开""保存""另存为""打印""放弃"和"重做"等几个最常用的工具。用户也可以单击该工具栏右侧的下拉按钮▼，设置需要的常用工具。

2．交互信息工具栏

交互信息工具栏中包括"搜索""Autodesk 360""Autodesk Exchange 应用程序""保持连接"和"帮助"等几个常用的数据交互访问工具。

2.1.11 功能区

在默认情况下，功能区包括"默认"选项卡、"插入"选项卡、"注释"选项卡、"参数化"选项卡、"视图"选项卡、"管理"选项卡、"输出"选项卡、"附加模块"选项卡、"A360 选项卡"、"BIM360 选项卡"、"精选应用选项卡"以及"Performance 选项卡"，如图 2-23 所示(所有的选项卡显示面板如图 2-24 所示)。每个选项卡集成了相关的操作工具，方便了用户的使用。用户可以单击功能区选项后面的按钮 控制功能的展开与收缩。

图 2-23 默认情况下出现的选项卡

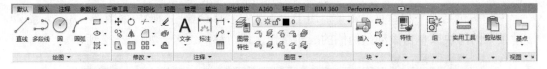

图 2-24 所有的选项卡

（1）设置选项卡 将光标放在面板中任意位置处，单击鼠标右键，打开如图 2-25 所示的快捷菜单。用鼠标左键单击某一个未在功能区显示的选项卡名，系统自动在功能区打开该选项卡。反之，关闭选项卡（调出面板的方法与调出选项板的方法类似，这里不再赘述）。

（2）选项卡中面板的"固定"与"浮动"面板可以在绘图区"浮动"（如图 2-26 所示），将鼠标放到浮动面板的右上角位置处，显示"将面板返回到功能区"，如图 2-27 所示。鼠标左键单击此处，使它变为"固定"面板。也可以把"固定"面板拖出，使它成为"浮动"面板。

图 2-25 快捷菜单

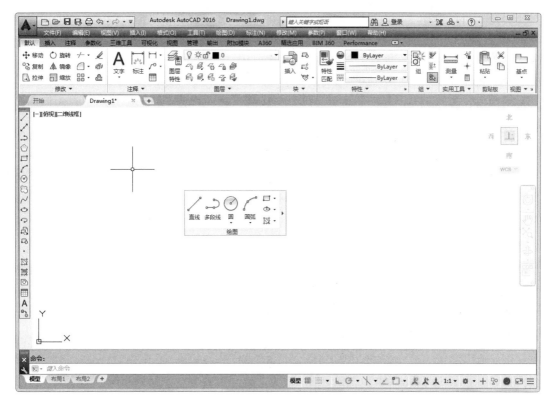

图 2-26　"浮动"面板

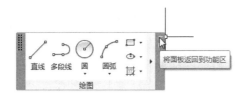

图 2-27　"绘图"面板

【执行方式】

命令行：PREFERENCES

菜单栏：选择菜单栏中的"工具"→"选项板"→"功能区"命令

2.2　配置绘图系统

由于每台计算机所使用的显示器、输入设备和输出设备的类型不同，用户喜好的风格及计算机的目录设置也是不同的，所以每台计算机都是独特的。一般来讲，使用 AutoCAD 2016 的默认配置就可以绘图，但为了使用用户的定点设备或打印机，以及为提高绘图的效率，AutoCAD 推荐用户在开始作图前先进行必要的配置。

【执行方式】

命令行：PREFERENCES

菜单栏：选择菜单栏中的"工具"→"选项"命令

右键菜单：选项（单击鼠标右键，系统打开右键菜单，其中包括一些最常用的命令，如图 2-28 所示）

【操作格式】

执行上述命令后，系统自动打开"选项"对话框。用户可以在该对话框中选择有关选项对系统进行配置。下面只就其中主要的几个选项卡作一说明，其他配置选项，在后面用到时再作具体说明。

图 2-28　快捷菜单

2.2.1　显示配置

在"选项"对话框中的第 2 个选项卡为"显示"，该选项卡控制 AutoCAD 窗口的外观。该选项卡设定屏幕菜单、滚动条显示与否、固定命令行窗口中文字行数、AutoCAD 的版面布局设置、各实体的显示分辨率以及 AutoCAD 运行时的其他各项性能参数的设定等。前面已经讲述了屏幕菜单设定、屏幕颜色、光标大小等知识，其余有关选项的设置读者可参照"帮助"文件学习。在设置实体显示分辨率时，请务必记住，显示质量越高，即分辨率越高，计算机计算的时间越长，千万不要将其设置太高。显示质量设定在一个合理的程度上是很重要的。

2.2.2　系统配置

在"选项"对话框中的第 5 个选项卡为"系统"，如图 2-29 所示。该选项卡用来设置 AutoCAD 系统的有关特性。

（1）"当前定点设备"选项组　安装及配置定点设备，如数字化仪和鼠标。具体如何配置和安装，请参照定点设备的用户手册。

（2）"常规选项"选项组　确定是否选择系统配置的有关基本选项。

（3）"布局重生成选项"选项组　确定切换布局时是否重生成或缓存模型选项卡和布局。

（4）"数据库连接选项"选项组　确定数据库连接的方式。

（5）信息中心　控制应用程序窗口右上角的气泡式通知的内容、频率和持续时间。

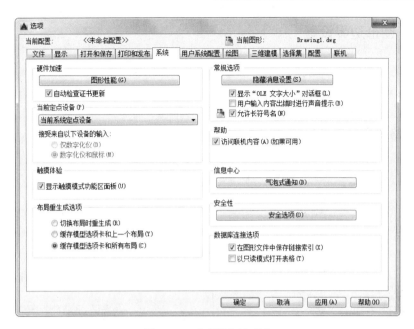

图 2-29 "系统"选项卡

2.3 设置绘图环境

2.3.1 绘图单位设置

【执行方式】

命令行：DDUNITS（或 UNITS）

菜单栏：选择菜单栏中的"格式"→"单位"命令

【操作格式】

执行上述命令后，系统打开"图形单位"对话框，如图 2-30 所示。该对话框用于定义单位和角度格式。

【选项说明】

（1）"长度"与"角度"选项组 用于指定测量的长度与角度、当前单位以及当前单位的精度。

（2）"用于缩放插入内容的单位"下拉列表 控制使用工具选项板拖入当前图形的块的测量单位。如果块或图形创建时使用的单位与该选项指定的单位不同，则在插入这些块或图形时，将对其按比例缩放。插入比例是源块或图形使用的单位与目标块或图形使用的单位之比。如果插入块时不按指定单位缩放，请选择"无单位"选项。

（3）"方向"按钮 单击该按钮系统弹出"方向控制"对话框，如图 2-31 所示，可以在该对话框中进行方向控制设置。

2.3.2 图形边界设置

【执行方式】

命令行：LIMITS

菜单栏：选择菜单栏中的"格式"→"图形界限"命令

【操作格式】

命令：LIMITS↙

图 2-30 "图形单位"对话框

图 2-31 "方向控制"对话框

重新设置模型空间界限：

指定左下角点或 ［开(ON)/关(OFF)］ <0.0000,0.0000>：（输入图形边界左下角的坐标后按 Enter 键）

指定右上角点 <12.0000,9.0000>：（输入图形边界右上角的坐标后按 Enter 键）

【选项说明】

（1）开(ON) 使绘图边界有效。系统在绘图边界以外拾取的点视为无效。

（2）关（OFF） 使绘图边界无效。用户可以在绘图边界以外拾取点或实体。

（3）动态输入角点坐标 动态输入功能可以直接在屏幕上输入角点坐标，输入了横坐标值后，按下"，"键，接着输入纵坐标值，如图 2-32 所示。也可以按光标位置直接按下鼠标左键确定角点位置。

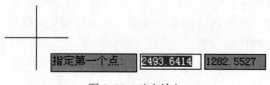

图 2-32 动态输入

2.4　文件管理

本节将介绍有关文件管理的一些基本操作方法，包括新建文件、打开已有文件、保存文件、删除文件等，这些都是进行 AutoCAD 2016 操作最基础的知识。

另外，在本节中也将介绍安全口令和数字签名等涉及文件管理操作的知识。

2.4.1　新建文件

【执行方式】

命令行：NEW

菜单栏：选择菜单栏中的"文件"→"新建"命令

工具栏：单击"标准"工具栏中的"新建"按钮

【操作格式】

执行上述命令后，系统打开如图 2-33 所示"选择样板"对话框，在文件类型下拉列表框中有 3 种格式的图形样板，分别是后缀.dwt、.dwg、.dws 的 3 种图形样板。

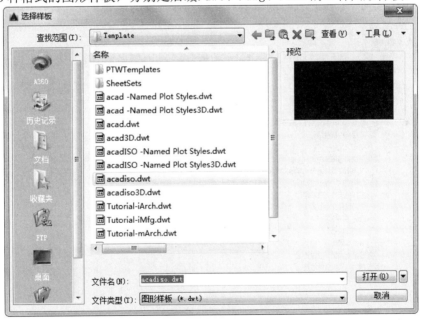

图 2-33　"选择样板"对话框

在每种图形样板文件中，系统根据绘图任务的要求进行统一的图形设置，如绘图单位类型和精度要求、绘图界限、捕捉、网格与正交设置、图层、图框和标题栏、尺寸及文本格式、线型和线宽等。

使用图形样板文件开始绘图的优点在于，在完成绘图任务时不但可以保持图形设置的一致性，而且可以大大提高工作效率。用户也可以根据自己的需要设置新的样板文件。

一般情况下，.dwt 文件是标准的样板文件，通常将一些规定的标准性的样板文件设成dwt 文件。.dwg 文件是普通的样板文件，而.dws 文件是包含标准图层、标注样式、线型和文字样式的样板文件。

快速创建图形功能，是开始创建新图形的最快捷方法。

【执行方式】

命令行：LAYER

菜单栏：选择菜单栏中的"格式"→"图层"命令

工具栏：单击"图层"工具栏中的"图层特性管理器"按钮

【操作格式】

执行上述命令后，系统立即从所选的图形样板创建新图形，而不显示任何对话框或提示。

在运行快速创建图形功能之前必须进行如下设置：

（1）将 FILEDIA 系统变量设置为 1；将 STARTUP 系统变量设置为 0。方法如下：

命令：FILEDIA✓

输入 FILEDIA 的新值 <1>: ✓

命令：STARTUP✓

输入 STARTUP 的新值 <0>: ✓

（2）从"工具"→"选项"菜单中选择默认图形样板文件。方法是在"文件"选项卡下，单击标记为"样板设置"的节点，然后选择需要的样板文件路径，如图 2-34 所示。

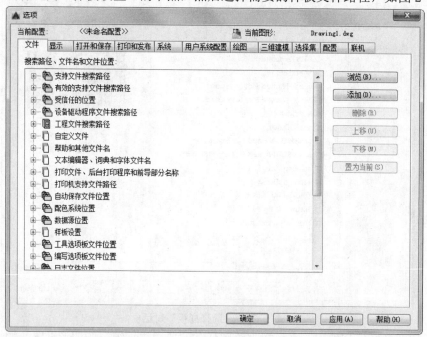

图 2-34   "选项"对话框的"文件"选项卡

2.4.2 打开文件

【执行方式】

命令行：OPEN

菜单栏：选择菜单栏中的"文件"→"打开"命令

工具栏：单击"标准"工具栏中的"打开"按钮

【操作格式】

执行上述命令后，打开"选择文件"对话框（如图 2-35 所示），在"文件类型"列表框中用户可选.dwg 文件、.dwt 文件、.dxf 文件和.dws 文件。.dxf 文件是用文本形式存储的图形文件，能够被其他程序读取，许多第三方应用软件都支持.dxf 格式。

图 2-35 "选择文件"对话框

2.4.3 保存文件

【执行方式】

命令名：QSAVE（或 SAVE）

菜单栏：选择菜单栏中的"文件"→"保存"命令

工具栏：单击"标准"工具栏中的→"保存"按钮

【操作格式】

执行上述命令后，若文件已命名，则 AutoCAD 自动保存；若文件未命名（即为默认名 drawing1.dwg），则系统打开"图形另存为"对话框（如图 2-36 所示），用户可以命名保存。在"保存于"下拉列表框中可以指定保存文件的路径；在"文件类型"下拉列表框中可以指定保存文件的类型。

为了防止因意外操作或计算机系统故障导致正在绘制的图形文件的丢失，可以对当前图形文件设置自动保存。步骤如下：

（1）利用系统变量 SAVEFILEPATH 设置所有"自动保存"文件的位置，如 C:\HU\。

（2）利用系统变量 SAVEFILE 存储"自动保存"文件名。该系统变量储存的文件名文件是只读文件，可以从中查询自动保存的文件名。

（3）利用系统变量 SAVETIME 指定在使用"自动保存"时多长时间保存一次图形。

2.4.4 另存为

【执行方式】

命令行：SAVEAS

菜单栏：选择菜单栏中的"文件"→"另存为"命令

【操作格式】

执行上述命令后，打开"图形另存为"对话框（如图 2-36 所示），AutoCAD 用另存名保存，并把当前图形更名。

图 2-36 "图形另存为"对话框

2.4.5 退出

【执行方式】

命令行：QUIT 或 EXIT

菜单栏：选择菜单栏中的"文件"→"退出"命令

按钮：单击 AutoCAD 操作界面右上角的"关闭"按钮

【操作格式】

命令：QUIT （或 EXIT）

执行上述命令后，若用户对图形所做的修改尚未保存，则会出现如图 2-37 所示的系统警告对话框。选择"是"按钮，系统将保存文件，然后退出；选择"否"按钮，系统将不保存文件。若用户对图形所做的修改已经保存，则直接退出。

2.4.6 图形修复

【执行方式】

命令行：DRAWINGRECOVERY

菜单栏：文件→图形实用工具→图形修复管理器

【操作格式】

命令：DRAWINGRECOVERY↙

执行上述命令后，系统打开图形修复管理器，如图 2-38 所示，打开"备份文件"列表中的文件，可以重新保存，从而进行修复。

图 2-37　系统警告对话框

图 2-38　图形修复管理器

2.5　基本输入操作

在 AutoCAD 中，有一些基本的输入操作方法，这些基本方法是进行 AutoCAD 绘图的必备知识基础，也是深入学习 AutoCAD 功能的前提。

2.5.1　命令输入方式

AutoCAD 交互绘图必须输入必要的指令和参数。有多种命令输入方式（以画直线为例）：

1. 在命令窗口输入命令名

命令字符可不区分大小写。例如，命令：LINE↙。执行命令时，在命令行提示中经常会出现命令选项。例如，输入绘制直线命令"LINE"后，命令行提示与操作如下：

命令：LINE

指定第一个点：（在屏幕上指定一点或输入一个点的坐标）

指定下一点或 [放弃(U)]：

选项中不带括号的提示为默认选项，因此可以直接输入直线段的起点坐标或在屏幕上指定一点，如果要选择其他选项，则应该首先输入该选项的标识字符，如"放弃"选项的标识字符"U"，然后按系统提示输入数据即可。在命令选项的后面有时候还带有尖括号，尖括号内的数值为默认数值。

2．在命令窗口输入命令缩写字

如 L（Line）、C（Circle）、A（Arc）、Z（Zoom）、R（Redraw）、M（More）、CO（Copy）、PL（Pline）、E（Erase）等。

3．选取绘图菜单直线选项

选取该选项后，在状态栏中可以看到对应的命令说明及命令名。

4．选取工具栏中的对应图标

选取该图标后在状态栏中也可以看到对应的命令说明及命令名。

5．在命令行打开右键快捷菜单

如果在前面刚使用过要输入的命令，可以在命令行打开右键快捷菜单，在"最近使用的命令"子菜单中选择需要的命令，如图 2-39 所示。"最近使用的命令"子菜单中储存最近使用的 6 个命令，如果经常重复使用某个 6 次操作以内的命令，这种方法就比较快速简捷。

6．在绘图区右击鼠标

如果用户要重复使用上次使用的命令，可以直接在绘图区右击鼠标，系统立即重复执行上次使用的命令，这种方法适用于重复执行某个命令。

图 2-39　命令行右键快捷菜单

2.5.2　命令的重复、撤消、重做

1．命令的重复

在命令窗口中键入 Enter 键可重复调用上一个命令，不管上一个命令是完成了还是被取消了。

2．命令的撤消

在命令执行的任何时刻都可以取消和终止命令的执行。

【执行方式】

命令行：UNDO

菜单栏：选择菜单栏中的"编辑"→"放弃"命令

快捷键：按 Esc 键

3．命令的重做

已被撤消的命令还可以恢复重做。要恢复撤消的最后的一个命令。

【执行方式】

菜单栏：选择菜单栏中的"编辑"→"重做"命令

快捷键：按 Ctrl+Y 键

该命令可以一次执行多重放弃和重做操作。单击"UNDO"或"REDO"列表箭头，可以选择要放弃或重做的操作，如图 2-40 所示。

图 2-40 多重放弃或重做

2.5.3 透明命令

在 AutoCAD 2016 中有些命令不仅可以直接在命令行中使用，而且还可以在其他命令的执行过程中，插入并执行，待该命令执行完毕后，系统继续执行原命令，这种命令称为透明命令。透明命令一般多为修改图形设置或打开辅助绘图工具的命令。

上述 3 种命令的执行方式同样适用于透明命令的执行。如：

命令：ARC✓

指定圆弧的起点或 [圆心(C)]：'ZOOM✓ (透明使用显示缩放命令 ZOOM)

>> (执行 ZOOM 命令)

正在恢复执行 ARC 命令。

指定圆弧的起点或 [圆心(C)]：(继续执行原命令)

2.5.4 按键定义

在 AutoCAD 2016 中，除了可以通过在命令窗口输入命令、点取工具栏图标或点取菜单项来完成外，还可以使用键盘上的一组功能键或快捷键，通过这些功能键或快捷键，可以快速实现指定功能，如单击 F1 键，系统调用 AutoCAD 帮助对话框。

系统使用 AutoCAD 传统标准（Windows 之前）或 Microsoft Windows 标准解释快捷键。有些功能键或快捷键在 AutoCAD 的菜单中已经指出，如"粘贴"的快捷键为 Ctrl+V，这些只要用户在使用的过程中多加留意，就会熟练掌握。快捷键的定义见菜单命令后面的说明，如"粘贴(P) Ctrl+V"。

2.5.5 命令执行方式

有的命令有两种执行方式，通过对话框或通过命令行输入命令。如指定使用命令窗口方式，可以在命令名前加短划来表示，如"-LAYER"表示用命令行方式执行"图层"命令。而如果在命令行输入"LAYER"，系统则会自动打开"图层"对话框。

另外，有些命令同时存在命令行、菜单和工具栏3种执行方式，这时如果选择菜单或工具栏方式，命令行会显示该命令，并在前面加一下划线，如通过菜单或工具栏方式执行"直线"命令时，命令行会显示"_LINE"，命令的执行过程与结果与命令行方式相同。

2.5.6 坐标系统与数据的输入方法

1. 坐标系

AutoCAD采用两种坐标系：世界坐标系（WCS）与用户坐标系。用户刚进入AutoCAD时的坐标系统就是世界坐标系，是固定的坐标系统。世界坐标系也是坐标系统中的基准，绘制图形时多数情况下都是在这个坐标系统下进行的。

【执行方式】

命令行：UCS

菜单栏：选择菜单栏的"工具"→"新建UCS"子菜单中相应的命令

工具栏：单击"UCS"工具栏中的相应按钮

AutoCAD有两种视图显示方式：模型空间和图纸空间。模型空间是指单一视图显示法，我们通常使用的都是这种显示方式；图纸空间是指在绘图区域创建图形的多视图。用户可以对其中每一个视图进行单独操作。在默认情况下，当前UCS与WCS重合。图2-41a所示为模型空间下的UCS坐标系图标，通常放在绘图区左下角处；如当前UCS和WCS重合，则出现一个W字，如图2-41b所示；也可以指定它放在当前UCS的实际坐标原点位置，此时出现一个十字，如图2-41c所示。图2-41d所示为图纸空间下的坐标系图标。

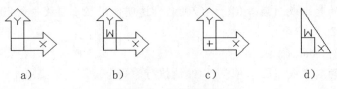

a)   b)   c)   d)

图2-41 坐标系图标

2. 数据输入方法

在AutoCAD 2016中，点的坐标可以用直角坐标、极坐标、球面坐标和柱面坐标表示，每一种坐标又分别具有两种坐标输入方式：绝对坐标和相对坐标。其中直角坐标和极坐标最为常用，下面主要介绍一下它们的输入。

（1）直角坐标法 用点的X、Y坐标值表示的坐标。

例如，在命令行中输入点的坐标提示下，输入"15，18"，则表示输入了一个X、Y的坐标值分别为15、18的点，此为绝对坐标输入方式，表示该点的坐标是相对于当前坐标原点的坐标值，如图2-42a所示。如果输入"@10，20"，则为相对坐标输入方式，表示该点的坐标是相对于前一点的坐标值，如图2-42c所示。

（2）极坐标法 用长度和角度表示的坐标，只能用来表示二维点的坐标。

在绝对坐标输入方式下，表示为"长度<角度"，如"25<50"，其中长度表为该点到坐标原点的距离，角度为该点至原点的连线与X轴正向的夹角，如图2-42b所示。

在相对坐标输入方式下，表示为"@长度<角度"，如"@25<45"，其中长度为该点到前

一点的距离，角度为该点至前一点的连线与 X 轴正向的夹角，如图 2-42d 所示。

3．动态数据输入

按下状态栏上的"DYN"按钮，系统打开动态输入功能，可以在屏幕上动态地输入某些参数数据，例如，绘制直线时，在光标附近，会动态地显示"指定第一点"，以及后面的坐标框，当前显示的是光标所在位置，可以输入数据，两个数据之间以逗号隔开，如图 2-43 所示。指定第一点后，系统动态显示直线的角度，同时要求输入线段长度值，如图 2-44 所示，其输入效果与"@长度<角度"方式相同。

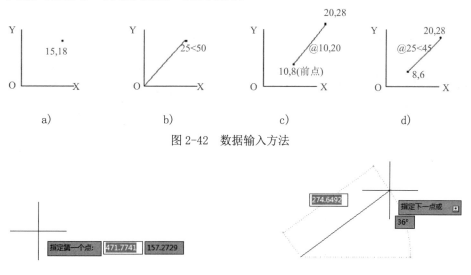

图 2-42　数据输入方法

图 2-43　动态输入坐标值　　　　　　图 2-44　动态输入长度值

下面分别讲述点与距离值的输入方法。

（1）点的输入　绘图过程中常需要输入点的位置，AutoCAD 提供了如下几种输入点的方式：

1）用键盘直接在命令窗口中输入点的坐标：直角坐标有两种输入方式：x，y（点的绝对坐标值，如 100，50）和@ x，y（相对于上一点的相对坐标值，如@ 50，-30）。坐标值均相对于当前的用户坐标系。

极坐标的输入方式为长度 < 角度（其中，长度为点到坐标原点的距离，角度为原点至该点连线与 X 轴的正向夹角，如 20<45）或@长度 < 角度（相对于上一点的相对极坐标，如 @ 50 < -30）。

2）用鼠标等定标设备移动光标单击左键在屏幕上直接取点。

3）用目标捕捉方式捕捉屏幕上已有图形的特殊点（如端点、中点、中心点、插入点、交点、切点、垂足点等）。

4）直接距离输入：先用光标拖拉出橡筋线确定方向，然后用键盘输入距离。这样有利于准确控制对象的长度等参数，如要绘制一条 10mm 长的线段，命令行提示与操作如下：

命令: LINE

指定第一个点:（在屏幕上指定一点）

指定下一点或 [放弃(U)]:

这时在屏幕上移动鼠标指明线段的方向，但不要单击鼠标左键确认，如图 2-45 所示，然后在命令行输入 10，这样就在指定方向上准确地绘制了长度为 10mm 的线段。

（2）距离值的输入　在 AutoCAD 命令中，有时需要提供高度、宽度、半径、长度等距离值。AutoCAD 提供了两种输入距离值的方式：一种是用键盘在命令窗口中直接输入数值；另一种是在屏幕上拾取两点，以两点的距离值定出所需数值。

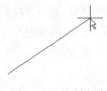

图 2-45　绘制直线

2.6　图层设置

AutoCAD 中的图层就如同在手工绘图中使用的重叠透明图纸，如图 2-46 所示，可以使用图层来组织不同类型的信息。在 AutoCAD 中，图形的每个对象都位于一个图层上，所有图形对象都具有图层、颜色、线型和线宽这 4 个基本属性。在绘制的时候，图形对象将创建在当前的图层上。每个 CAD 文档中图层的数量是不受限制的，每个图层都有自己的名称。

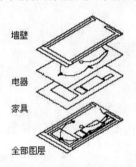

图 2-46　图层示意图

2.6.1　建立新图层

新建 CAD 文档中只能自动创建一个名为 0 的特殊图层。默认情况下，图层 0 将被指定使用 7 号颜色、CONTINUOUS 线型、"默认"线宽以及 NORMAL 打印样式。不能删除或重命名图层 0。通过创建新的图层，可以将类型相似的对象指定给同一个图层使其相关联。例如，可以将构造线、文字、标注和标题栏置于不同的图层上，并为这些图层指定通用特性。通过将对象分类放到各自的图层中，可以快速有效地控制对象的显示以及对其进行更改。

【执行方式】

命令行：LAYER

菜单栏：选择菜单栏中的"格式"→"图层"命令

工具栏：单击"图层"工具栏中的"图层特性管理器"按钮（如图 2-47 所示）

功能区：单击"默认"选项卡"图层"面板中的"图层特性"按钮或单击"视图"

选项卡"选项板"面板中的"图层特性"按钮

图 2-47　"图层"工具栏

【操作格式】

执行上述命令后，系统打开"图层特性管理器"对话框，如图 2-48 所示。

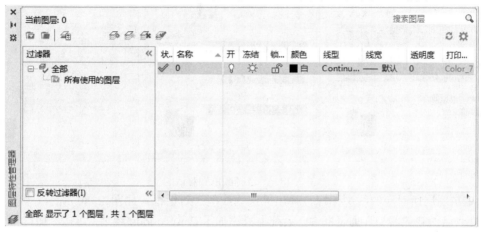

图 2-48　"图层特性管理器"对话框

单击"图层特性管理器"对话框中"新建图层"按钮 ，建立新图层，默认的图层名为"图层 1"。可以根据绘图需要，更改图层名，如改为实体层、中心线层或标准层等。

在一个图形中可以创建的图层数以及在每个图层中可以创建的对象数实际上是无限的。图层最长可使用 255 个字符的字母数字命名。图层特性管理器按名称的字母顺序排列图层。

⚠ 注意

如果要建立不只一个图层，无需重复单击"新建"按钮。更有效的方法是在建立一个新的图层"图层 1"后，改变图层名，在其后输入一个逗号"，"，这样就会又自动建立一个新图层"图层 1"，改变图层名，再输入一个逗号，又一个新的图层建立了，依次建立各个图层。也可以按两次 Enter 键，建立另一个新的图层。图层的名称也可以更改，直接双击图层名称，键入新的名称。

在每个图层属性设置中，包括图层名称、关闭/打开图层、冻结/解冻图层、锁定/解锁图层、图层线条颜色、图层线条线型、图层线条宽度、图层打印样式以及图层是否打印 9 个参数。下面将分别讲述如何设置部分图层参数。

1. 设置图层线条颜色

在工程制图中，整个图形包含多种不同功能的图形对象，如实体、剖面线与尺寸标注等，为了便于直观区分它们，就有必要针对不同的图形对象使用不同的颜色，例如，实体层使用白色、剖面线层使用青色等。

要改变图层的颜色时，单击图层所对应的颜色图标，弹出"选择颜色"对话框，如图 2-49 所示。它是一个标准的颜色设置对话框，可以使用索引颜色、真彩色和配色系统 3 个选项卡来选择颜色。系统显示的 RGB 配比，即 Red(红)、Green(绿)和 Blue(蓝)3 种颜色。

2．设置图层线型

线型是指作为图形基本元素的线条的组成和显示方式，如实线、点画线等。在许多的绘图工作中，常常以线型划分图层，为某一个图层设置适合的线型，在绘图时，只需将该图层设为当前工作层，即可绘制出符合线型要求的图形对象，极大地提高了绘图的效率。

图 2-49　"选择颜色"对话框

单击图层所对应的线型图标，弹出"选择线型"对话框，如图 2-50 所示。默认情况下，在"已加载的线型"列表框中，系统中只添加了 Continuous 线型。单击"加载"按钮，打开"加载或重载线型"对话框，如图 2-51 所示，可以看到 AutoCAD 还提供许多其他的线型，用鼠标选择所需线型，单击"确定"按钮，即可把该线型加载到"已加载的线型"列表框中，可以按住 Ctrl 键选择几种线型同时加载。

3．设置图层线宽

线宽设置顾名思义就是改变线条的宽度。用不同宽度的线条表现图形对象的类型，也可以提高图形的表达能力和可读性，例如绘制外螺纹时大径使用粗实线，小径使用细实线。

单击图层所对应的线宽图标，弹出"线宽"对话框，如图 2-52 所示。选择一个线宽，单击"确定"按钮完成对图层线宽的设置。

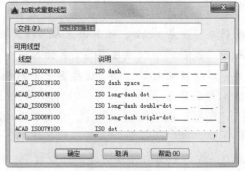

图 2-50　"选择线型"对话框　　　　图 2-51　"加载或重载线型"对话框

图层线宽的默认值为 0.25mm。在状态栏为"模型"状态时，显示的线宽同计算机的像素有关。线宽为零时，显示为一个像素的线宽。单击状态栏中的"线宽"按钮，屏幕上显示的图形线宽，显示的线宽与实际线宽成比例，如图 2-53 所示，但线宽不随着图形的放大和缩小而变化。"线宽"功能关闭时，不显示图形的线宽，图形的线宽均为默认值宽度值显示。可以在"线宽"对话框选择需要的线宽。

图 2-52 "线宽"对话框

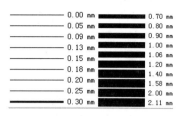

图 2-53 线宽显示效果图

2.6.2 设置图层

除了上面讲述的通过图层管理器设置图层的方法外，还有几种其他的简便方法可以设置图层的颜色、线宽、线型等参数。

1. 直接设置图层

可以直接通过命令行或菜单设置图层的颜色、线宽、线型。

【执行方式】

命令行：COLOR

菜单栏：选择菜单栏中的"格式"→"颜色"命令

【操作格式】

执行上述命令后，系统打开"选择颜色"对话框，如图 2-49 所示。

【执行方式】

命令行：LINETYPE

菜单栏：选择菜单栏中的"格式"→"线型"命令

【操作格式】

执行上述命令后，系统打开"线型管理器"对话框，如图 2-54 所示。该对话框的使用方法与图 2-50 所示的"选择线型"对话框类似。

图 2-54 "线型管理器"对话框

【执行方式】

命令行：LINEWEIGHT 或 LWEIGHT

菜单栏：选择菜单栏中的"格式"→"线宽"命令

【操作格式】

执行上述命令后，系统打开"线宽设置"对话框，如图 2-55 所示。该对话框的使用方法与图 2-52 所示的"线宽"对话框类似。

2．利用"特性"工具栏设置图层

AutoCAD 提供了一个"特性"工具栏，如图 2-56 所示。用户能够控制和使用工具栏上的"对象特性"工具栏快速地查看和改变所选对象的图层、颜色、线型和线宽等特性。"特性"工具栏上的图层颜色、线型、线宽

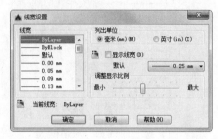

图 2-55 "线宽设置"对话框

和打印样式的控制增强了查看和编辑对象属性的命令。在绘图屏幕上选择任何对象都将在工具栏上自动显示它所在图层、颜色、线型等属性。

图 2-56 "特性"工具栏

也可以在"特性"工具栏上的"颜色""线型""线宽"和"打印样式"下拉列表中选择需要的参数值。如果在"颜色"下拉列表中选择"选择颜色"选项，如图 2-57 所示，系统就会打开"选择颜色"对话框，如图 2-49 所示；同样，如果在"线型"下拉列表中选择"其他"选项，如图 2-58 所示，系统就会打开"线型管理器"对话框，如图 2-54 所示。

3．用"特性"对话框设置图层

【执行方式】

命令行：DDMODIFY 或 PROPERTIES

菜单栏：选择菜单栏中的"修改"→"特性"命令

工具栏：单击"标准"工具栏中的"特性"按钮

【操作格式】

执行上述命令后，系统打开"特性"工具板，如图 2-59 所示。在其中可以方便地设置或修改图层、颜色、线型、线宽等属性。

图 2-57 "选择颜色"选项　　图 2-58 "其他"选项　　图 2-59 "特性"工具板

2.6.3　控制图层

1．切换当前图层

不同的图形对象需要绘制在不同的图层中，在绘制前，需要将工作图层切换到所需的图层上来。打开"图层特性管理器"对话框，选择图层，单击"置为当前"按钮✔完成设置。

2．删除图层

在"图层特性管理器"对话框中的图层列表框中选择要删除的图层，单击"删除"按钮✘即可删除该图层。从图形文件定义中删除选定的图层。只能删除未参照的图层。参照图层包括图层 0 及 DEFPOINTS、包含对象（包括块定义中的对象）的图层、当前图层和依赖外部参照的图层。不包含对象（包括块定义中的对象）的图层、非当前图层和不依赖外部参照的图层都可以删除。

3．关闭/打开图层

在"图层特性管理器"对话框中，单击图标♀，可以控制图层的可见性。图层打开时，图标小灯泡呈鲜艳的颜色，该图层上的图形可以显示在屏幕上或绘制在绘图仪上。当单击该属性图标后，图标小灯泡呈灰暗色时，该图层上的图形不显示在屏幕上，而且不能被打印输出，但仍然作为图形的一部分保留在文件中。

4．冻结/解冻图层

在"图层特性管理器"对话框中，单击图标☼，可以冻结图层或将图层解冻。图标呈雪花灰暗色时，该图层是冻结状态；图标呈太阳鲜艳色时，该图层是解冻状态。冻结图层上的对象不能显示，也不能打印，同时也不能编辑修改该图层上图形对象。在冻结了图层后，该图层上的对象不影响其他图层上对象的显示和打印。例如，在使用 HIDE 命令消隐的时候，被冻结图层上的对象不隐藏其他的对象。

5．锁定/解锁图层

在"图层特性管理器"对话框中，单击图标🔓，可以锁定图层或将图层解锁。锁定图层后，该图层上的图形依然显示在屏幕上并可打印输出，并可以在该图层上绘制新的图形对象，但用户不能对该图层上的图形进行编辑修改操作。可以对当前层进行锁定，也可在对锁定图层上的图形进行查询和对象捕捉命令。锁定图层可以防止对图形的意外修改。

6．打印样式

在 AutoCAD 2016 中，可以使用一个称为"打印样式"的新的对象特性。打印样式控制对象的打印特性，包括颜色、抖动、灰度、笔号、虚拟笔、淡显、线型、线宽、线条端点样式、线条连接样式和填充样式。使用打印样式给用户提供了很大的灵活性，因为用户可以设置打印样式来替代其他对象特性，也可以按用户需要关闭这些替代设置。

7．打印/不打印

在"图层特性管理器"对话框中，单击图标🖨，可以设定打印时该图层是否打印，以在保证图形显示可见不变的条件下，控制图形的打印特征。打印功能只对可见的图层起作用，对于已经被冻结或被关闭的图层不起作用。

8．新视口冻结

在"图层特性管理器"对话框中，单击图标 ，显示可用的打印样式，包括默认打印样式 NORMAL。打印样式是打印中使用的特性设置的集合。

9．透明度

控制所有对象在选定图层上的可见性。对单个对象应用透明度时，对象的透明度特性将替代图层的透明度设置。

2.7 绘图辅助工具

要快速顺利地完成图形绘制工作，有时要借助一些辅助工具，比如用于准确确定绘制位置的精确定位工具和调整图形显示范围与方式的显示工具等。下面简略介绍一下这两种非常重要的辅助绘图工具。

2.7.1 精确定位工具

在绘制图形时，可以使用直角坐标和极坐标精确定位点，但是有些点（如端点、中心点等）的坐标我们是不知道的，又想精确地指定这些点，可想而知是很难的，有时甚至是不可能的。AutoCAD 提供了辅助定位工具，使用这类工具，可以很容易地在屏幕中捕捉到这些点，进行精确的绘图。

1．栅格

AutoCAD 的栅格由有规则的点的矩阵组成，延伸到指定为图形界限的整个区域。使用栅格与在坐标纸上绘图是十分相似的，利用栅格可以对齐对象并直观显示对象之间的距离。如果放大或缩小图形，可能需要调整栅格间距，使其更适合新的比例。虽然栅格在屏幕上是可见的，但它并不是图形对象，因此它不会被打印成图形中的一部分，也不会影响在何处绘图。

可以单击状态栏上的"栅格"按钮或 F7 键打开或关闭栅格。启用栅格并设置栅格在 X 轴方向和 Y 轴方向上的间距的方法如下：

【执行方式】

命令行：DSETTINGS（或 DS、SE 或 DDRMODES）

菜单栏：选择菜单栏中的"工具"→"绘图设置"命令

快捷菜单："栅格"按钮处右击设置

【操作格式】

执行上述命令，系统打开"草图设置"对话框，如图 2-60 所示。

如果需要显示栅格，选择"启用栅格"复选框。在"栅格 X 轴间距"文本框中，输入栅格点之间的水平距离，单位毫米。如果使用相同的间距设置垂直和水平分布的栅格点，则按 Tab 键。否则，在"栅格 Y 轴间距"文本框中输入栅格点之间的垂直距离。

用户可改变栅格与图形界限的相对位置。默认情况下，栅格以图形界限的左下角为起点，沿着与坐标轴平行的方向填充整个由图形界限所确定的区域。在"捕捉"选项区中的"角度"项可决定栅格与相应坐标轴之间的夹角；"X 基点"和"Y 基点"项可决定栅格与图形界限的相对位移。

图 2-60 "草图设置"对话框

 注意

如果栅格的间距设置得太小，当进行"打开栅格"操作时，AutoCAD 将在文本窗口中显示"栅格太密，无法显示"的信息，而不在屏幕上显示栅格点。或者使用"缩放"命令时，将图形缩放很小，也会出现同样提示，不显示栅格

捕捉可以使用户直接使用鼠标快速地定位目标点。捕捉模式有几种不同的形式：栅格捕捉、对象捕捉、极轴捕捉和自动捕捉。在下文中将详细讲解。

另外，可以使用 GRID 命令通过命令行方式设置栅格，功能与"草图设置"对话框类似，不再赘述。

2. 捕捉

捕捉是指 AutoCAD 可以生成一个隐含分布于屏幕上的栅格，这种栅格能够捕捉光标，使得光标只能落到其中的一个栅格点上。捕捉可分为"矩形捕捉"和"等轴测捕捉"两种类型。默认设置为"矩形捕捉"，即捕捉点的阵列类似于栅格，如图 2-61 所示，用户可以指定捕捉模式在 X 轴方向和 Y 轴方向上的间距，也可改变捕捉模式与图形界限的相对位置。与栅格不同之处在于捕捉间距的值必须为正实数；另外捕捉模式不受图形界限的约束。"等轴测捕捉"表示捕捉模式为等轴测模式，此模式是绘制正等轴测图时的工作环境，如图 2-62 所示。在"等轴测捕捉"模式下，栅格和光标十字线成绘制等轴测图时的特定角度。

图 2-61 矩形捕捉　　　图 2-62 等轴测捕捉

在绘制图 2-61 和图 2-62 中的图形时，输入参数点时光标只能落在栅格点上。两种模式切换方法：打开"草图设置"对话框，进入"捕捉和栅格"选项卡，在"捕捉类型和样式"选项区中，通过单选框可以切换"矩阵捕捉"模式与"等轴测捕捉"模式。

3．极轴捕捉

极轴捕捉是在创建或修改对象时，按事先给定的角度增量和距离增量来追踪特征点，即捕捉相对于初始点且满足指定极轴距离和极轴角的目标点。

极轴追踪设置主要是设置追踪的距离增量和角度增量，以及与之相关联的捕捉模式。这些设置可以通过"草图设置"对话框的"捕捉和栅格"选项卡与"极轴追踪"选项卡来实现，如图 2-63 和图 2-64 所示。

（1）设置极轴距离　如图 2-60 所示，在"草图设置"对话框的"捕捉和栅格"选项卡中，可以设置极轴距离，单位毫米。绘图时，光标将按指定的极轴距离增量进行移动。

（2）设置极轴角度　如图 2-60 所示，在"草图设置"对话框的"极轴追踪"选项卡中，可以设置极轴角增量角度。设置时，可以使用向下箭头所打开的下拉选择框中的 90、45、30、22.5、18、15、10 和 5 的极轴角增量，也可以直接输入指定其他任意角度。光标移动时，如果接近极轴角，将显示对齐路径和工具栏提示。例如，图 2-65 所示为当极轴角增量设置为 30，光标移动 90 时显示的对齐路径。

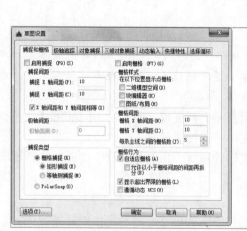

图 2-63　"捕捉和栅格"选项

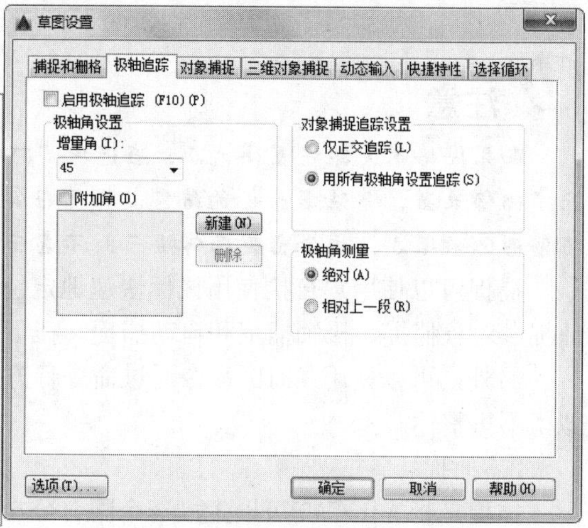

图 2-64　"极轴追踪"选项卡

"附加角"用于设置极轴追踪时是否采用附加角度追踪。选中"附加角"复选框，通过"增加"按钮或者"删除"按钮来增加、删除附加角度值。

（3）对象捕捉追踪设置　用于设置对象捕捉追踪的模式。如果选择"仅正交追踪"选项，则当采用追踪功能时，系统

图 2-65　设置极轴角度

仅在水平和垂直方向上显示追踪数据；如果选择"用所有极轴角设置追踪"选项，则当采用追踪功能时，系统不仅可以在水平和垂直方向显示追踪数据，还可以在设置的极轴追踪角度与附加角度所确定的一系列方向上显示追踪数据。

（4）极轴角测量　用于设置极轴角的角度测量采用的参考基准，"绝对"则是相对水平方向逆时针测量，"相对上一段"则是以上一段对象为基准进行测量。

4．对象捕捉

　　AutoCAD 给所有的图形对象都定义了特征点，对象捕捉则是指在绘图过程中，通过捕捉这些特征点，迅速准确将新的图形对象定位在现有对象的确切位置上，如圆的圆心、线段中点或两个对象的交点等。在 AutoCAD 2016 中，可以通过单击状态栏中"对象捕捉"选项，或是在"草图设置"对话框的"对象捕捉"选项卡中选择"启用对象捕捉"单选框，来完成启用对象捕捉功能。在绘图过程中，对象捕捉功能的调用可以通过以下方式完成。

　　"对象捕捉"工具栏：如图 2-66 所示，在绘图过程中，当系统提示需要指定点位置时，可以单击"对象捕捉"工具栏中相应的特征点按钮，再把光标移动到要捕捉的对象上的特征点附近，AutoCAD 会自动提示并捕捉到这些特征点。例如，如果需要用直线连接一系列圆的圆心，可以将"圆心"设置为执行对象捕捉。如果有两个可能的捕捉点落在选择区域，AutoCAD 将捕捉离光标中心最近的符合条件的点。还有可能指定点时需要检查哪一个对象捕捉有效，例如，在指定位置有多个对象捕捉符合条件，在指定点之前，按 Tab 键可以遍历所有可能的点。

　　对象捕捉快捷菜单：在需要指定点位置时，还可以按住 Ctrl 键或 Shift 键，单击鼠标右键，弹出对象捕捉快捷菜单，如图 2-67 所示。从该菜单上一样可以选择某一种特征点执行对象捕捉，把光标移动到要捕捉对象上的特征点附近，即可捕捉到这些特征点。

图 2-66　"对象捕捉"工具栏　　　　　　图 2-67　"对象捕捉"快捷菜单

　　使用命令行：当需要指定点位置时，在命令行中输入相应特征点的关键词把光标移动到要捕捉对象上的特征点附近，即可捕捉到这些特征点。对象捕捉特征点的关键字见表 2-1。

注意

　　1）对象捕捉不可单独使用，必须配合别的绘图命令一起使用。仅当 AutoCAD 提示输入点时，对象捕捉才生效。如果试图在命令提示下使用对象捕捉，AutoCAD 将显示错误信息。

　　2）对象捕捉只影响屏幕上可见对象，包括锁定图层、布局视口边界和多段线上的对象。不能捕捉不可见的对象，如未显示的对象、关闭或冻结图层上的对象或虚线的空白部分。

　　5. 自动对象捕捉

　　在绘制图形的过程中，使用对象捕捉的频率非常高，如果每次在捕捉时都要先选择捕捉模式，将使工作效率大大降低。出于此种考虑，AutoCAD 提供了自动对象捕捉模式。如果启用自动捕捉功能，当光标距指定的捕捉点较近时，系统会自动精确地捕捉这些特征点，并显示出相应的标记以及该捕捉的提示。设置"草图设置"对话框中的"对象捕捉"选项卡，选中"启用对象捕捉追踪"复选框，可以调用自动捕捉，如图 2-68 所示。

表2-1　对象捕捉模式

模式	关键字	模式	关键字	模式	关键字
临时追踪点	TT	捕捉自	FROM	端点	END
中点	MID	交点	INT	外观交点	APP
延长线	EXT	圆心	CEN	象限点	QUA
切点	TAN	垂足	PER	平行线	PAR
节点	NOD	最近点	NEA	无捕捉	NON

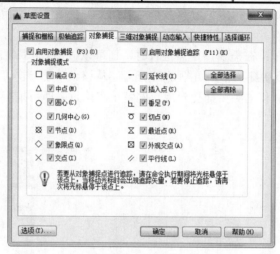

图2-68　"对象捕捉"选项卡

6. 正交绘图

正交绘图模式，即在命令的执行过程中，光标只能沿 X 轴或者 Y 轴移动。所有绘制的线段和构造线都将平行于 X 轴或 Y 轴，因此它们相互垂直成 90° 相交，即正交。使用正交绘图，对于绘制水平和垂直线非常有用，特别是当绘制构造线时经常使用。而且当捕捉模式为等轴测模式时，它还迫使直线平行于 3 个等轴测中的一个。

设置正交绘图可以直接单击状态栏中"正交"按钮，或 F8 键，相应的会在文本窗口中显示开/关提示信息。也可以在命令行中输入"ORTHO"命令，执行开启或关闭正交绘图。

注意

"正交"模式将光标限制在水平或垂直（正交）轴上。因为不能同时打开"正交"模式和极轴追踪，因此"正交"模式打开时，AutoCAD 会关闭极轴追踪。如果再次打开极轴追踪，AutoCAD 将关闭"正交"模式。

2.7.2　图形显示工具

对于一个较为复杂的图形来说，在观察整幅图形时往往无法对其局部细节进行查看和操作，而当在屏幕上显示一个细部时又看不到其他部分，为解决这类问题，AutoCAD 提供了缩放、平移、视图、鸟瞰视图和视口命令等一系列图形显示控制命令，可以用来任意地放大、缩小或移动屏幕上的图形显示，或者同时从不同的角度、不同的部位来显示图形。AutoCAD 还提供了重画和重新生成命令来刷新屏幕、重新生成图形。

1. 图形缩放

图形缩放命令类似于照相机的镜头，可以放大或缩小屏幕所显示的范围，只改变视图的比例，但是对象的实际尺寸并不发生变化。当放大图形一部分的显示尺寸时，可以更清楚地查看这个区域的细节；相反，如果缩小图形的显示尺寸，则可以查看更大的区域，如整体浏览。

图形缩放功能在绘制大幅面机械图，尤其是装配图时非常有用，是使用频率最高的命令之一。这个命令可以透明地使用，也就是说，该命令可以在其他命令执行时运行。用户完成涉及透明命令的过程时，AutoCAD 会自动地返回到在用户调用透明命令前正在运行的命令。执行图形缩放的方法如下：

【执行方式】

命令行：ZOOM

菜单栏：选择菜单栏中的"视图"→"缩放"命令

工具栏：单击"标准"工具栏中的"缩放"按钮 （如图 2-69 所示）

图 2-69　"缩放"工具栏

【操作格式】

指定窗口的角点，输入比例因子 (NX 或 NXP)，或者[全部(A)/中心(C)/动态(D)/范围(E)/上一个(P)/比例(S)/窗口(W)/对象(O)]〈实时〉：

【选项说明】

（1）实时　这是"缩放"命令的默认操作，即在输入"ZOOM"命令后，直接按 Enter 键，将自动调用实时缩放操作。实时缩放就是可以通过上下移动鼠标交替进行放大和缩小。在使用实时缩放时，系统会显示一个"+"号或"-"号。当缩放比例接近极限时，AutoCAD 将不再与光标一起显示"+"号或"-"号。需要从实时缩放操作中退出时，可按 Enter 键、Esc 键或是从菜单中选择"Exit"退出。

（2）全部(A)　执行"ZOOM"命令后，在提示文字后键入"A"，即可执行"全部(A)"缩放操作。不论图形有多大，该操作都将显示图形的边界或范围，即使对象不包括在边界以内，它们也将被显示。因此，使用"全部(A)"缩放选项，可查看当前视口中的整个图形。

（3）中心点(C)　通过确定一个中心点，该选项可以定义一个新的显示窗口。操作过程中需要指定中心点以及输入比例或高度。默认新的中心点就是视图的中心点，默认的输入高度就是当前视图的高度，直接按 Enter 键后，图形将不会被放大。输入比例，则数值越大，图形放大倍数也将越大。也可以在数值后面紧跟一个 X，如 3X，表示在放大时不是按照绝对值变化，而是按相对于当前视图的相对值缩放。

（4）动态(D)　通过操作一个表示视口的视图框，可以确定所需显示的区域。选择该选项，在绘图窗口中出现一个小的视图框，按住鼠标左键左右移动可以改变该视图框的大小，定形后放开左键，再按下鼠标左键移动视图框，确定图形中的放大位置，系统将清除当前视口并显示一个特定的视图选择屏幕。这个特定屏幕，由有关当前视图及有效视图的信息所构成。

（5）范围(E)　可以使图形缩放至整个显示范围。图形的范围由图形所在的区域构成，剩余的空白区域将被忽略。应用这个选项，图形中所有的对象都尽可能地被放大。

（6）上一个(P)　在绘制一幅复杂的图形时，有时需要放大图形的一部分以进行细节的编辑。当编辑完成后，有时希望回到前一个视图。这种操作可以使用"上一个(P)"选项来实现。当前视口由"缩放"命令的各种选项或"移动"视图、视图恢复、平行投影或透视命令引起的任何变化，系统都将做保存。每一个视口最多可以保存 10 个视图。连续使用"上一个(P)"选项可以恢复前 10 个视图。

（7）比例(S)　提供了 3 种使用方法。在提示信息下，直接输入比例系数，AutoCAD将按照此比例因子放大或缩小图形的尺寸。如果在比例系数后面加一"X"，则表示相对于当前视图计算的比例因子。使用比例因子的第三种方法就是相对于图形空间，例如，可以在图纸空间阵列布排或打印出模型的不同视图。为了使每一张视图都与图纸空间单位成比例，可以使用"比例(S)"选项，每一个视图可以有单独的比例。

（8）窗口(W)　是最常使用的选项。通过确定一个矩形窗口的两个对角来指定所需缩放的区域，对角点可以由鼠标指定，也可以输入坐标确定。指定窗口的中心点将成为新的显示屏幕的中心点。窗口中的区域将被放大或者缩小。调用"ZOOM"命令时，可以在没有选择任何选项的情况下，利用鼠标在绘图窗口中直接指定缩放窗口的两个对角点。

（9）对象(O)　通过缩放以便尽可能大地显示一个或多个选定的对象并使其位于视图的中心。可以在启动 ZOOM 命令前后选择对象。

 注意

这里所提到了诸如放大、缩小或移动的操作，仅仅是对图形在屏幕上的显示进行控制，图形本身并没有任何改变

2．图形平移

当图形幅面大于当前视口时，例如，使用图形缩放命令将图形放大，如果需要在当前视口之外观察或绘制一个特定区域时，可以使用图形平移命令来实现。平移命令能将在当前视口以外的图形的一部分移动进来查看或编辑，但不会改变图形的缩放比例。执行图形平移的方法如下：

【执行方式】

命令行：PAN

菜单栏：选择菜单栏中的"视图"→"平移"命令

工具栏：单击"标准"工具栏中的"实时平移" ✋

快捷菜单：绘图窗口中单击右键，选择"平移"选项

功能区：单击"视图"选项卡"导航"面板中的"平移"按钮 ✋ （如图 2-70 所示）

图 2-70 "导航"面板

激活平移命令之后，光标将变成一只"小手"，可以在绘图窗口中任意移动，以示当前正处于平移模式。单击并按住鼠标左键将光标锁定在当前位置，即"小手"已经抓住图形，然后，拖动图形使其移动到所需位置上。松开鼠标左键将停止平移图形。可以反复按下鼠标左键，拖动，松开，将图形平移到其他位置上。

平移命令预先定义了一些不同的菜单选项与按钮，它们可用于在特定方向上平移图形，在激活平移命令后，这些选项可以从菜单"视图"→"平移"→"*"中调用。

（1）实时　是平移命令中最常用的选项，也是默认选项，前面提到的平移操作都是指实时平移，通过鼠标的拖动来实现任意方向上的平移。

（2）点　这个选项要求确定位移量，这就需要确定图形移动的方向和距离。可以通过输入点的坐标或用鼠标指定点的坐标来确定位移。

（3）左　该选项移动图形使屏幕左部的图形进入显示窗口。

（4）右　该选项移动图形使屏幕右部的图形进入显示窗口。

（5）上　该选项向底部平移图形后，使屏幕顶部的图形进入显示窗口。

（6）下　该选项向顶部平移图形后，使屏幕底部的图形进入显示窗口。

2.8　基本绘图和编辑命令

AutoCAD 中，主要通过一些基本的绘图命令和编辑命令来完成图形的绘制，现简要介绍如下。

2.8.1　基本绘图命令的使用

在 AutoCAD 中，命令通常有 3 种执行方式：命令行方式、菜单方式和工具栏方式。二维绘图命令的菜单命令主要集中在"绘图"菜单中，如图 2-71 所示，其工具栏命令主要集中在"绘图"工具栏中，如图 2-72 所示。

2.8.2　基本编辑命令的使用

二维编辑命令的菜单命令主要集中在"修改"菜单中，如图 2-73 所示；其工具栏命令主要集中在"修改"工具栏中，如图 2-74 所示。在 AutoCAD 2016 中可以很方便地在"修改"工具栏中，或"修改"下拉菜单中，调用大部分绘图修改命令。

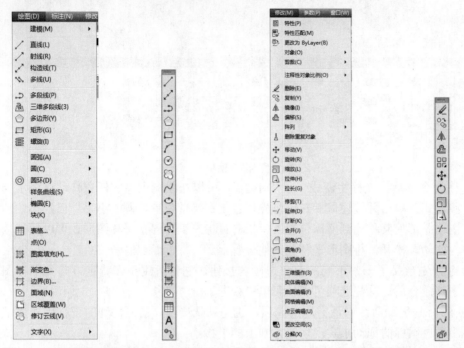

图2-71 "绘图"菜单 图2-72 "绘图"工具栏 图2-73 "修改"菜单 图2-74 "修改"工具栏

2.9 文字样式与表格样式

文字和标注是AutoCAD图形中非常重要的一部分内容。在进行各种设计时，不但要绘制图形，而且还需要标注一些文字，如技术要求、注释说明等，更重要的是必须标注尺寸、表面粗糙度以及形位公差等。AutoCAD提供了多种文字样式与标注样式，能满足用户的多种需要。

2.9.1 设置文字样式

设置文字样式主要包括文字字体、字号、角度、方向和其他文字特征。AutoCAD图形中的所有文字都具有与之相关联的文字样式。在图形中输入文字时，AutoCAD使用当前的文字样式。如果要使用其他文字样式来创建文字，可以将其他文字样式置于当前。AutoCAD默认的是标准文字样式。

【执行方式】

命令行：STYLE

菜单栏：选择菜单栏中的"格式"→"文字样式"命令

工具栏：单击"文字"工具栏中的"文字样式"按钮🅰

功能区：单击"默认"选项卡"注释"面板中的"文字样式"按钮🅰（如图2-75所示）或单击"注释"选项卡"文字"面板上的"文字样式"下拉菜单中的"管理文字样式"按钮（如图2-76所示）或单击"注释"选项卡"文字"面板中"对话框启动器"按钮↘

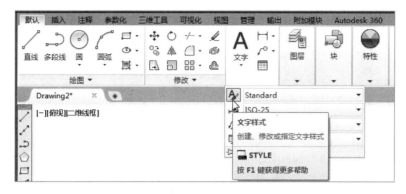

图 2-75　"注释"面板 1

图 2-76　"文字"面板

【操作格式】

执行命令后，AutoCAD 打开"文字样式"对话框，如图 2-77 所示。

图 2-77　"文字样式"对话框

2.9.2　设置表格样式

【执行方式】

命令行：TABLESTYLE

菜单栏：选择菜单栏中的"格式"→"表格样式"命令

工具栏：单击"样式"工具栏中的"表格样式"按钮

功能区：单击"默认"选项卡"注释"面板中的"表格样式"按钮（如图 2-78 所示）或单击"注释"选项卡"表格"面板上的"表格样式"下拉菜单中的"管理表格样式"按钮（如图 2-79 所示）或单击"注释"选项卡"表格"面板中"对话框启动器"按钮

图2-78 "注释"面板2

图2-79 "表格"面板

执行上述命令，系统打开"表格样式"对话框，如图2-80所示。

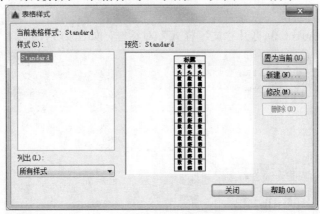

图2-80 "表格样式"对话框

2.9.3 设置标注样式

在机械制图中，尺寸标注尤其是尺寸和形位公差的标注是重点，也是难点，对于一个机械工程师来说，标注样式的设置是非常重要的，可以这么说，如果没有正确的尺寸标注，绘制的任何图形都是没有意义的。图形主要是用来表达物体的形状，而物体的形状和各部分之间的确切位置只能通过尺寸标注来表达。AutoCAD 2016提供了强大的尺寸标注功能，几乎能够满足所有用户的标注要求。

设置标注样式包括创建新标注样式、设置当前标注样式、修改标注样式、设置当前标注样式的替代以及比较标注样式。

标注样式设置的都会影响标注的效果，主要包括标注文字的高度、箭头的大小和样式以及标注文字的位置等。

【执行方式】

命令行：DIMSTYLE（快捷命令：D）

菜单栏：选择菜单栏中的"格式"→"标注样式"命令或"标注"→"标注样式"命令

工具栏：单击"标注"工具栏中的"标注样式"按钮

功能区：单击"默认"选项卡"注释"面板中的"标注样式"按钮（如图 2-81 所示）或单击"注释"选项卡"标注"面板上的"标注样式"下拉菜单中的"管理标注样式"按钮（如图 2-82 所示）或单击"注释"选项卡"标注"面板中"对话框启动器"按钮

图 2-81 "注释"面板 3

图 2-82 "标注"面板

执行命令后，AutoCAD 打开"标注样式管理器"对话框，如图 2-83 所示，用户可以根据绘图需要，设置相应的标注样式。

具体在对建筑设备线路设计图进行标注时，还要注意下面一些标注原则：

（1）尺寸标注应力求准确、清晰、美观大方。同一张图样中，标注风格应保持一致。

（2）尺寸线应尽量标注在图样轮廓线以外，从内到外依次标注从小到大的尺寸，不能将大尺寸标在内，而小尺寸标在外，如图 2-84 所示。

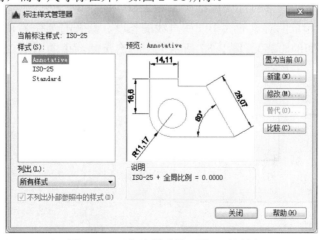

图 2-83 "标注样式管理器"对话框

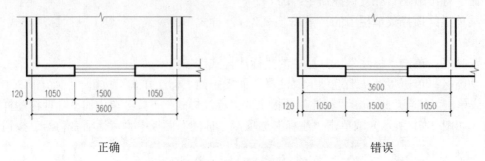

图 2-84　尺寸标注正误对比

（3）最内一道尺寸线与图样轮廓线之间的距离不应小于 10mm，两道尺寸线之间的距离一般为 7～10mm。

（4）尺寸界线朝向图样的端头距图样轮廓的距离应≥2mm，不宜直接与之相连。

（5）在图线拥挤的地方，应合理安排尺寸线的位置，但不宜与图线、文字及符号相交；可以考虑将轮廓线用作尺寸界线，但不能作为尺寸线。

（6）对于连续相同的尺寸，可以采用"均分"或"（EQ）"字样代替（如图 2-85 所示）。

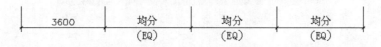

图 2-85　相同尺寸的省略

2.10　对象约束

约束能够用于精确地控制草图中的对象。草图约束有两种类型：尺寸约束和几何约束。

几何约束建立起草图对象的几何特性（如要求某一直线具有固定长度）或是两个或更多草图对象的关系类型（如要求两条直线垂直或平行，或是几个弧具有相同的半径）。在图形区用户可以使用"参数化"选项卡内的"全部显示""全部隐藏"或"显示"来显示有关信息，并显示代表这些约束的直观标记（如图 2-86 所示的水平标记 ═ 和共线标记 ﹀ ）。

尺寸约束建立起草图对象的大小（如直线的长度、圆弧的半径等）或是两个对象之间的关系（如两点之间的距离）。图 2-87 所示为一带有尺寸约束的示例。

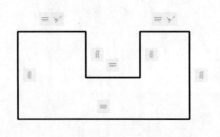

图 2-86　"几何约束"示意图

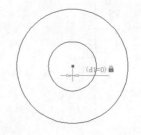

图 2-87　"尺寸约束"示意图

2.10.1 建立几何约束

使用几何约束，可以指定草图对象必须遵守的条件，或是草图对象之间必须维持的关系。几何约束面板及工具栏（面板在"参数化"标签内的"几何"面板中）如图 2-88 所示，其主要几何约束选项功能见表 2-2。

图 2-88 "几何约束"面板及工具栏

表 2-2 特殊位置点捕捉

约束模式	功能
重合	约束两个点使其重合，或者约束一个点使其位于曲线（或曲线的延长线）上。可以使对象上的约束点与某个对象重合，也可以使其与另一对象上的约束点重合
共线	使两条或多条直线段沿同一直线方向
同心	将两个圆弧、圆或椭圆约束到同一个中心点。结果与将重合约束应用于曲线的中心点所产生的结果相同
固定	将几何约束应用于一对对象时，选择对象的顺序以及选择每个对象的点可能会影响对象彼此间的放置方式
平行	使选定的直线位于彼此平行的位置。平行约束在两个对象之间应用
垂直	使选定的直线位于彼此垂直的位置。垂直约束在两个对象之间应用
水平	使直线或点对位于与当前坐标系的 X 轴平行的位置。默认选择类型为对象
竖直	使直线或点对位于与当前坐标系的 Y 轴平行的位置
相切	将两条曲线约束为保持彼此相切或其延长线保持彼此相切。相切约束在两个对象之间应用
平滑	将样条曲线约束为连续，并与其他样条曲线、直线、圆弧或多段线保持 G2 连续性
对称	使选定对象受对称约束，相对于选定直线对称
相等	将选定圆弧和圆的尺寸重新调整为半径相同，或将选定直线的尺寸重新调整为长度相同

绘图中可指定二维对象或对象上的点之间的几何约束。之后编辑受约束的几何图形时，将保留约束。因此，通过使用几何约束，可以在图形中包括设计要求。

2.10.2 几何约束设置

在用 AutoCAD 绘图时，使用"约束设置"对话框，如图 2-89 所示，可以控制约束栏上显示或隐藏的几何约束类型。

图 2-89　"约束设置"对话框"几何"选项卡

【执行方式】

命令行：CONSTRAINTSETTINGS

菜单栏：选择菜单栏中的"参数"→"约束设置"命令

功能区：单击"参数化"选项卡中的"约束设置，几何"命令

工具栏：单击"参数化"工具栏中的"约束设置"按钮

【操作步骤】

命令：CONSTRAINTSETTINGS

系统打开"约束设置"对话框，在该对话框中，单击"几何"标签打开"几何"选项卡，如图 2-89 所示。利用此对话框可以控制约束栏上约束类型的显示。

【选项说明】

（1）"约束栏显示设置"选项组　此选项组控制图形编辑器中是否为对象显示约束栏或约束点标记。例如，可以为水平约束和竖直约束隐藏约束栏的显示。

（2）"全部选择"按钮　选择几何约束类型。

（3）"全部清除"按钮　清除选定的几何约束类型。

（4）"仅为处于当前平面中的对象显示约束栏"复选框　仅为当前平面上受几何约束的对象显示约束栏。

（5）"约束栏透明度"选项组　设置图形中约束栏的透明度。

（6）"将约束应用于选定对象后显示约束栏"复选框　手动应用约束后或使用AUTOCONSTRAIN 命令时显示相关约束栏。

2.10.3　建立尺寸约束

建立尺寸约束是限制图形几何对象的大小，也就是与在草图上标注尺寸相似，同样设置尺寸标注线，与此同时在建立相应的表达式，不同的是可以在后续的编辑工作中实现尺寸的参数化驱动。标注约束面板及工具栏（面板在"参数化"标签内的"标注"面板中）如图 2-90 所示。

在生成尺寸约束时，用户可以选择草图曲线、边、基准平面或基准轴上的点，以生成水平、竖直、平行、垂直和角度尺寸。

生成尺寸约束时，系统会生成一个表达式，其名称和值显示在一弹出的对话框文本区域中，如图2-91所示，用户可以接着编辑该表达式的名和值。

生成尺寸约束时，只要选中了几何体，其尺寸及其延伸线和箭头就会全部显示出来。将尺寸拖动到位，然后单击左键。完成尺寸约束后，用户还可以随时更改尺寸约束。只需在图形区选中该值双击，然后可以使用生成过程所采用的同一方式，编辑其名称、值或位置。

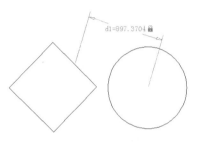

图2-90　"标注约束"面板及工具栏　　　　图2-91　"尺寸约束编辑"示意图

2.10.4　尺寸约束设置

在用AutoCAD绘图时，使用"约束设置"对话框内的"标注"选项卡，如图2-83所示，可控制显示标注约束时的系统配置。标注约束控制设计的大小和比例。它们可以约束以下内容：

（1）对象之间或对象上的点之间的距离。

（2）对象之间或对象上的点之间的角度。

【执行方式】

命令行：CONSTRAINTSETTINGS（CSETTINGS）

菜单栏：选择菜单栏中的"参数"→"约束设置"命令

功能区：单击"参数化"选项卡中的"约束设置，标注"命令

工具栏：单击"参数化"工具栏中的"约束设置"按钮

【操作步骤】

命令：CONSTRAINTSETTINGS

系统打开"约束设置"对话框，在该对话框中，单击"标注"标签打开"标注"选项卡，如图2-92所示。利用此对话框可以控制约束栏上约束类型的显示。

【选项说明】

（1）"标注约束格式"选项组　该选项组内可以设置标注名称格式和锁定图标的显示。

（2）"标注名称格式"下拉框　为应用标注约束时显示的文字指定格式。将名称格式设置为显示：名称、值或名称和表达式。例如：宽度=长度/2。

（3）"为注释性约束显示锁定图标"复选框　针对已应用注释性约束的对象显示锁定图标。

（4）"为选定对象显示隐藏的动态约束"复选框　显示选定时已设置为隐藏的动态约

束。

图 2-92　"约束设置"对话框"标注"选项卡

2.10.5　自动约束

在用 AutoCAD 绘图时，使用"约束设置"对话框内的"自动约束"选项卡，如图 2-93 所示，可将设定公差范围内的对象自动设置为相关约束。

【执行方式】

命令行：CONSTRAINTSETTINGS（CSETTINGS）

菜单栏：选择菜单栏中的"参数"→"约束设置"命令

功能区：选择"参数化"选项卡中"约束设置，几何"命令

工具栏：单击"参数化"工具栏中的"约束设置"按钮

【操作步骤】

命令：CONSTRAINTSETTINGS

系统打开"约束设置"对话框，在该对话框中，单击"自动约束"标签打开"自动约束"选项卡，如图 2-93 所示。利用此对话框可以控制自动约束相关参数。

【选项说明】

（1）"自动约束"列表框　显示自动约束的类型以及优先级。可以通过"上移"和"下移"按钮调整优先级的先后顺序。可以单击符号 ✔ 选择或去掉某约束类型作为自动约束类型。

（2）"相切对象必须共用同一交点"复选框　指定两条曲线必须共用一个点（在距离公差内指定）以便应用相切约束。

（3）"垂直对象必须共用同一交点"复选框　指定直线必须相交或者一条直线的端点必须与另一条直线或直线的端点重合（在距离公差内指定）。

（4）"公差"选项组　设置可接受的"距离"和"角度"公差值以确定是否可以应用约束。

图 2-93　"约束设置"对话框"自动约束"选项卡

2.11　快速绘图工具

为了减少系统整体的图形设计效率，CAD 提供了图块、设计中心以及工具选项板的等快速绘图工具。

2.11.1　图块操作

图块也叫块，它是由一组图形对象组成的集合，一组对象一旦被定义为图块，它们将成为一个整体，拾取图块中任意一个图形对象即可选中构成图块的所有对象。AutoCAD 把一个图块作为一个对象进行编辑修改等操作，用户可根据绘图需要把图块插入到图中任意指定的位置，而且在插入时还可以指定不同的缩放比例和旋转角度。如果需要对组成图块的单个图形对象进行修改，还可以利用"分解"命令把图块炸开分解成若干个对象。图块还可以重新定义，一旦被重新定义，整个图中基于该块的对象都将随之改变。

1. 定义图块

【执行方式】

命令行：BLOCK（快捷命令：B）

菜单栏：选择菜单栏中的"绘图"→"块"→"创建"命令

工具栏：单击"绘图"工具栏中的"创建块"按钮

功能区：单击"默认"选项卡"块"面板中的"创建"按钮（如图 2-94 所示）或单击"插入"选项卡"块定义"面板中的"创建块"按钮（如图 2-95 所示）

图 2-94　"块"面板

图 2-95 "块定义"面板

【操作格式】

命令：BLOCK

选择相应的菜单命令或单击相应的工具栏图标，或在命令行输入 BLOCK 后按 Enter 键，AutoCAD 打开图 2-96 所示的"块定义"对话框，利用该对话框可定义图块并为之命名。

【选项说明】

（1）"基点"选项组　确定图块的基点，默认值是（0, 0, 0）。也可以在下面的 X（Y、Z）文本框中输入块的基点坐标值。单击"拾取点"按钮，AutoCAD 临时切换到作图屏幕，用鼠标在图形中拾取一点后，返回"块定义"对话框，把所拾取的点作为图块的基点。

（2）"对象"选项组　该选项组用于选择制作图块的对象以及对象的相关属性。

（3）"设置"选项组　指定从 AutoCAD 设计中心拖动图块时用于测量图块的单位，以及缩放、分解和超链接等设置。

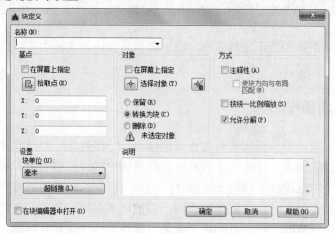

图 2-96 "块定义"对话框

（4）"在块编辑器中打开"复选框　选中此复选框，系统打开块编辑器，可以定义动态块。后面详细讲述。

2．图块的存盘

用 BLOCK 命令定义的图块保存在其所属的图形当中，该图块只能在该图中插入，而不能插入到其他的图中，但是有些图块在许多图中要经常用到，这时可以用 WBLOCK 命令把图块以图形文件的形式（后缀为.dwg）写入磁盘，图形文件可以在任意图形中用 INSERT 命令插入。

【执行方式】

命令行：WBLOCK

【操作格式】

命令：WBLOCK

在命令行输入 WBLOCK 后按 Enter 键，AutoCAD 打开"写块"对话框，如图 2-97 所示，利用此对话框可把图形对象保存为图形文件或把图块转换成图形文件。

图 2-97 "写块"对话框

【选项说明】

（1）"源"选项组 确定要保存为图形文件的图块或图形对象。其中选中"块"单选按钮，单击右侧的向下箭头，在下拉列表框中选择一个图块，将其保存为图形文件。选中"整个图形"单选按钮，则把当前的整个图形保存为图形文件。选中"对象"单选按钮，则把不属于图块的图形对象保存为图形文件。对象的选取通过"对象"选项组来完成。

（2）"目标"选项组 用于指定图形文件的名字、保存路径和插入单位等。

3. 图块的插入

在用 AutoCAD 绘图的过程当中，可根据需要随时把已经定义好的图块或图形文件插入到当前图形的任意位置，在插入的同时还可以改变图块的大小、旋转一定角度或把图块炸开等。插入图块的方法有多种，本节逐一进行介绍。

【执行方式】

命令行：INSERT（快捷命令：I）

菜单栏：选择菜单栏中的"插入"→"块"命令

工具栏：单击"插入点"工具栏中的"插入块"按钮 或"绘图"工具栏中的"插入块"按钮

【操作格式】

命令：INSERT

AutoCAD 打开"插入"对话框，如图 2-98 所示，可以指定要插入的图块及插入位置。

【选项说明】

（1）"路径"文本框 指定图块的保存路径。

（2）"插入点"选项组 指定插入点，插入图块时该点与图块的基点重合。可以在屏幕上指定该点，也可以通过下面的文本框输入该点坐标值。

（3）"比例"选项组 确定插入图块时的缩放比例。图块被插入到当前图形中的时候，可以以任意比例放大或缩小。

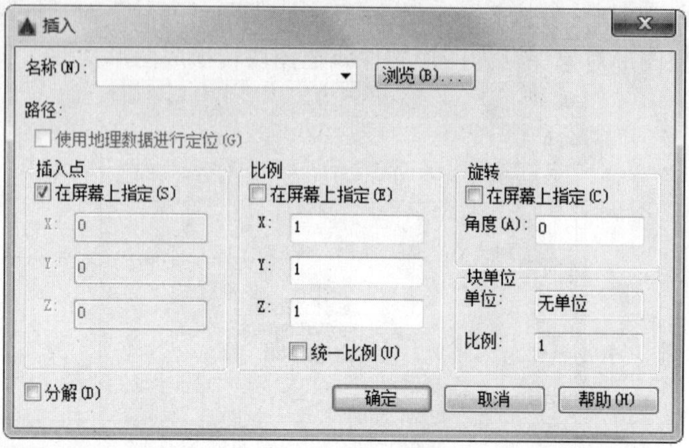

图 2-98 "插入"对话框

（4）"旋转"选项组 指定插入图块时的旋转角度。图块被插入到当前图形中的时候，可以绕其基点旋转一定的角度，角度可以是正数（表示沿逆时针方向旋转），也可以是负数（表示沿顺时针方向旋转）。

如果选中"在屏幕上指定"复选框，系统切换到作图屏幕，在屏幕上拾取一点，AutoCAD自动测量插入点与该点连线和 X 轴正方向之间的夹角，并把它作为块的旋转角。也可以在"角度"文本框直接输入插入图块时的旋转角度。

（5）"分解"复选框 选中此复选框，在插入块的同时把其炸开，插入到图形中的组成块的对象不再是一个整体，可对每个对象单独进行编辑操作。

2.11.2 设计中心

使用 AutoCAD 2016 设计中心可以很容易地组织设计内容，并把它们拖动到自己的图形中。可以使用 AutoCAD 2016 设计中心窗口的内容显示框，来观察用 AutoCAD 2016 设计中心的资源管理器所浏览资源的细目，如图 2-99 所示。图中左边方框为 AutoCAD 2016 设计中心的资源管理器，右边方框为 AutoCAD 2016 设计中心窗口的内容显示框。其中上面窗口为文件显示框，中间窗口为图形预览显示框。下面窗口为说明文本显示框。

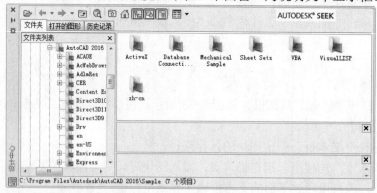

图 2-99 AutoCAD 2016 设计中心的资源管理器和内容显示区

1. 启动设计中心

【执行方式】

命令行：ADCENTER（快捷命令：ADC）

菜单栏：选择菜单栏中的"工具"→"选项板"→"设计中心"命令

工具栏：单击"标准"工具栏中的"设计中心"按钮

快捷键：按 Ctrl＋2 键

功能区：单击"视图"选项卡"选项板"面板中的"设计中心"按钮

【操作格式】

命令：ADCENTER

系统打开设计中心。第一次启动设计中心时，它的默认打开的选项卡为"文件夹"。显示区采用大图标显示，左边的资源管理器采用 tree view 显示方式显示系统的树形结构，浏览资源的同时，在内容显示区显示所浏览资源的有关细目或内容。

可以依靠鼠标拖动边框来改变 AutoCAD 2016 设计中心资源管理器和内容显示区以及 AutoCAD 2016 绘图区的大小，但内容显示区的最小尺寸应能显示两列大图标。

如果要改变 AutoCAD 2016 设计中心的位置，可在 AutoCAD 2016 设计中心工具条的上部用鼠标拖动它，松开鼠标后，AutoCAD 2016 设计中心便处于当前位置，到新位置后，仍可以用鼠标改变各窗口的大小。也可以通过设计中心边框左边下方的"自动隐藏"按钮自动隐藏设计中心。

2. 显示图形信息

在 AutoCAD 2016 设计中心中，通过"选项卡"和"工具栏"两种方式显示图形信息。

（1）选项卡

1）"文件夹"选项卡：显示设计中心的资源。该选项卡与 Windows 资源管理器类似。"文件夹"选项卡显示导航图标的层次结构，包括网络和计算机、Web 地址（URL）、计算机驱动器、文件夹、图形和相关的支持文件、外部参照、布局、填充样式和命名对象，包括图形中的块、图层、线型、文字样式、标注样式和打印样式。

2）"打开的图形"选项卡：显示在当前环境中打开的所有图形，其中包括最小化了的图形，如图 2-100 所示。此时选择某个文件，就可以在右边的显示框中显示该图形的有关设置，如标注样式、布局、图层、外部参照等。

3）"历史记录"选项卡：显示用户最近访问过的文件，包括这些文件的具体路径，如图 2-101 所示。双击列表中的某个图形文件，可以在"文件夹"选项卡中的树状视图中定位此图形文件并将其内容加载到内容区域中。

图 2-100　"打开的图形" 选项卡

图 2-101　"历史记录"　选项卡

（2）工具栏　设计中心窗口顶部有一系列工具栏，包括"加载""上一页（下一页或上一级）""搜索""收藏夹""主页""树状图切换""预览""说明"和"视图"等按钮。

1）"加载"按钮：打开"加载"对话框，用户可以利用该对话框从 Windows 桌面、收藏夹或 Internet 网加载文件。

2）"搜索"按钮：查找对象。单击该按钮，打开"搜索"对话框，如图 2-102 所示。

3）"收藏夹"按钮：在"文件夹列表"中显示 Favorites/Autodesk 文件夹中的内容，用户可以通过收藏夹来标记存放在本地磁盘、网络驱动器或 Internet 网页上的内容，如图 2-103 所示。

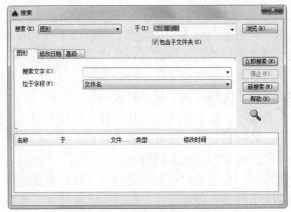

图 2-102　"搜索"对话框

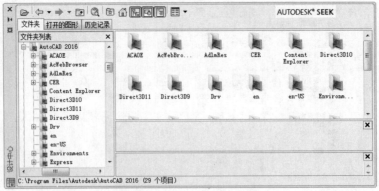

图 2-103　"收藏夹"按钮

4)"主页"按钮：快速定位到设计中心文件夹中，该文件夹位于/AutoCAD 2016/Sample
下，如图2-104所示。

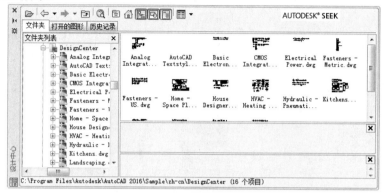

图2-104　"主页"按钮

2.11.3　工具选项板

工具选项板是"工具选项板"窗口中选项卡形式的区域，提供组织、共享和放置块及
填充图案的有效方法。工具选项板还可以包含由第三方开发人员提供的自定义工具。

1. 打开工具选项板

【执行方式】

命令行：TOOLPALETTES（快捷命令：TP）

菜单栏：选择菜单栏中的"工具"→"选项板"→"工具选项板"命令

工具栏：单击"标准"工具栏中的"工具选项板窗口"
按钮

快捷键：按Ctrl＋3键

【操作格式】

命令：TOOLPALETTES

系统自动打开工具选项板窗口，如图2-105所示。

【选项说明】

在工具选项板中，系统设置了一些常用图形选项卡，
这些常用图形可以方便用户绘图。

2. 工具选项板的显示控制

（1）移动和缩放工具选项板窗口　用户可以用鼠标
按住工具选项板窗口深色边框，拖动鼠标，即可移动工具
选项板窗口。将鼠标指向工具选项板窗口边缘，出现双向
伸缩箭头，按住鼠标左键拖动即可缩放工具选项板窗口。

（2）自动隐藏　在工具选项板窗口深色边框下面有
一个"自动隐藏"按钮，单击该按钮就可自动隐藏工具选
项板窗口，再次单击，则自动打开工具选项板窗口。

（3）"透明度"控制　在工具选项板窗口深色边框下
面有一个"特性"按钮，单击该按钮，打开快捷菜单，如

图2-105　工具选项板窗口

图 2-106 所示。选择"透明度"命令,系统打开"透明度"对话框,通过调节按钮可以调节工具选项板窗口的透明度。

图 2-106　快捷菜单

(4)"视图"控制　将鼠标放在工具选项板窗口的空白地方,单击鼠标右键,打开快捷菜单,选择其中的"视图选项"命令,如图 2-107 所示。打开"视图选项"对话框,如图 2-108 所示。选择有关选项,拖动调节按钮可以调节视图中图标或文字的大小。

图 2-107　快捷菜单　　　　　图 2-108　"视图选项"对话框

3. 新建工具选项板

用户可以建立新工具板,这样有利于个性化作图。也能够满足特殊作图需要。

【执行方式】

命令行:CUSTOMIZE

菜单栏：选择菜单栏中的"工具"→"自定义"→"工具选项板"命令

工具选项板：单击"工具选项板"中的"特性"按钮 ，在打开的快捷菜单中选择"自定义选项板"（或"新建选项板"）命令

【操作格式】

命令：CUSTOMIZE

系统打开"自定义"对话框的"工具选项板"选项卡，如图 2-109 所示。

右击鼠标，打开快捷菜单，如图 2-110 所示，选择"新建选项板"选项，在对话框可以为新建的工具选项板命名。确定后，工具选项板中就增加了一个新的选项卡，如图 2-111 所示。

图 2-109 "自定义"对话框

图 2-110 "新建选项板"选项

图 2-111 新增选项卡

4．向工具选项板添加内容

（1）将图形、块和图案填充从设计中心拖动到工具选项板上。

　　例如，在 Designcenter 文件夹上右击鼠标，系统打开右键快捷菜单，从中选择"创建块的工具选项板"命令，如图 2-112 所示。设计中心中储存的图元就出现在工具选项板中新建的 DesignCenter 选项卡上，如图 2-113 所示。这样就可以将设计中心与工具选项板结合起来，建立一个快捷方便的工具选项板。将工具选项板中的图形拖动到另一个图形中时，图形将作为块插入。

　　（2）使用"剪切""复制"和"粘贴"将一个工具选项板中的工具移动或复制到另一个工具选项板中。

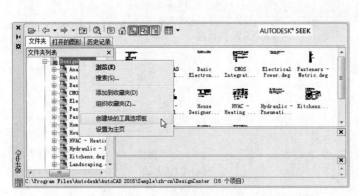

图 2-112　将储存图元创建成"设计中心"工具选项板　　　　图 2-113　新创建的工具选项板

2.12　实例——绘制 A3 图纸样板图形

　　绘制如图 2-114 所示的 A3 样板图。

　　01 绘制图框。单击"绘图"工具栏中的"矩形"按钮▢，指定矩形两个角点的坐标分别为（25，10）和（410，287），如图 2-115 所示。

　　02 绘制标题栏。标题栏结构如图 2-116 所示，由于分隔线并不整齐，所以可以先绘制一个 9×4（每个单元格的尺寸是 10×10）的标准表格，然后在此基础上编辑合并单元格，形成如图 2-114 所示的形式。

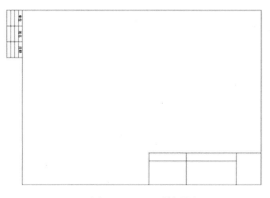

图 2-114　A3 样板图　　　　　　　　　　　　图 2-115　绘制矩形

图 2-116　标题栏示意图

03 单击"样式"工具栏中的"表格样式"按钮 ，打开"表格样式"对话框，如图 2-117 所示。

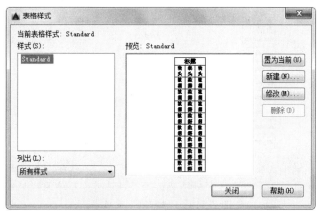

图 2-117　"表格样式"对话框

04 单击"修改"按钮，打开"修改表格样式"对话框，在"单元样式"下拉列表中选择"数据"选项，在下面的"文字"选项卡中将"文字高度"设置为 3，如图 2-118 所示。再打开"常规"选项卡，将"页边距"选项组中的"水平"和"垂直"参数都设置成 1，如图 2-119 所示。

 注意

表格的行高＝文字高度＋2×垂直页边距，此处设置为 8+2×1=10

05 确认后返回到"表格样式"对话框，单击"关闭"按钮退出。

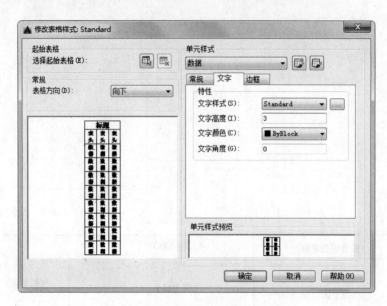

图 2-118　"修改表格样式"对话框

图 2-119　"常规"选项卡

06 单击"绘图"工具栏中的"表格"按钮▦，系统打开"插入表格"对话框，在"列和行设置"选项组中将"列数"设置为9，将"列宽"设置为20，将"数据行数"设置为2（加上标题行和表头行共4行），将"行高"设置为10行（即为10）；在"设置单元样式"选项组中将"第一行单元样式""第二行单元样式"和"第三行单元样式"都设置为"数据"，如图 2-120 所示。

07 在图框线右下角附近指定表格位置，系统生成表格，不输入文字，如图 2-121 所示。

08 刚生成的标题栏无法准确确定与图框的相对位置，需要移动。单击"修改"工具栏中的"移动"按钮✛，将标题栏移动到图框的适当位置，命令行提示与操作如下：

命令: move

选择对象: （选择刚绘制的表格）

选择对象:

指定基点或 [位移(D)] <位移>: （捕捉表格的右下角点）

指定第二个点或 <使用第一个点作为位移>: （捕捉图线框的右下角点）

图 2-120 "插入表格"对话框

09 将表格准确放置在图线框的右下角，如图 2-122 所示。

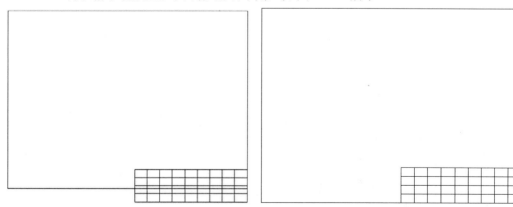

图 2-121 生成表格   图 2-122 移动表格

10 编辑标题栏表格。单击 A1 单元格，按住 Shift 键，同时选择 B1 和 C1 单元格，右击在弹出的快捷菜中选择"合并"→"全部"命令，将选中的单元格合并，结果如图 2-123 所示。

11 使用同样方法对其他单元格进行合并，结果如图 2-124 所示。

图2-123　合并单元格

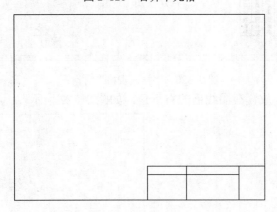

图2-124　完成标题栏单元格编辑

12 绘制会签栏。会签栏具体大小和样式如图 2-125 所示。下面采取与标题栏相同的方法进行绘制。

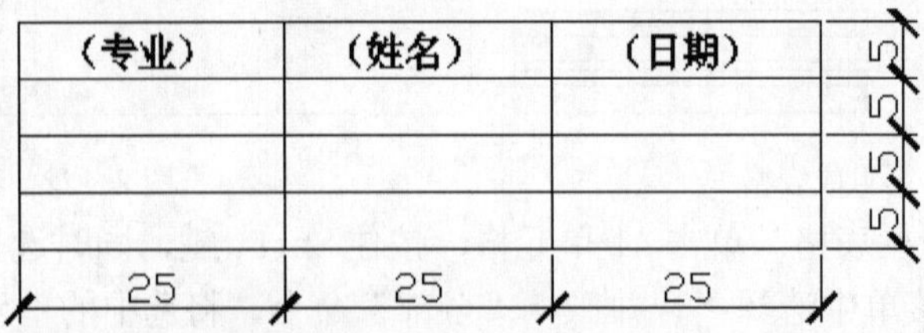

（专业）	（姓名）	（日期）

图2-125　会签栏示意图

13 在"修改表格样式"对话框中，将"文字"选项卡中的"文字高度"设置为4，如图 2-126 所示；再设置"常规"选项卡中"页边距"选项组的"水平"和"垂直"参数都为 0.5。

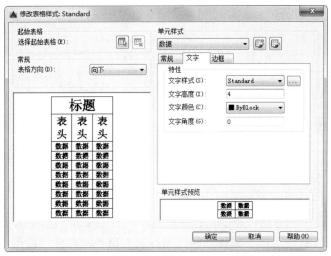

图 2-126　设置表格样式

14 单击"绘图"工具栏中的"表格"按钮，打开"插入表格"对话框，在"列和行设置"选项组中将"列数"设置为 28，将"列宽"设置为 5，将"数据行数"设置为 2，将"行高"设置为 1 行；在"设置单元样式"选项组中将"第一行单元样式""第二行单元样式"和"所有其他行单元样式"都设置为"数据"，如图 2-127 所示。

图 2-127　设置表格的行和列

在表格中输入文字，结果如图 2-128 所示。

15 旋转和移动会签栏。首先旋转会签栏。这里，调用"旋转"命令（rotate），命令行提示与操作如下：

命令：ROTATE

UCS 当前的正角方向：ANGDIR=逆时针　ANGBASE=0

选择对象：（选择刚绘制好的会签栏）

选择对象：

指定基点:（捕捉会签栏的左上角）

指定旋转角度，或 ［复制(C)／参照(R)］ <0>：ᅟᅟ-90

结果如图 2-129 所示。

单位	姓名	日期

图 2-128 会签栏的绘制ᅟᅟᅟᅟᅟᅟᅟᅟᅟᅟᅟ图 2-129ᅟᅟ旋转会签栏

参照步骤 **08** 中的方法，将会签栏移动到图线框左上角，结果如图 2-130 所示。

16 保存样板图。选择"文件"→"另存为"命令，打开"图形另存为"对话框，将图形保存为 dwt 格式的文件即可，如图 2-131 所示。

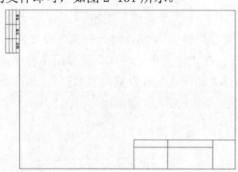

图 2-130ᅟᅟ绘制完成的样板图

图 2-131ᅟᅟ"图形另存为"对话框

大酒店大堂室内设计图绘制

本章以一个大酒店的室内设计制图为例，进一步介绍了较复杂的室内设计二维图形的制作。本章着重介绍了该大酒店中大堂部分的室内设计制图。结合前面章节的基本绘图知识，本章将重点介绍绘制的难点和相关注意事项。

从本章开始，在绘图讲解中不再刻意介绍图层划分管理内容和线宽设置内容，在操作时可以根据前面介绍的图层管理思路和线宽设置思路自行设置，一定要养成按图层进行绘图的习惯，这样可以带来很多方便。

 学 习 要 点

- 了解大酒店、大堂室内设计的特点。
- 了解该大酒店实例的概况及特征。
- 较复杂的建筑平面图绘制思路及方法。
- 建筑楼梯的绘制方法。
- 大堂平面功能分析、布局方法及注意事项。
- 进一步熟悉地面材料图案绘制。
- A、B、C 立面的绘制。
- 顶棚图绘制的一般步骤。
- 熟悉复杂顶棚造型绘制的一般思路及途径。
- 熟悉复杂灯具布置的一般思路及途径。
- 学会自主分析图形绘制的方法。

3.1 大堂室内设计要点及实例简介

大堂是指主入口处的大厅，它是一般门厅和与之相连的总台、休息厅、餐饮、楼梯及电梯厅、小商店以及其他相关的辅助设施。大堂是宾客接触的第一站、大酒店的重要交通枢纽和服务空间，为了满足功能要求、又能显示大酒店的品位和特色，其室内设计显得尤为重要。

首先，大堂设计要求合理处理各功能分区，安排好交通流线。总台是大堂中的主要功能区，它应布置在显目、易于接近而又不干扰其他人流的位置。休息区布置在相对安静、不易被人流干扰的位置，可根据大酒店的大小并结合餐饮、绿化、室内景观等元素共同考虑。

其次，大堂的室内设计风格应体现气派、高雅、清爽、整洁的特征，因而需要综合考虑空间造型、色彩、材质、灯光、家具陈设、室内绿化景观等方面的因素，以适应这一特征。

本章采用实例是人流较大商务繁忙的大酒店，它属于前面提到的中转站宾馆的范畴。该宾馆底层为车库、设备层；一层设有大堂、茶室、咖啡厅、小商店及辅助用房；二层设快餐厅及少量餐厅包房；三、四、五层为标准层，作客房用；局部六层为设备、辅助用房。

3.2 建筑平面图绘制

这里所说的建筑平面图不是严格意义上建筑平面图，实际上只是室内平面图绘制的前期工作，包括墙体、门窗、柱子、楼梯等建筑构件所形成的建筑平面部局，如图3-1所示。

图3-1 大酒店一层建筑平面布置图

在进行室内计算机制图时，建筑平面图有几种来源：

（1）参照建筑施工图、竣工图等图样资料，将它绘制到计算机里，根据现场实际情况进行修改。

（2）直接从建筑师那里得到电子图档，根据室内制图的要求进行修改、利用。这种方式省去了室内制图的部分工作，提高了工作效率。

（3）找不到建筑专业的图样资料，只有根据现场测绘的资料绘制。这种方式工作量相对较大。

不管是哪种情况，由于各种建筑构件的平面尺寸及其平面的相对关系都是现成的，因此这部分工作难度都不大，只要掌握绘制方法即可。

3.2.1 绘制思路分析

从图 3-1 中可以看出，该建筑为钢筋混凝土框架结构，中部涂黑部分为钢筋混凝土剪力墙结构。该平面图不是规则的矩形或矩形的组合，有一面外墙成弧形，这给绘制带来一定的难度。如何绘制这个平面图呢？首先是轴网绘制，便于其他部分的定位及绘制；其次，绘制柱子和剪力墙；第三，绘制墙体；第四，绘制门窗；第五，绘制楼梯和台阶；第六，绘制其他剩余图例。

3.2.2 绘制步骤

建筑平面图绘制步骤一般如下：

1）系统设置。

2）轴网绘制。

3）柱子绘制。

4）墙体绘制。

5）门窗绘制。

6）阳台、楼梯及台阶绘制。

7）其他构配件及细部绘制。

8）轴线标注及尺寸标注。

9）文字说明标注。

3.2.3 系统设置

01 单位设置。在 AutoCAD 2016 中，是以 1:1 的比例绘制，到出图时候，再考虑以 1:100 的比例输出。比如，建筑实际尺寸为 3m，在绘图时输入的距离值为 3000。因此，将系统单位设为毫米（mm）。以 1:1 的比例绘制，输入尺寸时就不需换算，比较方便。

单位设置的具体操作是：选择菜单栏中的"格式"→"单位"命令，打开"图形单位"对话框，如图 3-2 所示进行设置，然后单击"确定"按钮完成操作。

02 图形界限设置。将图形界限设置为 A3 图幅。AutoCAD 2016 默认的图形界限为 420×297，已经是 A3 图幅，但是现在以 1:1 的比例绘图，当以 1:100 的比例出图时，图样空间将被缩小 100 倍，所以现在将图形界限设为 42000×29700，扩大 100 倍。命令行提示与操作如下：

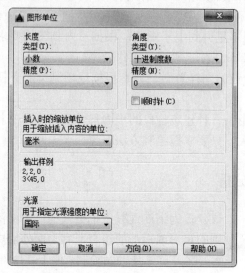

图3-2 "图形单位"对话框

命令：LIMITS✓

重新设置模型空间界限：

指定左下角点或 [开(ON)/关(OFF)] <0,0>: ✓

指定右上角点 <420,297>: 42000,29700✓

03 坐标系设置。选择菜单栏中的"工具"→"命名 UCS"命令，打开"UCS"对话框，将世界坐标系设为当前，如图 3-3 所示，选择"设置"选项卡，按如图 3-4 所示的进行设置，单击"确定"按钮完成设置。这样，UCS 标志将总位于左下角。

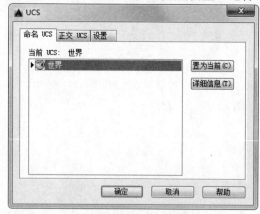

图3-3 "UCS"对话框

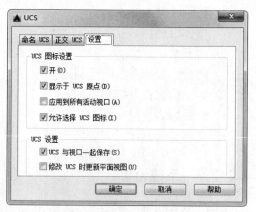

图3-4 "设置"选项卡

3.2.4 轴网绘制

当拿到一张建筑平面图准备绘制轴线网格时，首先应分析一下轴线网格构成的特征及规律。例如，本例的轴线网格，如图 3-5 所示。A～F 轴线部分的网格都是正交的矩形网格，可以明显地看出多个重复出现的 3900 开间，局部几个开间尺寸不同，也容易确定。此外，该部分的进深尺寸也明确。F～J 轴线主要为弧形轴网。对于弧形轴网，就要分析弧线的圆心在什么位置、分割的弧度大小、径向划分尺寸等；另外要明确正交网格和弧形网格的交接位置在哪里。只要搞清楚这些内容，对于正交网格，用"偏移""阵列""复制对象"等编辑命令由一条直线复制出多条直线；对于弧形网格，用"偏移"命令复制出多条弧形轴线，如图 3-6 所示。用"环形阵列"选取直线为阵列对象，设置其阵列中心点为 1147，662。指定项目间角度为-45º，项目数 3。即可绘制出多条放射状轴线如图 3-7 所示。

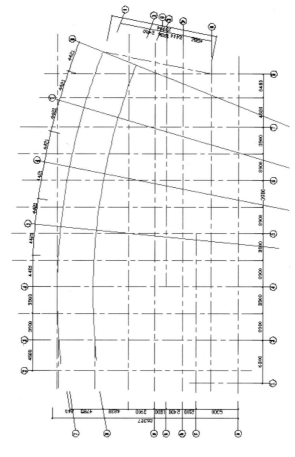

图3-5 轴线网格

图3-6 偏移弧形轴线示意　　　　　　　　　图3-7 阵列径向轴线示意

本着逐步细化的绘制方法，第一步不必把所有墙体所在位置的轴线都绘出，而是先把有规律的、控制性的轴网划出来。分隔较细的、局部的轴线可以在主要墙体绘制好以后，再采用"偏移"或"复制对象"命令绘出。如果一开始就全部绘制所有轴线，会出现以下情况：①感觉混乱，无从下手；②即使绘出了轴网，绘制墙体时容易找错墙体的位置。

绘制轴网的操作步骤如下：

01 建立轴线图层。单击"图层"工具栏中的"图层特性管理器"按钮 🔩，打开"图层特性管理器"对话框，建立一个新图层，命名为"轴线"，选择颜色为红色，线型为"CENTER"，线宽为默认值，并设置为当前层，如图 3-8 所示。确定后回到绘图状态。

图3-8　轴线图层参数

选择菜单栏中的"格式"→"线型"命令，打开"线型管理器"对话框，单击右上角"显示细节"按钮，线型管理器下部呈现详细信息，将"全局比例因子"设为30，如图 3-9 所示。这样，点画线、虚线的式样就能在屏幕上以适当的比例显示，如果仍不能正常显示，可以适当调整这个值。

图3-9　"线型管理器"对话框

02 对象捕捉设置。将鼠标箭头移到状态栏"对象捕捉"按钮上，右击打开一个快捷菜单，如图 3-10 所示，单击"对象捕捉设置"命令，打开对象捕捉设置对话框，将捕捉模式按如图 3-11 所示进行设置，然后单击"确定"按钮保存设置。

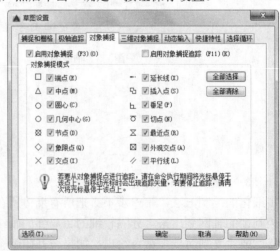

图3-10　打开对象捕捉设置　　　　　图3-11　对象捕捉设置

03 竖向轴线绘制。单击"绘图"工具栏中的"直线"按钮，绘制两条竖直直线。命令行提示与操作如下：

  命令：LINE

  指定第一个点：（在图中合适的位置指定一点）

  指定下一点或 [放弃(U)]：@0,7100↙

  指定下一点或 [闭合(C)/放弃(U)]：↙

  命令：LINE

  指定第一个点：（在距离上一轴线起始点右侧1800处指定一点）

  指定下一点或 [放弃(U)]：@0,27200↙

  指定下一点或 [闭合(C)/放弃(U)]↙

绘制两条轴线后，然后单击"标准"工具栏的"实时缩放"按钮，调整图形大小，如图 3-12 所示。

再单击"修改"工具栏的"偏移"按钮，向右复制其他 11 条竖向轴线，偏移量依次为 4500mm、3900 mm、3900 mm、3900 mm、3900 mm、3900 mm、3900 mm、3900 mm、3900 mm、4320 mm、3480 mm，结果如图 3-13 所示。

图3-12 绘制两条轴线   图3-13 偏移其他竖向轴线

04 横向轴线绘制。在绘图区左下角适当位置选取直线的初始点，输入第二点的相对坐标"@53100,0"，按 Enter 键后绘制第一条轴线。单击"标准"工具栏的"实时缩放"按钮处理后如图 3-14 所示。

单击"修改"工具栏中的"偏移"按钮，向右复制其他 5 条横向轴线，偏移量依次为 4200mm、4200 mm、4200mm、3900mm、9597mm，结果如图 3-15 所示。

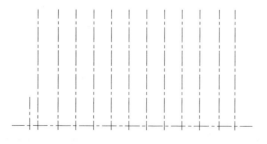

图3-14 绘制一条横向轴线

重复直线命令，绘制其他横向轴线，横向轴线的尺寸参考图 3-5，结果如图 3-16 所示。

05 弧形轴线绘制。单击"绘图"工具栏中的"圆弧"按钮，绘制一条弧线，如图 3-17 所示，尺寸参考图 3-5。

同样单击"修改"工具栏中的"偏移"按钮，向下复制其他两条弧形轴线，偏移量依次为5025mm、5025mm。这样，就完成弧形轴线绘制，结果如图3-18所示。

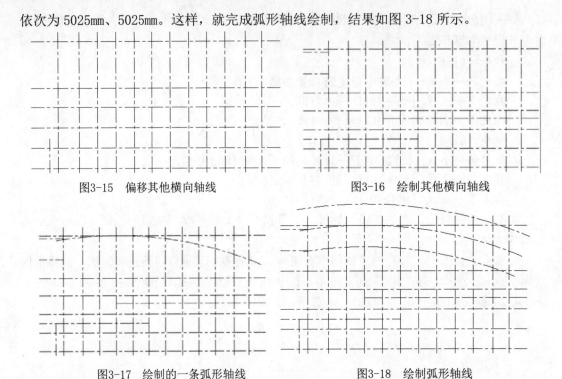

图3-15　偏移其他横向轴线　　　　　　　　图3-16　绘制其他横向轴线

图3-17　绘制的一条弧形轴线　　　　　　　图3-18　绘制弧形轴线

06 斜轴线绘制。单击左边第四条竖直长轴线，调整轴线的长度。然后单击"修改"工具栏中的"环形阵列"按钮，指定阵列中心点，设置项目总数为5，项目间角度为5°，绘制完成的轴网图形如图3-19所示。

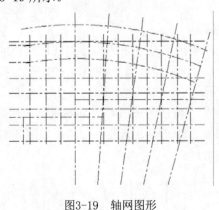

图3-19　轴网图形

3.2.5　柱子绘制

本例所涉及的柱子为钢筋混凝土构造柱，为矩形截面，截面大小为240mm×240mm。

【操作思路】

建立一个柱子图层，首先绘制一个正方形，填充涂黑，其次逐个复制到相应位置，复制的命令为"阵列""复制对象""旋转"等。在进行柱定位时，应该注意，不是所有的柱子的中心点与轴线交点重合，有的柱子偏离轴线交点一定距离，即柱偏心，本例中周边柱都存在偏心，在弧线轴网处还存在转动。

01 建立图层。图层命名为"柱子"，颜色选取白色，线型为实线"Continuous"，线宽为"默认"，并置为当前层，如图 3-20 所示。

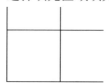

图3-20 柱子图层参数

02 绘制柱子。

❶将左下角的节点放大，单击"绘图"工具栏"矩形"按钮▭，捕捉两个轴线的交点，指定对角点坐标"@700,700"，即可绘出柱子轮廓，如图 3-21 所示。

❷单击"绘图"工具栏"图案填充"按钮▨，打开"图案填充创建"选项卡，如图 3-22 所示，设置填充类型为 SOLID，选择填充区域填充图形，结果如图 3-23 所示。

图3-21 柱子轮廓

图3-22 "图案填充创建"选项卡

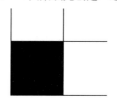

图3-23 填充后的柱子

❸单击"修改"工具栏中的"复制"按钮，将柱子图案复制到相应的位置上。注意复制时，灵活应用对象捕捉功能，这样会很方便定位。

❹单击"修改"工具栏中的"旋转"按钮，将复制后的柱子进行相应的旋转，结果如图 3-24 所示。

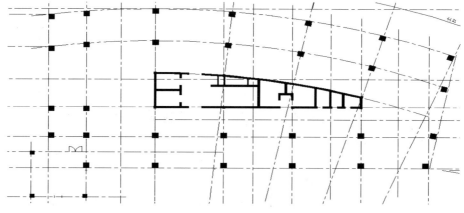

图3-24 柱和剪力墙绘制

3.2.6 剪力墙绘制

绘制剪力墙时，首先绘制出墙体的轮廓线，其次绘制出洞口位置，最后将洞口以外的闭合墙体轮廓线内填充涂黑，这样就绘好了剪力墙。绘制轮廓线时，直线型的剪力墙可以用"多线"命令绘制，也可以用"偏移"命令由轴线向两侧偏移出来，偏移出来的线条需要将它们换到墙体图层内，以便管理。对于弧线型的墙体，采用"偏移"命令由轴线向两侧偏移出来。注意各线条之间的搭接准确，否则，图案填充时计算机容易找不到填充边界。

3.2.7 墙体绘制

平面墙体绘制之前，须知道关于墙体的几个参数：墙体的厚度、墙体的形状、墙体的布置位置。其中墙体的布置位置一般是指它相对最近的轴线网格位置。知道这些参数，才可以通过一些绘图命令将墙体绘制、布置出来。

【操作思路】

建立一个墙体图层，先用"多线"命令粗略绘制双线墙，其次对其进行编辑处理。拟用到的命令有"多线""分解""修剪""延伸""倒角"等。

绘制过程中，首先绘制出整片墙体的双线，不要管墙上开门窗、开洞口的问题，如图3-25所示。单片墙体的绘制方法跟前面提到的一样，在墙体的交接处，用"修剪""延伸""倒角"等命令进行修改处理。

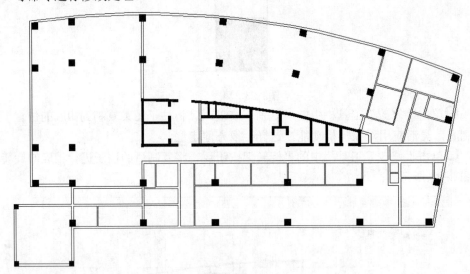

图 3-25　墙体绘制

对于复杂的墙体布置（如本例），一般遵循由总体到局部、逐步细化的过程来进行，这样可以避免产生烦躁的心情。

01 建立图层。首先，建立一个新图层，命名为"墙体"，颜色为白色，线型为实线"Continuous"，线宽为默认，并置为当前层，如图3-26所示。

| ⌇ 墙体 | ♀ | ☼ | 🔓 ■白 | Continu... | —— 默认 | 0 | Color_7 |

图3-26　墙体图层参数

其次，将轴线图层锁定。单击"图层"工具栏的"图层控制"下拉按钮，如图 3-27 所示，将鼠标滑到轴线层上单击"锁定/解锁"按钮，将图层锁定，如图 3-28 所示。

图3-27　"图层控制"下拉按钮　　　　　　　　图3-28　锁定轴线图层

02 墙体粗绘。

❶设置"多线"的参数。选择菜单栏中的"绘图"→"多线"命令，命令行提示与操作如下：

　　命令：MLINE

　　当前设置：对正 = 上，比例 = 20.00，样式 = STANDARD　（初始参数）

　　指定起点或 [对正(J)/比例(S)/样式(ST)]：　J　（选择对正设置，按 Enter 键）

　　输入对正类型 [上(T)/无(Z)/下(B)] <上>：Z　（选择两线之间的中点作为控制点，按 Enter 键）

　　当前设置：对正 = 无，比例 = 20.00，样式 = STANDARD

　　指定起点或 [对正(J)/比例(S)/样式(ST)]：　S　（选择比例设置，按 Enter 键）

　　输入多线比例 <20.00>：　240　（输入墙厚，按 Enter 键）

　　当前设置：对正 = 无，比例 = 240.00，样式 = STANDARD

　　指定起点或 [对正(J)/比例(S)/样式(ST)]：　（按 Enter 键完成设置）

❷选择菜单栏中的"绘图"→"多线"命令，当命令行提示"指定起点或 [对正(J)/比例(S)/样式(ST)]："时，用鼠标选取左下角轴线交点为多线起点，画出第一段墙体。用同样的方法画出剩余的 240mm 厚墙体。

❸选择菜单栏中的"绘图"→"多线"命令，仿照❶中的方法将墙体的厚度定义为 120mm 厚，即将多线的比例设为 120mm。绘出剩下的 120mm 厚墙体。

此时墙体与墙体交接处（也称节点）的线条没有正确搭接，所以用编辑命令进行处理。

❹由于下面所用的编辑命令的操作对象是单根线段，所以先对多线墙体进行分解处理。单击"修改"工具栏"分解"按钮，将所有的墙体选中（因轴线层已锁定，把轴线选在其内也无妨），按 Enter 键确定（也可单击鼠标右键确定）。

❺单击"修改"工具栏中的"修剪"按钮、"延伸"按钮、"倒角"按钮等命令将每个节点进行处理。操作时，可以灵活借助显示缩放功能缩放节点部位，以便编辑，结果如图 3-25 所示。

📖3.2.8　门窗绘制

【操作思路】

首先在墙体图层中绘制出门窗洞口。其次，建立"门窗"图层，并在该图层中绘制门窗图样。

需要指明的是，对于窗，须事先知道它的宽度和沿墙体纵向安装的位置；对于门，须知道它的宽度、沿墙体纵向安装的位置、门的类型（平开门、推拉门或其他门）及开取方向（向内开还是向外开）；对于洞口，须知道它的宽度、沿墙体纵向安装位置。在不便定位的地方，可以借助辅助线。

01 洞口绘制。绘制洞口时，常以临近的墙线或轴线作为距离参照来帮助确定洞口位置。现在以客厅窗洞为例，拟画洞口宽2100㎜，位于该段墙体的中部，因此洞口两侧剩余墙体的宽度均为750mm（到轴线）。具体操作如下：

❶打开"轴线"层，并解锁，将"墙体"层置为当前层。单击"修改"工具栏中的"偏移"按钮 ，将第一根横向轴线向右复制出两根新的轴线，偏移量依次为750mm、2100mm。

❷单击"修改"工具栏中的"延伸"按钮 ，将它们的下端延伸至外墙线。然后，单击"修改"工具栏中的"修剪"按钮 ，将两根轴线间的墙线剪掉，如图3-29a所示。最后单击"绘图"工具栏中的"直线"按钮 ，将墙体剪断处封口，并将这两根轴线删除，这样，一个窗洞口就画好了，结果如图3-29b所示。

❸采用同样的方法，将余下的门窗洞口画出来。

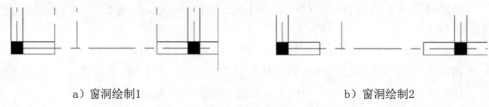

a）窗洞绘制1   b）窗洞绘制2

图3-29　绘制窗口

🛈 **注意**

确定洞口的画法多种多样，上述画法只是其中一种，读者可以灵活处理。

02 门窗的绘制。

❶建立"门窗"图层，参数如图3-30所示，设置为当前层。

图3-30　门窗图层参数

❷对于门，如果利用前面做的图块，则可直接插入图块，并给出相应的比例缩放，放置到具体的门洞处。放置时须注意门的开取方向，若方向不对，则利用"镜像"命令和"旋转"进行左右翻转或内外翻转。如不利用图块，则可以直接绘制，并复制到各个洞口上去。

至于窗，直接在窗洞上绘制也是比较方便的，不必要采用图块插入的方式。首先，在一个窗洞上绘出窗图例。其次，复制到其他洞口上。在碰到窗宽不相等时，用"拉伸"命令 进行处理，门窗的位置及结果如图3-1所示。

📖 3.2.9　楼梯、台阶绘制

楼梯的绘制，需要注意底层、中间层、顶层的楼梯表示方法是不一样的。避免出错的关键在于明白平面图的概念，不同楼层的剖切位置不同，因此从剖切位置向下正投影时看到的梯段也不同，故而表示方法不同。本例中涉及的是双跑楼梯，虽然在首层，但下面还有一层地下层，故作中间层的楼梯表示，如图3-1所示。

绘制楼梯，需要知道以下参数：

1）楼梯形式（单跑、双跑、直行、弧形等）。

2）楼梯各部位长、宽、高 3 个方向的尺寸，包括楼梯总宽、总长、梯段宽度、踏步宽度、踏步高度、平台宽度等。

3）楼梯的安装位置。

如不采用二次开发软件的楼梯绘制模块，而是直接用 AutoCAD 绘制，下面以双跑楼梯为例介绍其绘制方法。

01 单击"绘图"工具栏中的"直线"按钮 ⁄、"阵列"按钮 ⿰、"偏移"按钮 ⿱、"复制"按钮 ⿻、"修剪"按钮 ⿷、"延伸"按钮 ⁄、"打断"按钮 ⿴、"倒角"按钮 ⿹，绘出如图 3-31a 所示的图案。

02 对于中间层的楼梯，在图 3-31a 的基础上增加双剖切线，如图 3-31b 所示，并把剖切线铺盖的部分用"修剪"命令修剪掉，画出楼梯行走方向箭头，标出上下级数说明，结果如图 3-31c 所示。

03 对于底层的楼梯，在图 3-31a 的基础上将多余的部分删除，结果如图 3-32 所示。

04 对于顶层的楼梯，在图 3-31c 的基础上修改栏杆画法，画出楼梯方向箭头，标出文字说明，结果如图 3-33 所示。

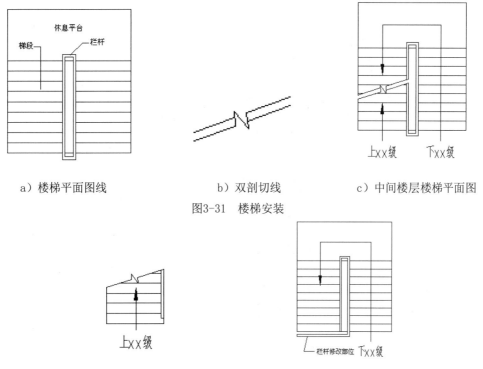

a）楼梯平面图线　　　　　　b）双剖切线　　　　　c）中间楼层楼梯平面图

图3-31　楼梯安装

图3-32　底层楼梯平面图　　　　　　图3-33　顶层楼梯平面图

台阶的画法，在明白几何尺寸、相对位置的前提下，如法绘制即可。

3.2.10　电梯绘制

在本例中，还需表示出电梯符号及管道井的符号，如图 3-34 所示。

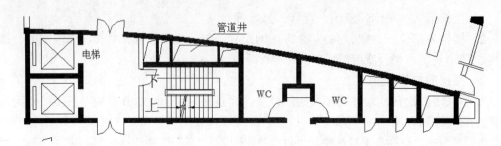

图3-34　电梯及管道井

3.3　大堂室内平面图绘制

前面已介绍过建筑平面图的绘制思路及方法，但是本实例建筑平面比较复杂，所以本节简单介绍一下大酒店底层建筑平面图的绘制方法和技巧。在此基础上进行室内平面图的绘制，如图 3-35 所示。

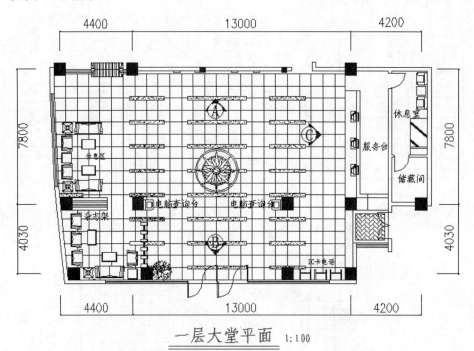

图3-35　大堂室内平面图

3.3.1　一层平面功能流线分析

为了把握大堂区域的功能布局，对一层平面进行功能及流线分析，结果如图 3-36 所示。通过功能分析，一方面领会建筑师的设计意图，另一方面也为下一步室内布局做好准备。

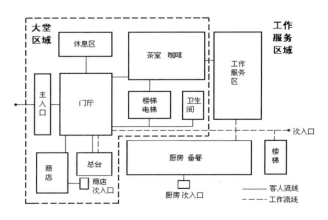

图3-36　功能流线分析图

3.3.2　大堂平面布局

建议将室内家具、陈设单独设置图层放置，前面章节介绍了大量图层设置管理的内容，可以根据其中一个思路来思考本例的图层设置。在一些二次开发应用软件里，计算机会根据平面图图元类别自动生成不同的图层。

01 休息区布局。根据功能流线的分析，将休息区布置在如图3-37所示的位置。在休息区内，需要布置沙发、茶几、书报杂志陈设以及绿化设施等，使得客人在此空间内可以短暂休息、等候或谈话等。

在选择家具时，设计师一般从大小尺度、材料质感、风格品位、购买价位等方面综合考虑确定。本例中的家具基本上是采用直接购置的方式。

掌握了家具绘制的基本方法后，在实际室内设计中没必要每个家具都去从头绘制其图样。常规做法是，平时注意收集整理一些各种风格样式家具平、立面的图样，做成图块，在平面布置时直接调用。不少二次开发软件里都集成了许多这样的图块。在插入图块时，可根据设计的需要对图块的大小、方向等进行调整或者作局部修改。对于设计师独创的家具式样，则要从头绘制。

本例的沙发、茶几、绿化盆景就是采用调用图块的方式完成的，而杂志架、屏风则是直接绘制的。休息区布置考虑了不同人群对于同一个休息空间的需要，图3-37所示为休息区间的分析图。

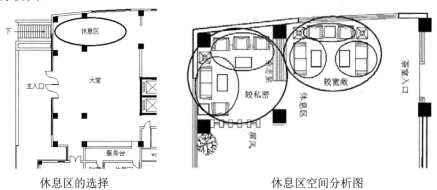

休息区的选择　　　　　　　　　　　　　休息区空间分析图

图3-37　区域分析图

【操作思路】

❶建立图层。建立一个"家具"图层，参数按如图 3-38 所示的设置并置为当前层。

❷单击"标准"工具栏中的"实时缩放"按钮🔍，将大堂的客厅部分放大，单击"绘图"工具栏"插入块"按钮🔲，如图 3-39 所示，打开"插入"对话框，然后单击上面的"浏览"按钮，如图 3-40 所示，打开"选择图形文件"窗口，按路径"源文件/图库/沙发.dwg"找到沙发图块文件，单击"打开"按钮打开，如图 3-41 所示。输入插入参数，如图 3-42所示。

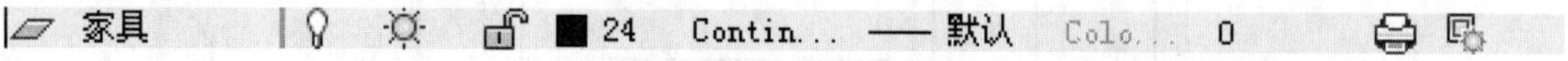

| ◿ 家具 | | 💡 | ☼ | 🔓 | ■ 24 | Contin... | —— 默认 | Colo... | 0 | 🖨 | 🖫 |

图3-38　家具图层参数

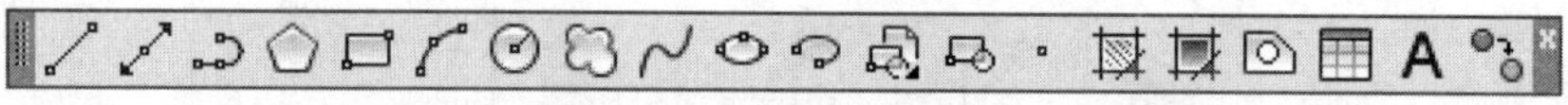

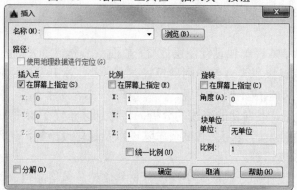

图3-39　"绘图"工具栏"插入块"按钮

图3-40　单击"浏览"按钮选择图块文件

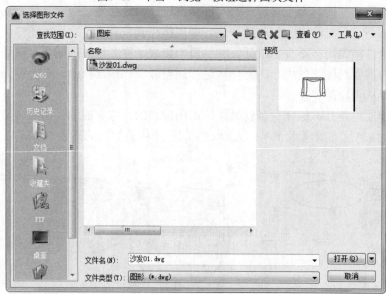

图3-41　打开"沙发01"图块

拖动图块选择左下角内墙角点为插入点，单击鼠标左键确定，结果如图 3-43 所示。重复插入沙发命令，将其他沙发插入到图形中，结果如图 3-44 所示。

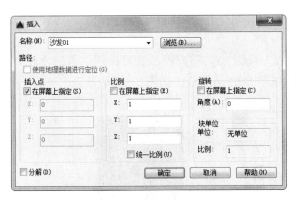

图3-42　输入插入的参数

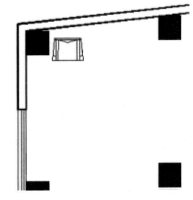

图3-43　插入沙发后的图形

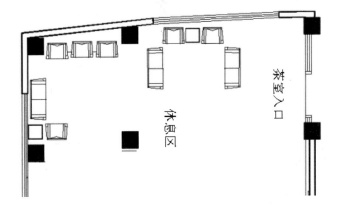

图3-44　插入其他沙发后的图形

❸茶几在沙发的前面，具体位置可以根据图形中相应的位置进行调整。

采用上面同样的图块插入方法，找到"源文件/图库/平面图块/茶几.dwg"，插入旋转角度根据具体放置位置进行旋转，然后选取插入点，单击鼠标左键确定。插入茶几后的图形如图3-45所示。

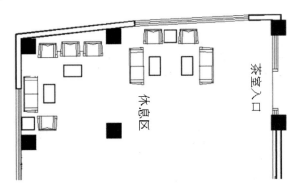

图3-45　插入茶几后的图形

❹绿化盆景有两部分，一部分为沙发旁边的，另一部分为柱子旁边的。具体位置可以根据图形中相应的位置进行调整。

采用上面同样的图块插入方法，插入绿化盆景，插入旋转角度根据具体放置位置进行旋转，然后选取插入点，单击鼠标左键确定。插入绿化盆景后的图形如图 3-46 所示。

❺屏风是个规则简单的图形，直接绘制即可。首先绘制单个屏风图形，然后进行阵列即可。

单击"缩放"工具栏中的"窗口缩放"按钮，将需要放置屏风的位置部分放大，单击"绘图"工具栏"直线"按钮，绘制屏风的一部分，如图 3-47 所示。

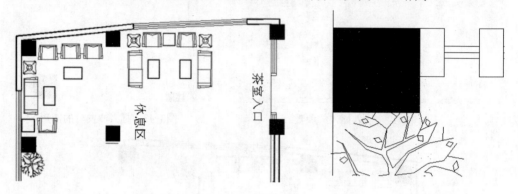

图3-46　插入绿化盆景后的图形　　　　　　　　图3-47　绘制屏风的一部分

单击"修改"工具栏中的"复制"按钮，选择上步绘制图形为复制对象对其进行连续复制，结果如图 3-48 所示。

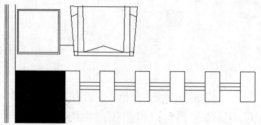

图3-48　阵列后的屏风图形

❻杂志架是个规则的简单的图形，可直接绘制，也可以使用其他方法，比如偏移、阵列等方法进行绘制。在此不再详细介绍，可以参考前面的介绍。绘制后的图形如图 3-49 所示。

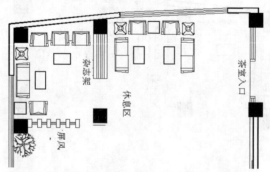

图3-49　绘制杂志架后的休息区布置图

02 总台区布局。总台是总服务台的简称，有的也称为前台。总台一般集合了住宿登记、问询、结账、邮电、存物等业务。有的大酒店将银行、订票、商务等也放到总台来做，有的单独设立。

总台的主要设施是服务台，另外根据具体情况设置一些总台的辅助用房，例如本例中设置了休息室和贮藏室。服务台的面积根据客流量的大小和总台的业务种类多少来确定，对于更具体的尺度和布局要求读者参阅有关室内设计手册。

本例的服务台为6200mm×900mm，靠里一端留出为900mm的工作人员进出通道。休息室内布置一张单人床和一对沙发，如图3-50所示。

绘制要点如下：

❶服务台的绘制可以单击"绘图"工具栏中的"直线"按钮 或"多段线"按钮 以涂黑的柱角为起点，然后输入相对坐标来完成。

❷台面上的电脑图案，可以由图库中插入，也可以自己绘制。

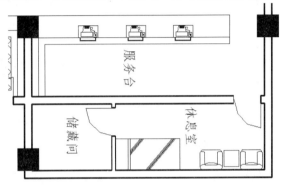

图3-50　总台区布置

03 其他布局。为了方便客人，本大堂中还布置了电脑查询台、IC电话亭等设施。布置这些设施也要综合考虑人流情况和功能特征，确定它在大堂内的合理位置，不能随意布置。如图3-51所示，电脑查询台布置在大厅里两根柱子下，便于使用，也不会影响到人流通过；IC电话亭布置在大厅靠商店的一角，既避免了其他人流对通话的干扰，也避免了通话声音对其他需要相对安静的区域的干扰。

电脑查询台和 IC 电话亭是直接绘制的。根据它们的设计尺度绘制出一个，再复制出另外几个。

到此为止，大堂室内平面布置结束。

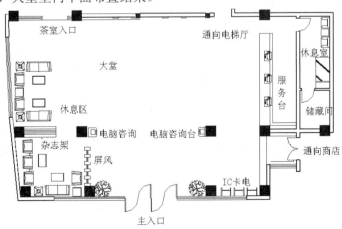

图3-51　大堂平面布置

3.3.3 地面材料及图案绘制

本例采用 700mm×700mm 花岗石铺地，中间设计一些铺地图案，如图 3-52 所示。

【操作思路】

首先，将家具陈设图层关闭，绘制出铺地网格；其次，绘制出中间的地坪拼花图案，它与网格重叠相交的部位要进行修剪、删除、打断等处理；最后，打开家具图层，将重叠部分去掉。当室内平面图比较拥挤时，可以单独另画一张地面材料平面图。

01 准备工作。

❶建立"地面材料"图层，参数如图 3-53 所示，并置为当前层。

❷关闭"家具""植物"等图层，让绘图区域只剩下墙体及门窗部分。

02 初步绘制地面图案。

❶单击"绘图"工具栏中的"直线"按钮，把平面图中不同地面材料分隔处用直线划分出来，及将需要填充的区域封闭起来。

❷对 700mm×700mm 地砖区域（客厅及过道部分）进行缩放显示，注意必须保证该区域全部显示在绘图区内。单击"绘图"工具栏中的"图案填充"按钮，打开"图案填充创建"选项卡，选择大堂区域进行填充。

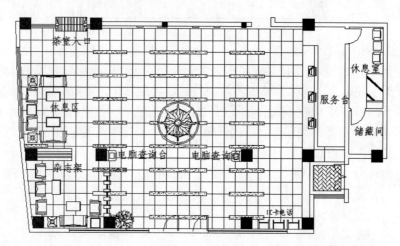

图3-52　大堂铺地

| ⬎ 地面材料 | ♀ | ☼ | 🔓 ■白 | Continu... | —— 默认 | 0 | Color_7 |

图3-53　"地面材料"图层参数

❸对"图案填充创建"选项卡中的参数进行设置，需要的网格大小是 700mm×700mm，但不知道 AutoCAD 2016 提供的网格是多大。这里提供一个检验的方法，将网格以 1:1 的比例填充，放大显示一个网格，选择菜单栏中的"工具"→"查询"→"距离"命令，如图 3-54 所示，查出网格大小（查询结果在命令行中显示）。如果事先查出"NET"图案的间距是 3.5mm，所以填充比例输入 200，如图 3-55 所示，这样就可得到近似于 700mm×700mm 的网格。由于单位精度的问题，这种方式填充的网格线不是十分精确，但是基本上能够满足要求。如果需要绘制精确的网格，那么采用直线阵列的方式完成。设置好参数后，单击"确定"按钮完成。

❹采用同样的方法将其他区域的地面材料绘制出来，结果如图 3-56 所示。

图3-54 "距离查询"命令

图3-55 客厅地面图案填充参数

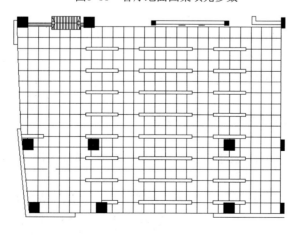

图3-56 填充的图案

03 绘制地坪拼画图案。地坪拼画图案比较复杂，如图 3-57 所示，它由不同颜色大理石切割拼贴而成。绘制的方法如下：

❶单击"绘图"工具栏"圆"按钮⊘，绘制 6 个同心圆，圆的直径分别为 360mm、470mm、1600mm、1700mm、2400mm、2600mm，结果如图 3-58 所示。

图3-57　地坪拼画图案　　　　　　　　　　　图3-58　绘制的同心圆

❷观察剩余图案重复出现的规律，单击"绘图"工具栏"直线"按钮╱，绘出基本图元。

❸单击"绘图"工具栏"环形阵列"按钮⊞，选择如图 3-59 所示的图元为阵列对象，选取图元中心为阵列中心点，设置项目数为 8，项目间角度为 360°，然后 "按 Enter 键"确定，结果如图 3-60 所示。

❹单击"修改"工具栏中的"修剪"按钮⊹，将图中的多余的部分进行修剪，结果图 3-61 所示。

　　图3-59　绘制的图元　　　　　图3-60　阵列后的地坪图案　　　　图3-61　修剪后的地坪图案

04 形成地面材料平面图。如果想形成一个单独的地面材料平面图，按以下步骤进行处理：

❶将文件另存为"地面材料平面图"。

❷在图中加上文字，说明材料名称、规格及颜色等。

❸标注尺寸，重点表明地面材料，其他尺寸可以淡化。

❹加上图名、绘图比例等。

3.3.4　文字、尺寸标注及符号标注

01 准备工作。在没有正式进行文字、尺寸标注之前，需要根据室内平面的要求进行文字样式设置和标注样式设置。

❶文字样式设置。单击"样式"工具栏中的"文字样式"按钮，如图 3-62 所示，打开"文字样式"对话框，将其中各项内容如图 3-63 所示进行设置，同时设为当前状态。

图3-62　"样式"工具栏按钮

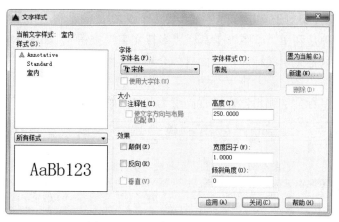

图3-63 "文字样式"对话框

❷标注样式设置。单击"样式"工具栏中的"标注样式"按钮，打开"标注样式管理器"，新建"室内"样式，将其中各项内容如图3-64～图3-66所示的进行设置，同时设为当前状态。

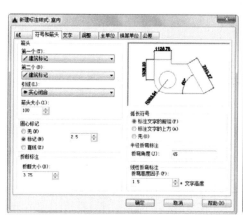

图3-64 标注样式设置1

图3-65 标注样式设置2

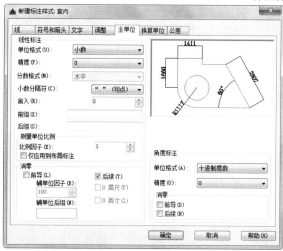

图3-66 标注样式设置3

02 文字标注。对于文字标注主要用到两种方式：一是利用 QLEADER 命令，作带引线的标注；另一种是利用"绘图"工具栏"多行文字"按钮A，如图 3-67 所示，作无引线的标注。本例中只是无引线标注，下面具体介绍无引线标注方式。

❶打开"文字"图层，单击"绘图"工具栏中的"多行文字"按钮 A，打开"文字编辑器"选项卡和多行文字编辑器，设置高度为 250，如图 3-68 所示。

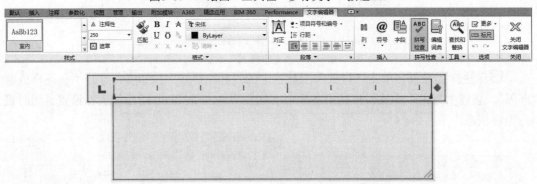

图3-67 "绘图"工具栏"多行文字"按钮 A

图3-68 "文字编辑器"选项卡和多行文字编辑器

❷其他位置名称如上进行标注，标注后将名称位置作适当的调整，如图 3-69 所示。

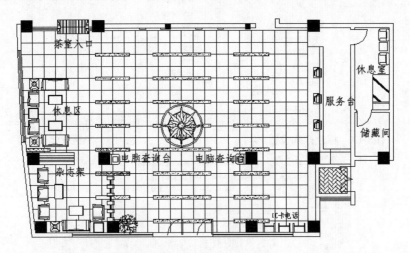

图3-69 标注文字后的图形

03 尺寸标注。尺寸标注采用线性标注，标注室内平面图中的尺寸。

❶将"尺寸"层设为当前层，暂时将"文字"层关闭。可以考虑将原来建筑平面图中不必要的尺寸删除。

❷单击"标注"工具栏中的"线型标注"按钮，命令沿周边将房间尺寸标注出来。打开"文字"层，发现文字标注与尺寸标注重叠，无法看清。

❸单击"修改"工具栏中的"移动"按钮，将刚才标注的尺寸向外移动，避开文字标注部分，结果如图 3-70 所示。

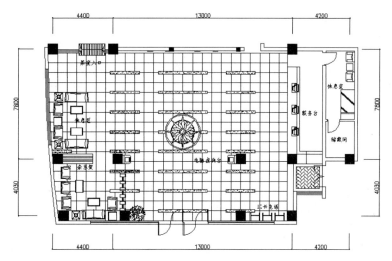

图3-70　标注尺寸后的图形

04 符号标注。在该平面图中需要标注的符号主要是大堂立面内视符号，为节约篇幅，事先已经将它们做成图块，存于附带光盘内，下面在平面图中插入相应的符号。

❶建立"符号"图层，参数如图 3-71 所示，设为当前层。

⊿ 符号　　　♀　　☼　　🔓　■253　Continu... ── 默认　0　　　Color_...

图3-71　"符号"图层参数

❷在"源文件\图库\立面内视符号"文件夹内找到立面内视符号，插入到平面图内。在操作过程中，若符号方向不符，则单击"修改"工具栏中的"旋转"按钮○纠正；若标号不符，则将图块分解，然后将文字编辑。总之，要灵活处理，不拘一格。

图中立面位置符号指向的方向，就意味要画一个立面图来表达立面设计思想。

对室内平面图进行文字、尺寸及符号标注，完成大堂室内平面图，如图 3-35 所示。

3.4　大堂室内立面图绘制

对于大堂立面图的绘制，虽然比居室要复杂得多，但基本思路还是一致的。在本节中，依次介绍 A、B、C3 个主要室内立面图的绘制要点，如图 3-72 所示。

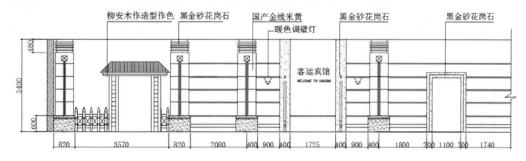

图3-72　大堂室内立面图

3.4.1 概述

为了适应中转站大酒店的特点，本例室内立面图着重表现庄重典雅、大气时尚、具有现代感的设计风格，并考虑与室内地面的协调。装饰的重点在于墙面、柱面、服务台及其交接部位，采用的材料主要为天然石材、木材、不锈钢、局部软包等。

3.4.2 A立面图的绘制

A立面是宾客走入大厅迎面看到的墙面，是立面处理的重点之一。该立面需要表达的内容有柱面、墙面、茶室和过道入口立面图及它们之间的相互关系。为了表示边柱与维护墙的关系，采用剖立面图的方式绘制。

01 立面图轮廓。首先绘出立面图上下轮廓线，然后借助平面图来为立面图提供水平方向的尺寸。

❶绘出立面图的上下轮廓，上轮廓为顶棚地面与墙面的交线，下轮廓为地坪线，两条直线的间距为3400mm。

❷结合所学知识完成立面图轮廓的绘制，结果如图3-73所示。

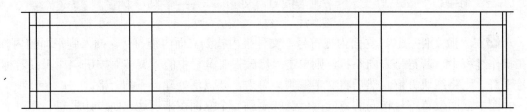

图3-73 绘制立面图轮廓

02 柱面。柱面的装饰分作3段：柱础、柱身、柱头，如图3-74、图3-75所示。

❶先绘制出一个柱面，再复制到具体位置上去。

❷单个柱面的绘制，建议以地坪线和柱的中心线作为基准，分别向上和向中线两层进行化分，用到的命令主要是"偏移"；再用"修剪""倒角""打断"等命令进行处理。

03 茶室及过道入口立面图。

❶茶室入口立面图。为了体现茶文化的风格特征，茶室入口处用柳桉木作一个中国式仿古造型的门洞，门洞两侧设竹制栏杆，让大厅里宾客能看到茶室内的情景，如图3-76所示。

【绘制要点】：门洞部分注意借助辅助线定位；栏杆部分先绘制出一个单元，再阵列出其他部分，最后将不需要的部分去除。

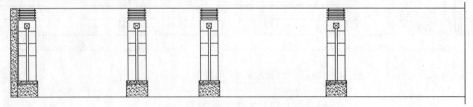

图3-74 A立面图中的柱面

❷过道入口立面图。该过道通向楼梯间、电梯间、一层卫生间。采用黑金砂花岗石镶嵌门洞，如图 3-77 所示。

【绘制要点】：单击"绘图"工具栏中的"多段线"按钮，绘制出倒"U"型的外框，单击"修改"工具栏中的"偏移 "按钮，向内偏移两次，最后进行图案填充。

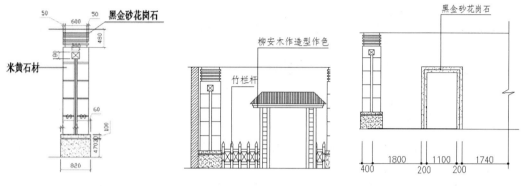

图3-75　柱面细部　　　　图3-76　茶室入口立面图　　　　图3-77　过道入口立面图

04 墙面。墙面也是 A 立面图的重点。在墙面的中部，设计一个大酒店名称及欢迎词的标识，以提醒客人的注意，并加深顾客对大酒店的印象。为了突出该部分，在其两侧分别设一个暖色调壁灯。其他部位根据柱面的竖向分割规律进行墙面划分。采用装饰材料主要为黑金砂花岗石和米黄色花岗石，结果如图 3-78 所示。

❶绘制出中间大酒店名称部分，采用辅助线定位。

❷由柱面的分隔线水平引出墙面分隔线，将分隔线与柱面重叠出修剪掉。

❸用"偏移"命令复制出其他水平线。

❹用相关修改命令作局部修改调整。

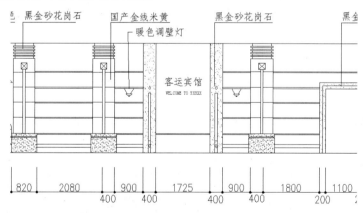

图3-78　墙面

05 尺寸、文字及符号标注。

❶在该立面图中，应该标注出大堂各部分位置相对尺寸等。具体操作如下：

1）将"尺寸"层设为当前层。

2）单击"标注"工具栏中的"线型标注"按钮，进行标注。

❷在该立面图内，需要说明该立面各部分的材料及名称等。具体操作如下：

1）将"文字"层设为当前层。

2）在命令行内输入"QLEADER"命令，对相应部分进行文字说明。

❸对于符号标注，在这里主要使用插入块方式。具体操作如下：

1）将"符号"层设为当前层。

2）单击"绘图"工具栏中的"插入块"按钮 🔲，找到相应的图块，然后插入到图中相应的位置。

3）单击"绘图"工具栏中的"分解"按钮 🗗，将该符号分解开，然后根据需要进行编辑。

4）对A立面图进行文字、尺寸及符号标注，结果如图3-72所示。

📖 3.4.3 B立面图绘制

B立面图是主入口处的室内墙面，需要表达的内容有柱面、大门立面、墙面、玻璃窗、电话亭及其相互关系等。

01 柱面。该柱面的装饰与A立面图相同，绘制方法一致。将它复制到B立面图即可，如图3-79所示。

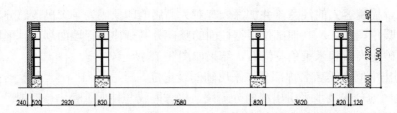

图3-79 B立面图中的柱面

02 大门立面图。该大门形式为两道双开不锈钢玻璃弹簧门，门框挂黑金砂花岗石板装饰，如图3-80所示。

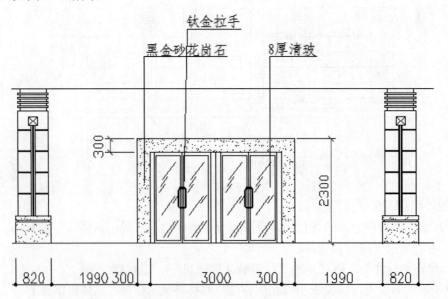

图3-80 大门立面图

❶由平面引出门洞位置控制线，单击"绘图"工具栏中的"多段线"按钮 ⌐⊃，绘制

出内门框线，偏移出外门框线，偏移距离为 300mm。最后对门框进行图案填充。

❷事先设计好门的尺寸。首先绘制出一扇门，其次使用两次单击"修改"工具栏中的"镜像"按钮⚐，完成门的绘制，如图 3-81 所示。

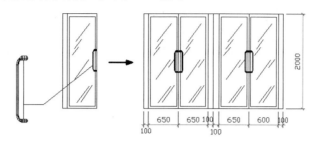

图3-81　大门绘制示意

❸在玻璃上加斜线。

[03] 电话亭立面图。电话亭立面图如图 3-82 所示。

❶根据图中尺寸绘制出单个电话亭的图案。

❷绘制出电话机的图案。

❸单击"修改"工具栏中的"复制"按钮⚐或"镜像"按钮⚐，完成电话亭立面图的绘制。

图3-82　电话亭立面图

[04] 窗及墙立面图。该墙面上大部分面积为铝合金窗，给大厅带来大面积采光。立面玻璃窗的绘制可以参照建筑施工图并结合现场了解的情况绘制。剩下的墙面装修做法同 A 立面图，如图 3-83 所示。

绘制要点：确定好窗的尺寸，单击"绘图"工具栏中的"直线"按钮⚐和"修改"工具栏中的"偏移"按钮⚐、"复制"按钮⚐完成。墙面做法从 A 立面图上复制过来修改。

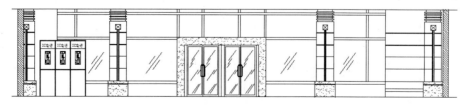

图3-83　墙、窗立面图

[05] 尺寸、文字及符号标注。对 B 立面图进行文字、尺寸及符号标注，步骤可以参考前面的介绍，结果如图 3-84 所示。至此，完成大堂 B 立面图。

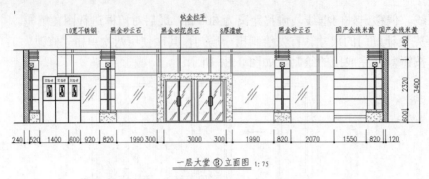

一层大堂 Ⓑ 立面图 1:75

图3-84　B立面图

3.4.4　C立面图绘制

C立面反映总台设计情况，其中包括柱立面图、服务台立面图、墙立面图等内容。

01 柱面。该柱面装饰与A立面图相同，绘制方法一致。将它复制到C立面图即可，如图3-85所示。

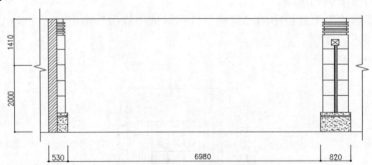

图3-85　C立面图中的柱面

02 服务台立面图。服务台高1100mm，台面为大理石板装饰，立面为黑金砂花岗石和软包相间装饰，如图3-86所示。为了便于理解服务台的绘制，先给出它的剖面图，如图3-87所示。

❶单击"绘图"工具栏中的"直线"按钮✐，绘制出服务台的轮廓。

❷单击"修改"工具栏中的"偏移"按钮△，由台面线向下复制出大理石台面线脚、装饰木条线、踢脚线。偏移距离参照图3-84所示。

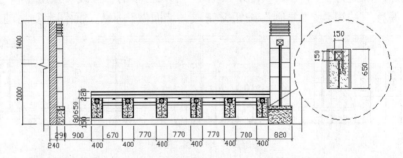

图3-86　服务台立面图

❸绘制出立面花岗石装饰块，如图3-86所示的大样图，单击"修改"工具栏中的"复

110

制"按钮 ⬚，复制到相应位置上去。

❹将与花岗石装饰块重复的装饰线修剪掉。

❺绘制射灯。

03 墙立面图。服务台后的墙面上采用木龙骨基础胡桃木贴面和米黄色石材相间装饰，墙面顶部500mm高处以木龙骨基础胡桃木贴面的横向装饰；墙面装饰层上挂时钟，反映全球主要城市的时间，结果如图3-88所示。

❶单击"绘图"工具栏中的"直线"按钮 ⟋ 和"修改"工具栏中的"偏移"按钮 ⬚ 绘制上部横向胡桃木贴面装饰。

❷绘制中部的装饰分隔线。

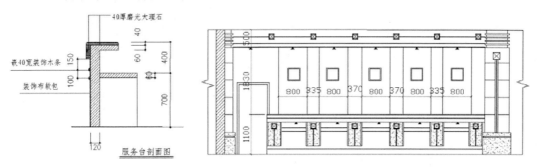

图3-87　服务台剖面图　　　　　　　　　　图3-88　墙立面图

❸绘制钟表，并复制到其他位置上。

❹从服务台处复制方块装饰图案到墙面图上，并布置好。

❺从服务台处复制射灯图案到墙立面图上。

❻单击"绘图"工具栏中的"多段线"按钮 ⬚ 和"修改"工具栏中的"偏移"按钮 ⬚ 绘制休息室的门立面图。

04 尺寸、文字及符号标注。对C立面图进行文字、尺寸及符号标注，步骤可以参考前面的介绍，结果如图3-89所示，完成大堂C立面图的绘制。

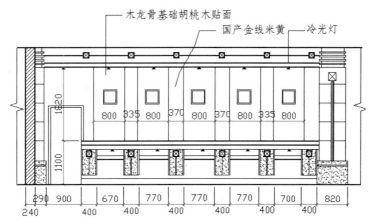

一层大堂Ⓒ立面图　1：75

图3-89　C立面图

3.5 大堂室内顶棚图绘制

顶棚图的绘制是初学者容易忽略的问题，从而也就比较生疏。本节介绍的大堂顶棚图，如图 3-90 所示。

大堂顶棚图相对比较复杂，主要表现在顶棚造型和灯光设计上。为了适应这个特点，本节的讲解将比较细致。

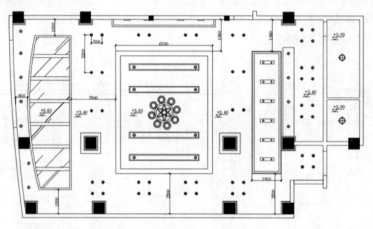

图3-90　大堂顶棚图

3.5.1　对建筑平面图进行整理

顶棚图以顶棚下部被水平剖切到的墙柱截面作为边界。对建筑平面图进行整理操作步骤如下：

01 打开前面绘制好的大堂室内平面图，将图形另存为"大堂室内顶棚图"。

02 将"墙体"层设为当前层。然后，将其中的轴线、尺寸、门窗、绿化、文字、符号等内容删去。

03 将墙体的洞口处补全，将前面绘制好的大堂部分建筑平面图进行整理，结果如图 3-91 所示。

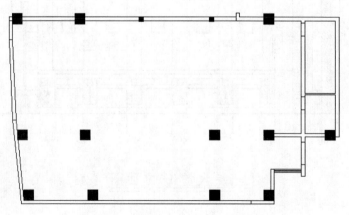

图3-91　整理后的大堂平面图

3.5.2 顶棚造型的绘制

本例顶棚采用轻钢龙骨石膏板顶棚，如图 3-92 所示，在设计时考虑到以下几个方面的因素：

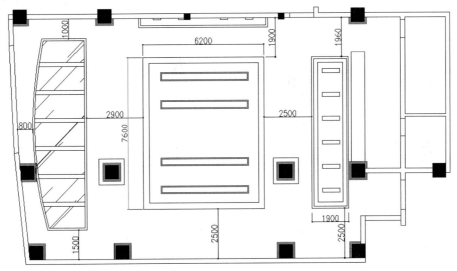

图3-92　顶棚造型

➢ 顶棚造型与室内不同功能区对应而有变化。

➢ 突出门厅部位的中心位置。

➢ 兼顾到休息区、总台部位的空间效果要求。

➢ 注意墙、柱与顶棚边界的搭接、过渡处理。

➢ 结合人工照明设计使顶棚增色。

➢ 力图体现大气时尚、庄重典雅的特征。

其他顶棚的绘制　以门厅上部的顶棚为例。门厅上部的顶棚标高 3.6m，水平尺寸 7600mm×6200mm，它位于大门中心线上，与外墙内边缘距离为 2500mm。先根据这个条件作出辅助线，如图 3-93 所示。

辅助线绘制的方法为：以两根柱子相邻的两个角点为端点绘出直线 1；捕捉直线 1 的中点绘出直线 2；由直线 1 偏移 2500 mm 绘出直线 3；由直线 3 偏移 7600 mm 绘出直线 4；由直线 2 分别向左和向右偏移 3100 mm 绘出直线 5、6。这样，就可以用"矩形"命令和"偏移"命令绘出顶棚的轮廓及反光灯带（内圈），如图 3-94 所示。

至于灯槽，单击"绘图"工具栏中的"矩形"按钮 ，绘制一个 4500mm×400mm 的矩形，向内偏移 50 mm 表示其厚度，即得到灯槽图样。为了便于灯槽定位，在灯槽上绘制出交叉的中心线。将第一个灯槽移动到如图 3-95 所示中的位置 1，再由灯槽 1 上向复制出灯槽 2；单击"镜像"命令将灯槽 1、2 选中，捕捉反光灯带横向的两个中点确定镜像线，从而得到上面的两个灯槽 3、4。

总之，对于顶棚构成元素的绘制，不存在太大困难，关键是在于从一些简单的命令寻找解决途径。为节约篇幅，其他部位顶棚画法不一一讲述。

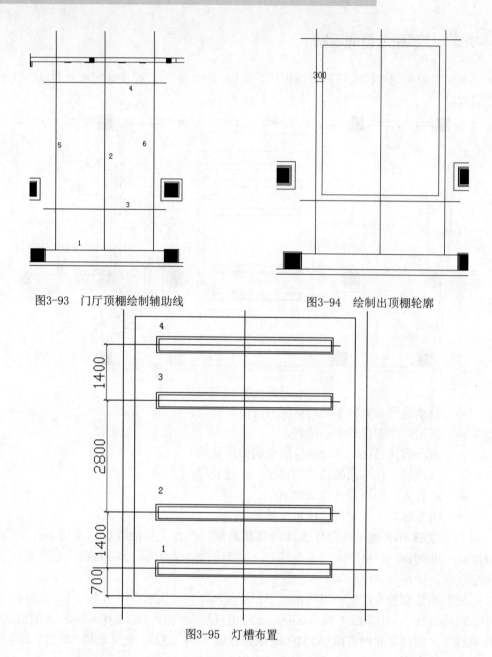

图3-93　门厅顶棚绘制辅助线　　　　　图3-94　绘制出顶棚轮廓

图3-95　灯槽布置

📖3.5.3　灯具布置

本例中的灯具包括中央艺术吊灯、反光灯带、发光顶棚、筒灯、吸顶灯、冷光灯等，图例如图 3-96 所示。虽然灯具较多，但是有规律可循。门厅上部中央设一个艺术吊灯，顶棚周围为一圈内藏的荧光灯反光带，其他部分布置长条形灯槽；休息区顶部设置一片发光顶棚；总台前上方布置一圈反光灯带，中间部分设置灯槽。除这些部位以外，有规律地布置一些装饰筒灯，结果如图 3-97 所示。

（1）找出灯具布置的规律性，找出它与周边墙体、构件的关系，借助辅助线初始定位。

图3-96　灯具图例说明

（2）重复出现的灯具或灯具组，单击"修改"工具栏中的"复制"按钮 和"阵列"按钮 ，进行快速布置。

（3）建议事先把常用的灯具图例制作成图块，以供调用。在插入灯具图块之前，可以在顶棚图上绘制定位的辅助线，这样，灯具能够准确定位，对后面的尺寸标注也是很有利的。

（4）根据事先灯具布置的设计思想，将各种灯具图块插入到顶棚图上。

灯具的选择与布置需要综合考虑室内美学效果、室内光环境和绿色环保、节能等方面的因素。

本例顶棚图中的灯具布置比较简单，介绍一下简单操作步骤：

绘制柱边的装饰线。

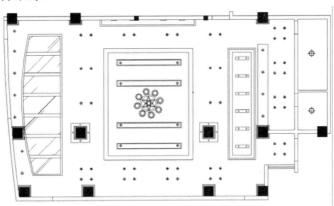

图3-97　灯具布置

❶单击"绘图"工具栏中的"矩形"按钮 ，沿柱截面周边画一圈如图 3-98a 所示，图中显示的是多段线被选中的状态。

❷单击"修改"工具栏中的"偏移"按钮 ，将多段线向外偏移两次，偏移距离均为 100mm，结果如图 3-98b 所示，这就是边柱处装饰线。

❸由外全圈向外偏移 200mm，得到如图 3-98c 所示的图案，这是中柱处的装饰线。

❹将它们复制到对应的位置上去，对于不需要的部分，用"修剪"命令修剪处理。

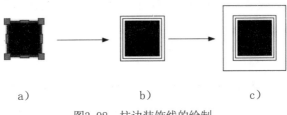

a)　　　　　　　　b)　　　　　　　　c)

图3-98　柱边装饰线的绘制

在灯具布置完毕后，灯具周围的多余线条即为辅助线，在布置完毕后，应把它们删掉，以保持较好的观测效果。

📖3.5.4　尺寸、文字及符号标注

01 尺寸标注。顶棚图中尺寸标注的重点是顶棚的平面尺寸、各装置的水平安装位置以及其他一些顶棚装饰做法的水平尺寸。

❶单击"标准"工具栏"放大"按钮 ⁺🔍，将顶棚图缩放至合适的大小。

❷将"尺寸"层设为当前层，在这里的标注样式跟"大堂室内立面图"样式相同，可以直接利用；为了便于识别和管理，也可以将"大堂室内立面图"的样式名改为"大堂顶棚图"，将它置为当前标注样式。

❸单击"标注"工具栏中的"线型标注"按钮 ⊢，进行标注，结果如图3-99所示。

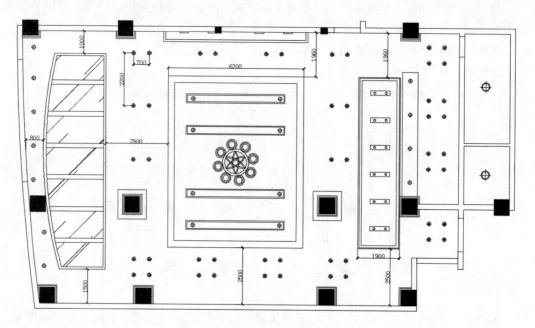

图3-99　标注尺寸后的大堂顶棚图

02 文字、符号标注。在顶棚图内，需要说明各顶棚材料名称、顶棚做法的相关说明、各部分的名称规格等；应注明顶棚标高，有大样图的还应注明索引符号等。

❶将"文字"层设为当前层。

❷单击"绘图"工具栏中的"直线"按钮 ✐ 和"多行文字"按钮 🅰，标注各部分的文字说明。如果某一部分较多，在图上一一标注显然繁琐，需要在图后做一个图例表统一说明。

❸插入标高符号，注明各部分标高。

❹注明图名和比例。

对顶棚图进行文字、尺寸及符号标注后，结果如图3-100所示。至此，完成大堂顶棚图的绘制。

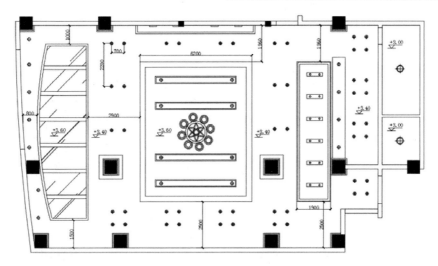

图3-100 大堂顶棚图

第  章

大酒店客房室内设计图绘制

本章介绍大酒店客房部分的室内设计图的绘制。

客房是大酒店的重要组成部分，是宾客休息的场所。本例中的客房设有标准间和套间，标准间又有单床和双床之分。本章除了介绍客房标准层的总体布局以外，由于标准间和套间的室内设计基本相同，因此，重点以一个标准间为例介绍其平面图、立面图、顶剖图的绘制。

 学 习 要 点

- 了解客房的总体特征、功能及种类；家具陈设及布置；空间尺度要求。
- 客房室内装修特点，室内物理环境，由一层平面图绘制其他层平面图的方法。
- 了解客房平面布局的内容及特点及客房平面图绘制的方法。
- 掌握立面图的绘制并会利用辅助线定位的技巧。
- 掌握客房、会议室顶棚图的绘制。
- 应用辅助线绘制布置照明灯具的技巧。
- 弧形顶棚照明布置的方法和技巧。

4.1 客房室内设计要点

4.1.1 客房的总体特征

客房是大酒店中为客人提供生活、休息和完成简单工作业务的私密性空间，它是大酒店的主要组成部分。

客房除了保证私密性以外，还要具有舒适、亲切、安静、卫生等特点，它也是体现大酒店档次的重要因素。

在大酒店中，为了给客人提供一个良好的生活环境，客房一般布置在相对安静并具有良好的室外景观的位置上。当然，也要考虑到与其他公共区域（如餐厅、大堂、康乐保健等）的联系，便于获得大酒店服务。

4.1.2 客房的功能及种类

客房的主要功能是为客人提供睡眠、休息、洗浴的个人场所，其次是会客、谈话、简单饮食、整装打扮、简单业务处理及储藏等，其功能关系如图4-1所示。

客房根据接待能力的不同分为单人间、双人床间、标准双人间和套间。顾名思义，单人间内设有一张单人床，双人间设有一张双人床，标准双人间设有两张单人床，套间是指在卧室、卫生间的基础上增加起居室、厨房、书房、餐厅等形成一套类似住宅的个人专用的空间。

4.1.3 家具陈设及布置

不同等级标准的客房，家具陈设的内容和档次会存在一些差异，但是对于一个一般的标准双人间，一般都设置有下列家具：

卧室部分：床、床头集控柜、电视柜、电视机、书桌及椅子、桌前镜子、行李架、冰箱、安乐椅、茶几及落地灯等。

卫生间部分：坐便器、梳妆台、台前镜子、洗脸盆、浴缸及淋浴喷头、浴帘等。最常见的客房，一般在入口过道的一侧布置衣柜，另一侧为卫生间；床依入口斜对面的墙面布置，而行李架、书桌、电视柜等依床对面的墙体布置；安乐椅、茶几布置在靠窗一层，如图4-2所示。

4.1.4 空间尺度要求

1. 净高的规定

客房卧室部分在设置空调时，最小净高不应低于 2.4m，在不设置空调时，不应低于2.6m。客房内卫生间、过道和客房公共走道最小净高不应低于2.1m。

2. 门洞

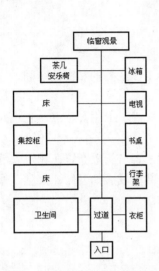

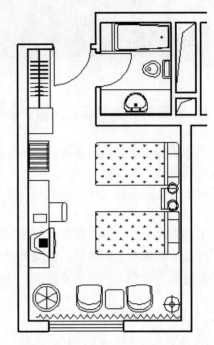

图4-1 客房室内功能分析图   图4-2 双人标准间室内布置示意图

客房入口门洞宽度不应小于 0.9m，高度不应小于 2.1m；卫生间门洞宽度不应小于 0.75m，高度不应小于 2.1m。

3．家具及布置尺度要求

家具及布置尺度要求可以根据具体工程情况查阅相关设计手册及规范。

4.1.5 室内装修特点

为了体现舒适温馨、美观宜人的效果，在较高级（如三星级以上）的客房地面要求满铺地毯或铺设木地板，墙面贴墙纸或涂刷浅色涂料，比如白色乳胶漆，色彩多以高明度、低纯度为主；至于顶棚，则根据层高的大小可采取顶棚或不顶棚两种方式，表面宜采用高明度的材料，给人一种轻快的感觉。家具、织物的色彩及材质宜淡雅、大方，要与室内整体色彩相协调。客房的过道地面材料常采用地毯，以减小脚步声、推车声等噪声对客房内的干扰。

4.1.6 室内物理环境

1．光环境设计

在白昼，应尽量利用天然光，同时注意窗帘的遮阳作用。对于人工照明，分为整体照明和局部照明。整体照明可设置中央吸顶灯，但不少客房不设此灯，而多采用局部照明。局部照明包括床头摇臂壁灯、脚灯、书桌上的台灯、镜前灯、落地灯、入口过道处的顶灯和壁灯、卫生间内的顶灯和镜前灯等。

2．热工环境和声环境

客房内一般都要设置排风扇进行人工通风，在自然通风效果不好的房间，它显得更为重要。在选择装修材料和构造做法时，应考虑到有助于室内保温、隔热及隔声、降噪。

4.2 客房室内平面图绘制

在本节中，首先简单介绍客房标准层建筑平面图的绘制途径，其次介绍客房标准层室内平面的总体布局。在总体布局的基础上，依次介绍标准间、套间、会议室、过道等部分室内设计平面图的绘制，最后由这些局部的平面图组合成为标准层室内平面图，如图 4-3 所示。

4.2.1 建筑平面图的绘制

大酒店标准层建筑平面图不需要从头绘制，只要调出一层建筑平面图，对存在差异的地方进行修改、补充就可以了。

本例标准层与一层的柱网尺寸和中间部分的剪力墙结构是相同的，而填充墙体的分隔却是不同的，如图 4-4 所示。

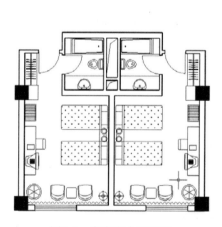

图4-3 客房室内平面图

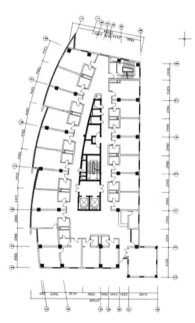

图4-4 标准层平面图

（1）打开一层建筑平面图，将它另存为标准层建筑平面图。

（2）保留基本轴线网格、柱、剪力墙、电梯、楼梯等部分，将不需要的墙体、门窗、入口台阶等删除。

（3）查看标准层平面构成规律，补充新增墙体处的轴线。

（4）根据墙体的形状、尺寸沿轴线绘制出墙体，同时注意处理好新旧墙体的交接问题。

（5）注意新增加的内容应该绘制到对应的图层中去，以便于后续绘图工作中对图层的管理。

4.2.2 标准层平面功能分析

为了把握大堂区域的功能布局，对客房标准层平面进行功能分析，结果如图4-5所示。从分析的过程中，可以看出，该楼层室内设计的内容包括客房内部、会议室、楼层服务台、卫生间、储藏室、过道、电梯间和楼梯等，重点在于客房内部、会议室、公共交通部分等，这也是本章介绍的重点。

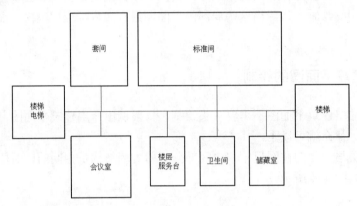

图4-5　功能流线分析图

4.2.3 标准层平面总体布局

根据大酒店的总体规划，该标准层设置两个套间、两个双人床间、14个标准双人间、1个小型会议室。此外，设1个楼层服务台及相关配套的休息室、卫生间、储藏室、开水间等，布局如图4-6所示。

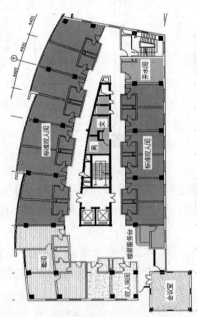

图4-6　客房标准层总体布局示意图

📖4.2.4 标准间平面绘制

以标准双人间为例讲解平面图的绘制。

01 整理出建筑平面图。首先选择楼层服务台右侧的标准间绘制的范例，如图 4-7 所示。为了形成一套单独的标准间图样，将其中一个标准间复制出来，后面的绘制工作在这个标准间进行。

02 绘制布置辅助线。沿房间的纵墙内边画一条直线，由这条直线逐次向上偏移 1500mm、500mm，从而得到单人床定位的辅助线，如图 4-8 所示。命令行提示与操作如下：

命令：OFFSET
当前设置：删除源=否　图层=源　OFFSETGAPTYPE=0
指定偏移距离或 [通过(T)/删除(E)/图层(L)] <通过>：1500
选择要偏移的对象，或 [退出(E)/放弃(U)] <退出>：(选择图 4-8 中的虚线)
指定要偏移的那一侧上的点，或 [退出(E)/多个(M)/放弃(U)] <退出>：　（单击虚线上侧任意一点）
选择要偏移的对象，或 [退出(E)/放弃(U)] <退出>：
命令：OFFSET
当前设置：删除源=否　图层=源　OFFSETGAPTYPE=0
指定偏移距离或 [通过(T)/删除(E)/图层(L)] <通过>：500
选择要偏移的对象，或 [退出(E)/放弃(U)] <退出>：(选择图 4-8 中的虚线)
指定要偏移的那一侧上的点，或 [退出(E)/多个(M)/放弃(U)] <退出>：　（单击虚线上侧任意一点）
选择要偏移的对象，或 [退出(E)/放弃(U)] <退出>：

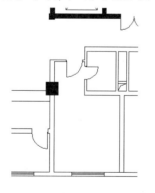 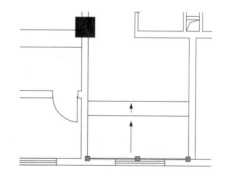

图4-7　整理出建筑平面图　　　　　图4-8　单人床定位的辅助线

03 插入单人床。从光盘图库中插入一个 2000mm×1000mm 的单人床平面图块，放置在图中合适的位置。单击"绘图"工具栏中的"插入块"按钮🔲，如图 4-9 所示，打开"插入"对话框，单击上面的"浏览"按钮，如图 4-10 所示，打开"选择图形文件"窗口。按路径"源文件\图库\单人床.dwg"找到单人床图块文件，然后单击"打开"按钮旋转该图块。

图4-9　"绘图"工具栏"插入块"按钮

图4-10 单击"浏览"按钮选择图块文件

完成单人床的绘制，结果如图 4-11 所示。

04 布置第二个单人床和床头柜。以插入的第一个单人床为对象向上复制出第二个单人床，复制间距为 600mm。命令行提示与操作如下：

命令：COPY

选择对象：（选择插入的第一个单人床）

选择对象：

指定基点或[位移(D)] <位移>：

指定第二个点或 [阵列(A)/退出(E)/放弃(U)] <退出>：

第二个单人床复制完毕，结果如图 4-12 所示。

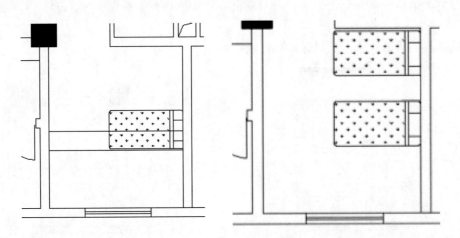

图4-11 第一个单人床定位　　　　　图4-12 复制出的第二个单人床

单击"绘图"工具栏中的"矩形"按钮 ⬛，在两床头之间绘制一个 400mm×600mm 的矩形作为床头集控柜，结果如图 4-13 所示。床头集控柜是指在床头柜上集中安装了各种照明灯和电视机的开关控制钮，以方面使用者。

05 绘制床头摇臂壁灯。摇臂壁灯安装在墙面上，灯罩部分可以在 180°水平面上转动，绘制出两个灯罩的平面即可。

❶单击"绘图"工具栏中的"圆"按钮 ⊙，在合适的位置绘制一个半径为 128mm 的圆，使其向内偏移 34mm，得到一个灯的图案，结果如图 4-14 所示。

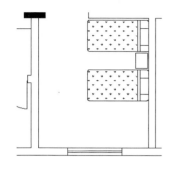
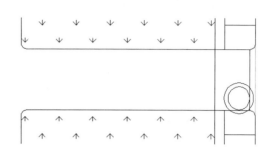

图4-13 绘制的床头集控柜   图4-14 绘制的第一个摇臂壁灯

❷单击"修改"工具栏中的"复制"按钮 ，在合适的位置复制出另一个摇臂壁灯，将它们布置在床头集控柜的上方，结果如图 4-15 所示。

06 插入卧室部分的其他图块。从图库中插入衣柜、行李架、书桌及电视柜、安乐椅及茶几、落地灯等，按照如图 4-16 所示布置在房间内。插入图块时，如果需要，则对图块作局部修改编辑。

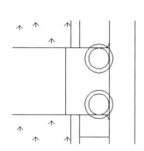
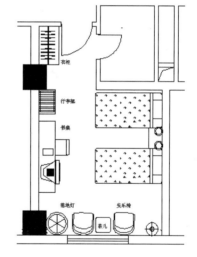

图4-15 复制的床头摇臂壁灯   图4-16 插入卧室部分的其他图块

07 绘制窗帘。在窗前绘制一条直线，将线型设置为"ZIGZAG"，如图 4-17 所示。线型管理器中的比例因子设置如图 4-18 所示。

客房地面满铺羊毛地毯，由于图面上比较拥挤，只用通过在图面上标注文字来加以说明。

08 标注尺寸。在该标准间平面图中，主要是标注标准间的整体尺寸，及平面图中各设施的相对布置尺寸。

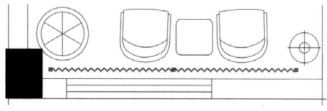

图4-17 绘制窗帘

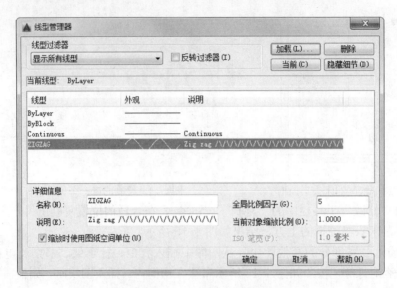

图4-18　比例因子设置

单击"标注"工具栏中的"线型标注"按钮 ⊢�⊣，进行标注，结果如图 4-19 所示。

09 标注文字说明。在该标准间平面图中，主要说明客厅地毯的铺设情况，及卫生间地砖的规格等。

单击"绘图"工具栏中"多行文字"按钮 **A** 和"直线"按钮 ╱，首先标注卫生间地砖，并完成文字说明，然后标注客厅地毯，结果如图 4-20 所示。

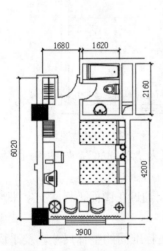

图4-19　标注尺寸后的图形

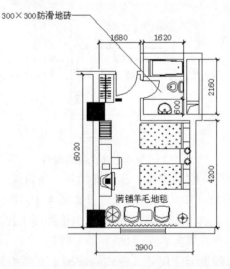

图4-20　标注文字后的图形

10 标注标高。事先将标高符号及上面的标高值一起做成图块，存放在"X：\图库"文件夹中。

❶单击"绘图"工具栏"插入块"按钮，将标高符号插入到如图 4-21 所示位置。

❷单击"修改"工具栏中的"分解"按钮，将刚插入的标高符号分解开。

❸将这个标高符号复制到卫生间合适的位置处，然后鼠标双击数字，把标高值修改正确，结果如图 4-22 所示。

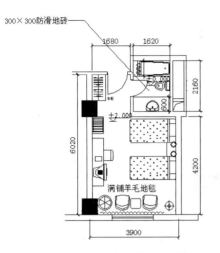

图4-21 插入标高符号的图形

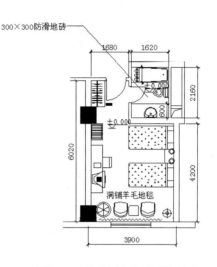

图4-22 修改标高符号后的图形

11 插入其他符号。在该标准间平面图中，主要是插入立面内视符号，为节约篇幅，事先将它们做成图块，存于附带光盘内，存放在"源文件/图库"文件夹中。具体操作如下：

绘制内视符号，则单击"修改"工具栏中的"旋转"按钮 ↺ 纠正；若标号不符，则将图块分解，然后将文字编辑。

至此，标准间平面中的尺寸、文字、符号都标注出来，结果如图 4-23 所示。

图4-23 标注尺寸、文字、符号

12 线型设置。平面图中的线型可以分作 4 个等级：粗实线、中实线、细实线、装饰线。粗实线用于墙柱的剖切轮廓，中实线用于装饰材料、家具的剖切轮廓，细实线用于家具陈设轮廓，装饰线用于尺寸、图例、符号、材料纹理和装饰品线等。

本例的具体线宽值采用 0.6mm、0.35mm、0.25mm、0.18mm 4 个等级。

📖 4.2.5 其他客房平面图

01 双人床间。只要将图 4-23 中的两个单人床换作一张 2000mm×1500mm 的双人床，两侧 400mm×400mm 的床头柜即可，其他室内布置不变，如图 4-24 所示。

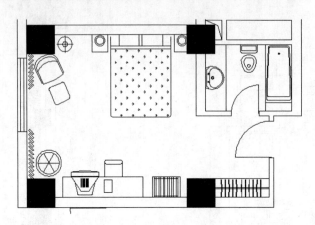

图4-24　双人床间平面图

❶单击"修改"工具栏中的"复制"按钮 🖫，将标准双人间的室内平面复制到双人床间内。复制时注意选择好起始捕捉的基点，这个基点在双人床间内也有对应的点利于捕捉，这样可以提高复制的效率。本例中，可以选择衣柜靠墙的角点作为复制的基点，拖动到双人床间时，也选择相同的角点作为终点。

❷如果标准双人间和双人床间的方向不一致，比如，一个横向，一个纵向，那么，首先将复制内容放到旁边的空白处，如图 4-25 所示，其次将它旋转以后再移动到双人床间内。

❸从图 4-25 可以看到，标准间布置复制到双人床间以后，不能完全吻合，此时，单击"修改"工具栏中的"移动"按钮 ✛，逐个调整。应用"移动"命令时，应注意选择好移动的基点和终点。

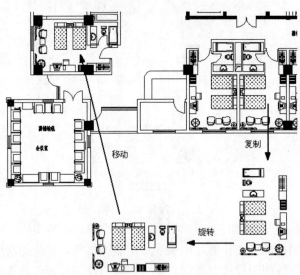

图4-25　复制过程

❹单击"修改"工具栏中的"删除"按钮 ✐，将两个单人床删除，保留摇臂壁灯图案。从图库中插入一个双人床，并调整好位置。

❺绘制一个 400mm×400mm 的矩形作为床头柜，将摇臂壁灯图案移到上面。就位后用单击"修改"工具栏中的"镜像"按钮 ⚏，复制出另一个摇臂壁灯。

02 套间。本例套间与标准间不同的是它增加了一个起居室，在起居室内布置一套沙发、一组电视柜、书桌、行李架。卧室部分除了没有行李架外，其他部分与标准间相同。本层共有两个套间，以其中一个作为讲解范例，另一个虽然平面形状不同，但是基本家具布置是一样的。

❶提取其中一个套间平面图，如图4-26所示。

❷从标准间平面图中复制床、床头柜、电视柜、安乐椅、茶几、落地灯等图块到套间平面图中，局部作调整，完成卧室、卫生间布置，结果如图4-27所示。

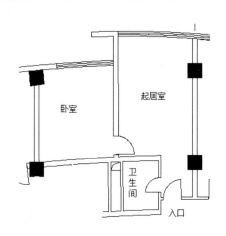 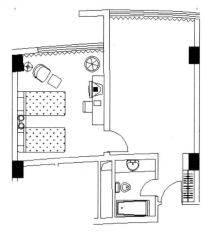

图4-26 提取套间平面图   图4-27 布置卧室、卫生间平面图

❸从图库中插入客厅的沙发、茶几等家具，从标准间平面图中复制衣柜、行李架、电视柜、落地灯等图块到套间起居室，局部作调整，完成起居室布置，结果如图4-28所示。

套间的室内装修材料及做法与标准间相同，标注内容在此不赘述。

03 小会议室。大中型会议室不宜设置在客房楼层内，但是本例中的会议室属于小型会议室，人流较少，容易疏散，对客房的干扰较小，面积也较小，如图4-29所示。

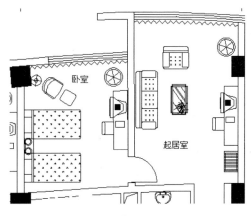

图4-28 套间平面图

沿周边布置一圈沙发座椅，四角布置绿化盆景，地面满铺羊毛地毯。

❶提取会议室平面，由光盘图库中插入会议室的沙发图样及盆景，布置在会议室中，同时绘制出茶几图样。

❷绘制地面材料。会议室地面满铺羊毛地毯，单击"绘图"工具栏"图案填充"按钮，填充 "AR-SAND" 图案，注意调整填充比例，以便正确显示，结果如图 4-30 所示。

❸标注尺寸、文字及符号，结果如图4-31所示。

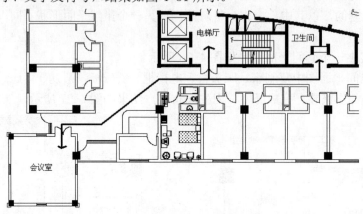

图4-29　会议室位置及流线

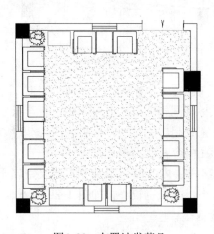

图4-30　布置沙发茶几

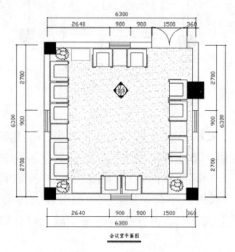

图4-31　会议室平面图

4.2.6　形成客房标准层平面图

将各种客房和会议室的平面图内容组合到标准层平面图中，形成客房标准层平面图，如图4-32所示。

在布置的过程之中，注意以下几点：

01 对于平面结构相似的客房，采用"镜像"命令复制，如图4-33所示。单击"修改"工具栏中的"镜像"按钮 ◢，将客房内家具陈设等布置全部选中，以房间隔墙的中线为镜像线，复制到另一边。

不方便捕捉镜像线的地方，要预先绘制辅助线。在利用镜像命令时，要善于观察图形构成规律，以便简便快捷地完成。

02 在不能利用镜像命令的地方，可单击"修改"工具栏中的"复制"按钮 ⅋。

03 在弧形平面一侧的客房，进深较大，将标准间布置复制过去时，应做适当的调整。在向其他同类房间复制时要注意角度的旋转。

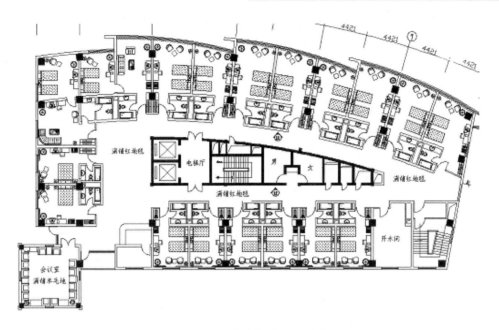

图4-32　客房标准层平面图

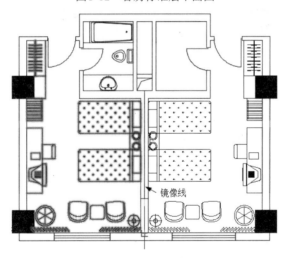

图4-33　利用"镜像"命令布置平面

4.3　客房室内立面图绘制

在本节中，依次介绍客房中的主要立面图的绘制。虽然客房立面图的绘制的整体思路与前所述没有太大的改变，但是可以通过本章的学习了解更多的绘图知识和相关客房立面图知识。

4.3.1　立面图①的绘制

该立面图采用剖立面图的方式绘制。

01 绘制建筑剖面。借助平面图来为立面图提供水平方向的尺寸。

❶绘出地坪线，其次绘制出 100mm 厚的楼板剖切轮廓，室内净高为 2900mm。

❷由平面图向上引出绘制墙的轮廓线，结合门窗竖向尺寸绘出建筑剖面，结果如图 4-34 所示。

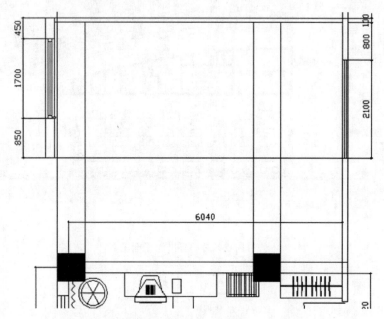

图4-34　绘制建筑剖面

02 绘制墙面装饰线。

❶由地坪线向上复制出墙面装饰线，单击"修改"工具栏"偏移"按钮，由地坪线向上逐次以 88mm、6mm、2250mm、50mm、300mm 为偏移间距复制出多条直线，如图 4-35 所示。

❷单击"修改"工具栏"修剪"按钮，将不需要的端头修剪掉，结果如图 4-36 所示。

03 插入家具立面。

❶插入电视柜、写字台、行李架立面。先由平面引出写字台的控制线，其次由图库将如图 4-37 所示图样插入到立面图中，并适当调整位置，结果如图 4-38 所示。

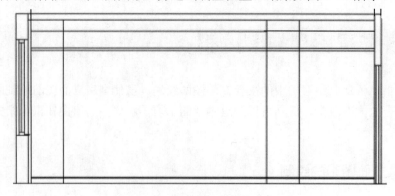

图4-35　偏移后的墙面装饰线

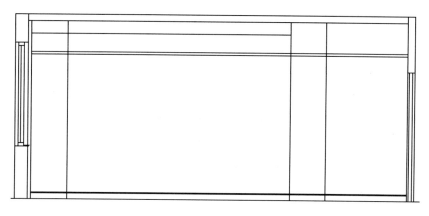

图4-36　绘制墙面装饰线

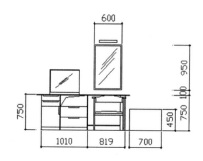

图4-37　电视柜、写字台、行李架立面

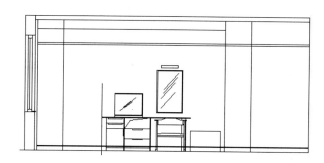

图4-38　插入电视柜、写字台、行李架立面

❷插入衣柜立面。由图库中将如图 4-39 所示图样插入到立面图中，结果如图 4-40 所示。

❸单击"修改"工具栏"修剪"按钮，将被家具立面覆盖的墙面装饰线修剪掉，结果如图 4-41 所示。

❹插入窗帘剖面图。本例采用的窗帘剖面如图 4-42 所示，将它插入到靠窗一侧，结果如图 4-43 所示。

04 插座布置。

❶在立面上绘出插入插座位置的定位辅助线。

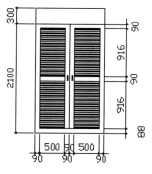

图4-39　衣柜立面

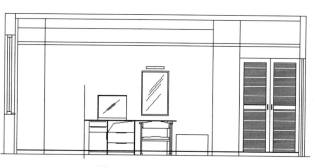

图4-40　插入衣柜立面

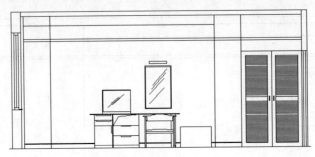

图4-41　修剪后的衣柜立面

❷从图库中插入插座图样。

❸将辅助线删除。

插入插座后的立面图如图 4-44 所示。

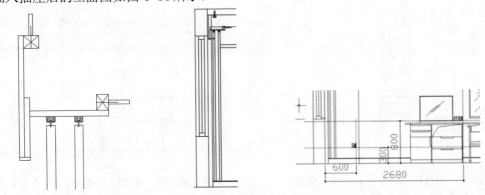

图4-42　窗帘剖面　　　　图4-43　插入窗帘剖面　　　　图4-44　插入插座

05 标注尺寸。在该立面图中，应该标注出客房室内净高、顶棚高度、电视柜、写字台、行李架、镜子及各陈设相对位置尺寸等。

单击"标注"工具栏中的"线性"按钮 ⊢，进行标注，结果如图 4-45 所示。

06 标注文字说明。在该立面图内，需要说明的是客房室内各部分设施的名称以及家具、衣柜的饰面等。

单击"绘图"工具栏的"多行文字"按钮 **A** 和"直线"按钮 ✐，并完成各部分标注文字说明，结果如图 4-46 所示。

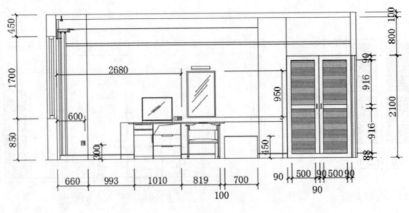

图4-45　标注尺寸

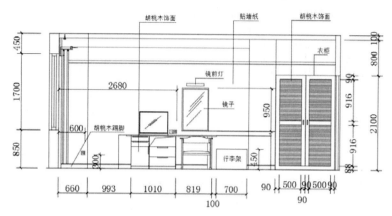

图4-46 标注文字后的立面图

07 标注标高。事先将标高符号及上面的标高值一起做成图块，存放在"X：\图库"文件夹中。

❶单击"绘图"工具栏"插入块"按钮⬚，将标高符号插入到图中合适的位置。

❷单击"绘图"工具栏中的"分解"按钮⬚，将刚插入的标高符号分解开。

❸将这个标高符号复制到其他两个尺寸界线端点处，然后鼠标双击数字，把标高值修改为需要的数值。

对立面图①进行文字、尺寸及标高符号标注后，如图 4-47 所示。这样，基本完成客房①立面图。

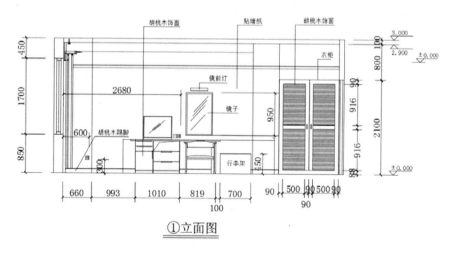

①立面图

图4-47 立面图①

4.3.2 立面图②的绘制

立面图②绘制与立面图①类似，下面简单介绍它的绘制过程。

01 绘制建筑剖面。借助平面图来为立面图提供水平方向的尺寸。

❶绘出地坪线，其次绘制出 100mm 厚的楼板剖切轮廓，室内净高为 2900mm。

❷由平面图向上引出绘制墙、门洞立面的辅助线，结合门窗竖向尺寸绘出墙体剖面，结果如图 4-48 所示。

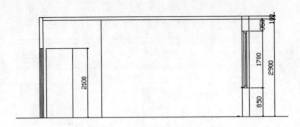

图4-48　绘制建筑剖面

02 绘制墙面装饰线。由地坪线向上复制出墙面装饰线，复制间距依次为88mm、6mm、2250mm、50mm、300mm，然后将不需要的端头修剪掉，结果如图4-49所示。

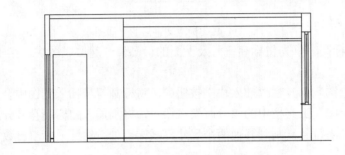

图4-49　绘制墙面装饰线

03 插入家具立面。

❶插入单人床和床头柜立面。先由平面引出两张单人床和床头柜的中心线，如图4-50所示。由图库分别将单人床立面图样和床头柜立面图样插入到立面图中，借助其中心线定位，结果如图4-51所示。

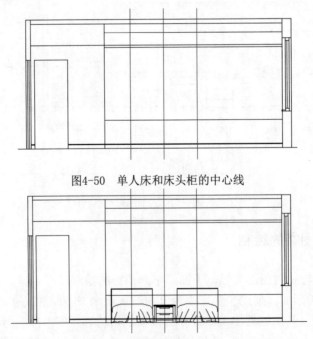

图4-50　单人床和床头柜的中心线

图4-51　插入单人床、床头柜立面

❷插入摇臂壁灯和床头装饰画立面。分别在标高 1.0m 和 1.7m 的位置上画一条水平辅助线。由图库将摇臂壁灯和床头装饰画立面图样插入到立面图中，借助辅助线定位，结果如图 4-52 所示。最后将被覆盖的装饰线删除。

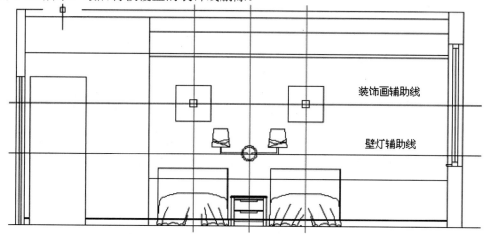

图4-52　插入摇臂壁灯和床头装饰画立面

❸插入卫生间门立面，将光盘中的卫生间门立面插入到图 4-52 中相应的位置，结果如图 4-53 所示。

❹插入窗帘图样和安乐椅立面图样。将光盘图库中的窗帘图样插入到靠窗一侧，注意翻转图样；将安乐椅立面图样插入到窗前空白位置，如图4-54 所示。定位后，将不可见的图线修剪掉。

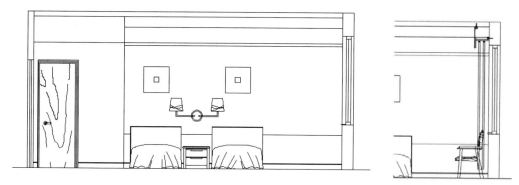

图4-53　插入卫生间门立面　　　　　　　　　图4-54　插入窗帘和安乐椅图样

04 开关器、电源插座布置。本立面图中一共有 5 个开关和电源插座，其图样如图 4-55 所示。

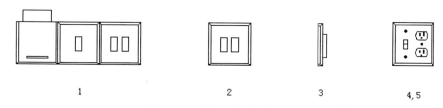

图4-55　开关、电源插座图样

❶根据它们的安装位置画出各自的定位辅助线，如图 4-56 所示。

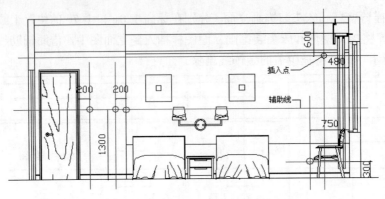

图4-56　绘制辅助线确定插入点

❷从图库中依次插入这些图形，注意将它们调整到合适的位置，结果如图 4-57 所示。

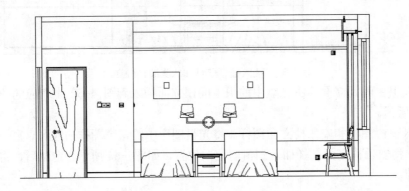

图4-57　开关、电源插座布置

05 尺寸、文字及符号标注。对立面图②进行文字、尺寸及符号标注，具体操作可以参考前面相应的介绍，结果如图 4-58 所示。至此，基本完成客房的立面图②的绘制。

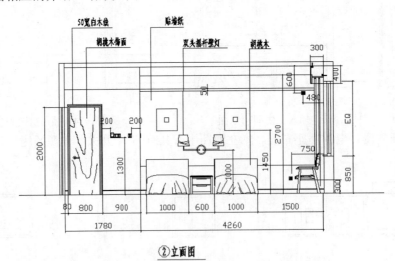

②立面图

图4-58　立面图②

06 线型设置。立面图中的线型可以分作 4 个等级：粗实线、中实线、细实线、装饰线。粗实线用于墙柱的剖切轮廓，中实线用于装饰材料、家具的剖切轮廓，细实线用于家具陈设轮廓，装饰线用于尺寸、图例、符号、材料纹理和装饰品线等。

本例的具体线宽值采用 0.6mm、0.35mm、0.25mm、0.18mm 4 个等级。

4.3.3 卫生间立面图

卫生间中③、④、⑤、⑥立面图的绘制方法与前面介绍的①、②立面图绘制方法类似，在此不再赘述。下面给出③、④、⑤、⑥立面图，供读者参考，如图4-59～图4-62所示。需要注意的是：

01 卫生间图样比较琐碎，所以绘制时要耐心仔细，不可粗枝大叶。

02 绘制出一个立面图后，在绘制下一个立面图时可以利用这个立面图进行编辑修改，但必须保留原图，将它复制出来再修改。当然，这也要视具体情况来定，如果修改复杂，则重头来。

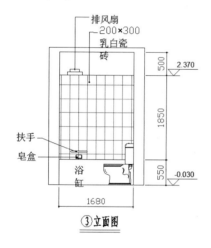

图4-59　立面图③

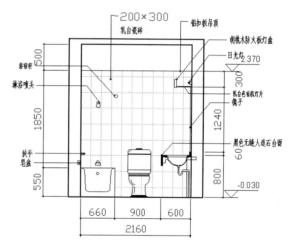

图4-60　立面图④

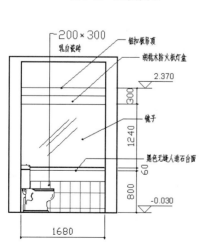

图4-61　立面图⑤

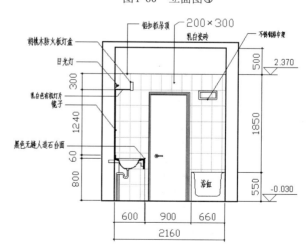

图4-62　立面图⑥

📖 4.3.4　公共走道立面图绘制

在本例中公共走道部分绘制两个立面图，分别表示走道的两侧墙面，在客房标准层平面图中已标示了它们的内视符号。其中⑪立面图表示的是弧形墙面，所以用展开立面图的绘制方法完成；⑫立面图表示的仍然是直线墙面。

01 ⑪立面图。⑪立面图为展开立面图，也就是想象将弧形墙体伸展平直以后的立面正投影图。在上面，需要表示出墙面材料、客房门立面、壁灯、疏散标志等。由于墙面较长，重点表示④～⑥轴线这一段，其他部分做法相同。

❶绘制出立面上下轮廓线。上轮廓线为顶棚底面，下轮廓线为地坪线，净高为 2.8m，故绘制间距 2800mm 的两根平行直线，初步估计其长度为 18000mm，结果如图 4-63 所示。

❷绘制出位于④轴线处的左边轮廓线，如图 4-64 所示。

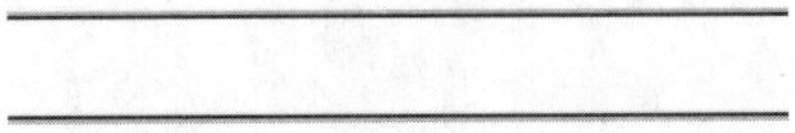

图4-63　⑪立面上下轮廓线 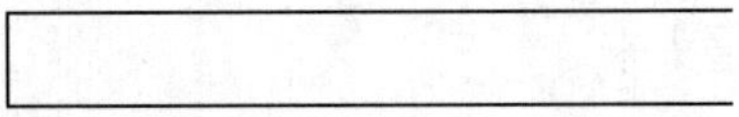　　　　　　　图4-64　⑪立面左轮廓线

❸根据需要，求出如 4-65 所示的 3 段圆弧的弧长。

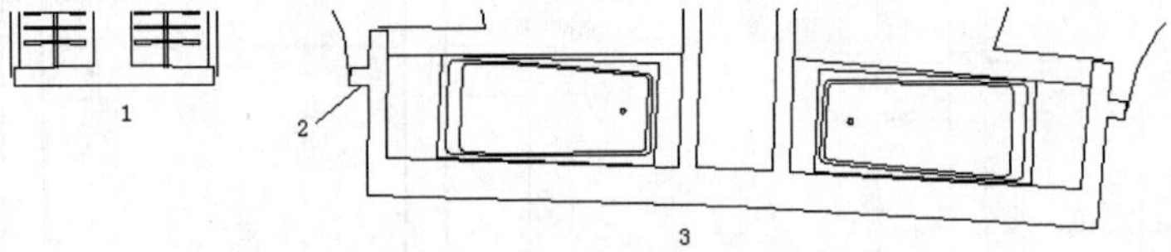

图4-65　需求弧长的3段圆弧

以圆弧 1 为例，为了得到弧线的弧长，用鼠标将弧线选中，按鼠标右键，打开一个快捷菜单，单击菜单中的"特性"条，如图 4-66 所示，进一步打开"特性"对话框，如图 4-67 所示。对话框中包含了该弧线的一系列的特性信息，滑动鼠标在"弧长"一栏可以看到弧长为 1318mm。采用此方法依次求得圆 2、弧 3 弧长为 60mm、4728mm。

图4-66　快捷菜单　　　　　　　　　图4-67　"特性"选项板

选中弧线以后，也可以单击"标准"工具栏中的"特性"按钮，如图 4-68 所示，打开"特性"对话框。还可以双击弧线直接打开"特性"对话框。

图4-68　"标准"工具栏中的"特性"按钮

❹多次单击"修改"工具栏中的"偏移"按钮，逐次以 659mm（1318 的 1/2）、900mm（门洞宽）、60mm、4728mm、659mm 为偏移距离由左轮廓线向右复制出多条平行线，结果如图 4-69 所示。

图4-69　偏移竖向平行线

❺从图库中插入客房门的立面图案，如图 4-70 所示，定位到门洞位置，注意门的开取方向，如图 4-71 所示。最后将门两侧的辅助线删除。

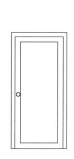
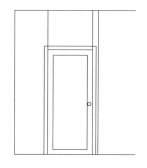

图4-70　客房门立面　　　　　　　图4-71　插入后的客房门

❻单击"修改"工具栏中的"镜像"按钮，复制下一扇门。为了便于确定镜像线，首先在中间两条竖向平行线之间绘制一条水平线，单击"镜像"命令，将刚才插入的门立面选中，捕捉辅助线的中点确定镜像线，从而复制出下一扇门，如图 4-72 所示。

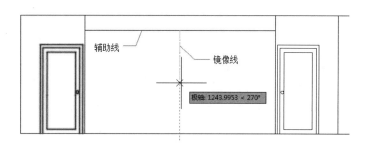

图4-72　镜像复制门立面

❼绘制墙面装饰线。重复单击"修改"工具栏中的"偏移"按钮，分别以 150mm、600mm、150mm 为偏移距离，向上复制出踢脚、墙裙装饰线，然后将多余部分和与门立面重复的部分修剪掉，结果如图 4-73 所示。

图4-73　绘制墙面装饰线

❽填充墙裙图案。单击"绘图"工具栏的"图案填充"按钮，此时系统弹出如图 4-74 所示的"图案填充创建"选项卡，根据图示进行设置。单击选项卡中"添加：拾取点"按钮，然后单击墙裙中的任意一点，填充图形，结果如图 4-75 所示。

图4-74　"图案填充创建"选项卡

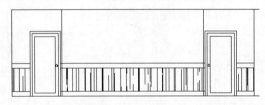

图4-75　填充墙裙图案

❾单击"修改"工具栏中的"镜像"按钮，复制下一段立面图样，操作示意如图 4-76 所示，镜向结果如图 4-77 所示。

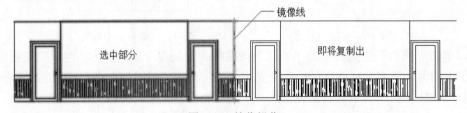

图4-76　镜像操作

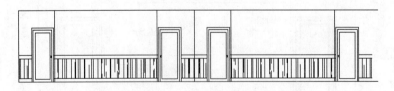

图4-77　镜像结果

❿在门之间的墙面的中部的位置插入艺术壁灯。首先绘制定位辅助线，其次插入图块，如图 4-78 所示。

⓫在门边位置插入壁灯开关控制器，在顶棚下边布置疏散标志，注意安全出口的方向，结果如图 4-79 所示。

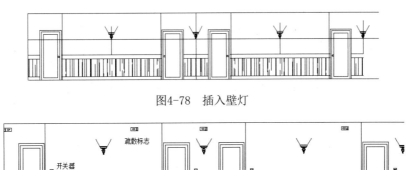

图4-78　插入壁灯

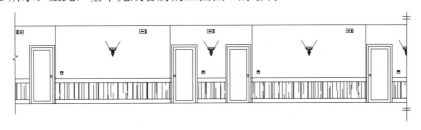

图4-79　布置开关控制器和疏散标志

⓬在左轮廓线处绘制折断线，表示左端省略；在⑥轴线处绘制对称符号，表示⑥～⑧线与④～⑥轴线立面对称，如图 4-80 所示。

⓭对立面图⑪进行文字、尺寸及符号标注，具体操作可以参考前面相应的介绍，结果如图 4-81 所示。至此，基本完成客房的立面图⑪的绘制。

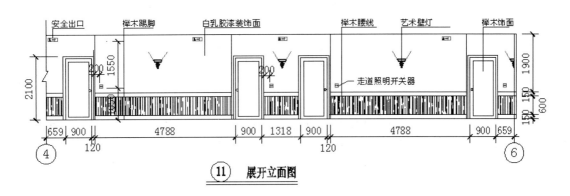

图4-80　　绘制折断线和对称符号

图4-81　展开的立面图⑪

⓮线型设置。立面图中的线型可以分作 4 个等级：粗实线、中实线、细实线、装饰线。粗实线用于墙柱的剖切轮廓，中实线用于装饰材料、家具的剖切轮廓，细实线用于家具陈设轮廓，装饰线用于尺寸、图例、符号、材料纹理和装饰品线等。

本例的具体线宽值采用 0.6mm、0.35mm、0.25mm、0.18mm 4 个等级。

02　⑫立面图。⑫立面图不是展开立面图，表达的是平直墙面，其立面内容与⑪立面图基本相同，下面给出完成后的⑫立面图，如图 4-82 所示。

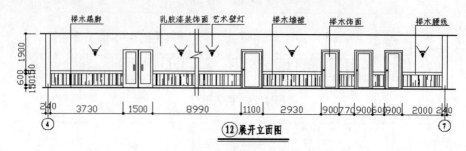

图4-82 立面图⑫

4.3.5 会议室立面绘制

会议室立面，也就是⑦～⑩4个立面，采用剖立面方式绘制。

01 立面图⑦。

❶绘制建筑剖面。借助平面图提供水平方向的尺寸，结合竖向尺寸绘出建筑剖面图，如图4-83所示。

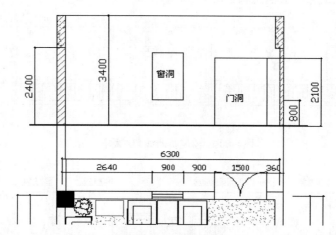

图4-83 绘制建筑剖面

❷绘制顶棚剖切轮廓。首先单击"修改"工具栏中的"复制"按钮，由地坪线向上复制出定位辅助线，复制间距依次为2700mm、200mm，结果如图4-85所示。其次，以如图4-84所示中的A点为起点绘制一个2900mm×50mm的矩形（输入相对坐标@2900，50），以B点为起点绘制一个3500mm×50mm的矩形（输入相对坐标@-3500，50），结果如图4-85所示。

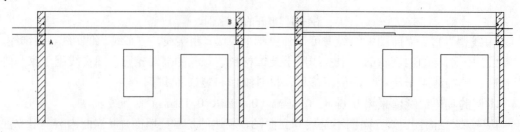

图4-84 绘制顶棚定位辅助线   图4-85 绘制顶棚剖切轮廓

选择菜单栏中的"绘图"→"多线"命令，将多线参数按照如下进行设置，命令行提示与操作如下：

　命令：MLINE

　当前设置：对正 = 上，比例 = 1.00，样式 = STANDARD

　指定起点或 [对正(J)/比例(S)/样式(ST)]：　J

　输入对正类型 [上(T)/无(Z)/下(B)] <上>：　Z

　当前设置：对正 = 无，比例 = 1.00，样式 = STANDARD

　指定起点或 [对正(J)/比例(S)/样式(ST)]：　S

　输入多线比例 <1.00>：　20

　当前设置：对正 = 无，比例 = 20.00，样式 = STANDARD

　指定起点或 [对正(J)/比例(S)/样式(ST)]：

　第三，单击"绘图"工具栏"直线"按钮，在楼板底面和顶棚之间绘制龙骨图样，结果如图 4-86 所示。

　最后，单击"修改"工具栏"删除"按钮，将辅助线删除，结果如图 4-87 所示。

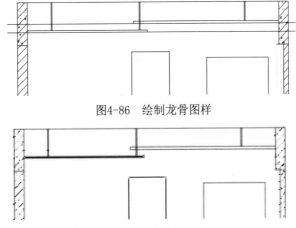

图4-86　绘制龙骨图样

图4-87　删除辅助线后的龙骨图样

❸绘制墙面装饰线。首先单击"修改"工具栏中的"偏移"按钮，由地坪线向上偏移 130mm 复制踢脚线，结果如图 4-88 所示。

　其次，由踢脚线向上偏移 2270mm 复制出另一条装饰线，结果如图 4-89 所示。

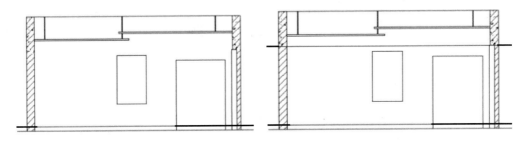

图4-88　复制踢脚线后的图形　　　　图4-89　复制装饰线后的图形

　最后，单击"修改"工具栏"修剪"按钮，将辅助线删除，结果如图 4-90 所示。

❹插入窗帘及门立面图样。首先，单击"绘图"工具栏"直线"按钮，由窗洞上边线的中点向上引直线交于装饰线，结果如图 4-92 所示。其次，单击"绘图"工具栏"插入

块"按钮![icon]，从光盘图库中插入窗帘立面图样，然后插入门立面图样，结果如图 4-92 所示。

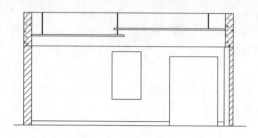

图4-90 绘制墙面装饰线

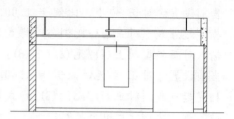

图4-91 绘制辅助线

最后，单击"修改"工具栏"修剪"按钮![icon]，将重叠的图线修剪掉，结果如图 4-93 所示。

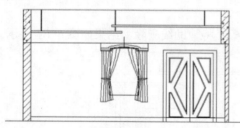

图4-92 插入窗帘和门立面图样

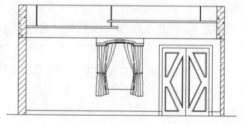

图4-93 修剪图线后的窗帘和门立面图样

❺插入沙发立面图样。首先，从平面图向立面图引出沙发、茶几的中线，其次从图库中插入沙发图样，结果如图 4-94 所示。

❻绘制茶几立面。首先重复单击"修改"工具栏中的"偏移"按钮![icon]，按如图 4-95 所示的尺寸绘制出茶几立面的底高线。其次，单击"绘图"工具栏"矩形"按钮![icon]，用矩形命令沿底高绘制出茶几立面，结果如图 4-96 所示。

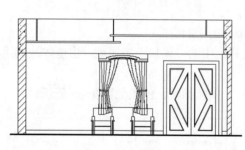

图4-94 插入沙发立面图样

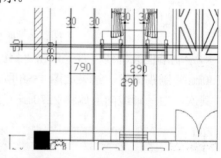

图4-95 绘制茶几立面的底高线

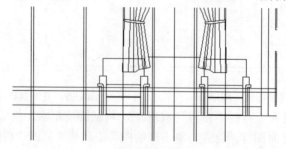

图4-96 绘制茶几立面

最后，单击"修改"工具栏"删除"按钮 ✐，将不需要的线条删去，结果如图 4-97 所示。

❼ 插入立面植物。单击"绘图"工具栏中的"插入块"按钮 🔲，从图库中插入立面植物，然后执行"修剪"命令对图形做相应的修改，结果如图 4-98 所示。

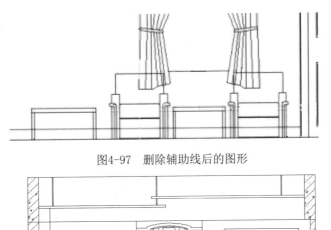

图4-97　删除辅助线后的图形

图4-98　插入立面植物

❽ 尺寸、文字及符号标注。对会议室立面图⑦进行文字、尺寸及符号标注，具体操作可以参考前面相应的介绍，结果如图 4-99 所示。至此，基本完成会议室立面图⑦的绘制。

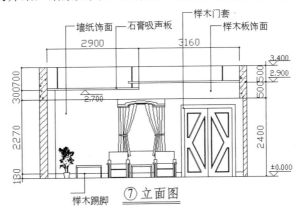

图4-99　会议室立面图⑦

❾ 线型设置。立面图中的线型可以分作 4 个等级：粗实线、中实线、细实线、装饰线。粗实线用于墙柱的剖切轮廓，中实线用于装饰材料、家具的剖切轮廓，细实线用于家具陈设轮廓，装饰线用于尺寸、图例、符号、材料纹理和装饰品线等。

本例的具体线宽值采用 0.6mm、0.35mm、0.25mm、0.18mm 4 个等级。

02 其他立面图。立面图⑧~⑩如图 4-100~图 4-102 所示，它们与立面图⑦类似，可以参考前面相应的介绍，在此不赘述其画法。

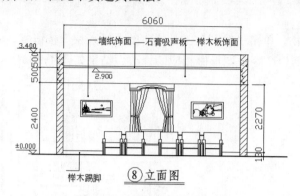

图4-100　立面图⑧

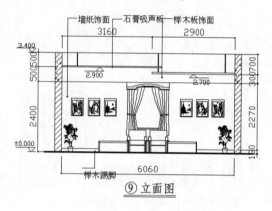

图4-101　立面图⑨

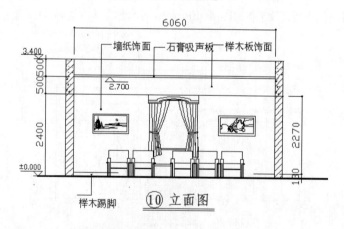

图4-102　立面图⑩

4.4 客房室内顶棚图绘制

本节将介绍整个客房楼层的顶棚图绘制，如图 4-103 所示。因为顶棚面积较大，首先依次介绍标准间、套间、会议室、公共走道的顶棚内容，其次组装成为客房标准层顶棚图。

读者在整体上再次熟悉顶棚图绘制的同时，要着重注意针对具体情况的一些处理技巧。

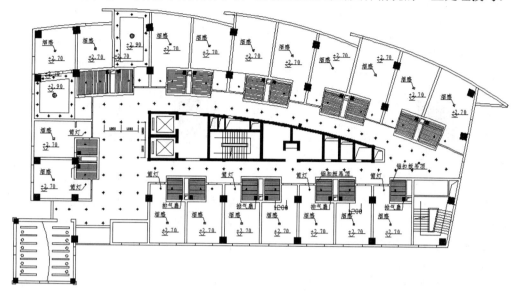

图4-103　客房室内顶棚图

4.4.1　标准间顶棚图绘制

本例标准间卧室部分顶棚作石膏板顶棚，顶棚底面标高为2.700m；顶棚上不设整体照明，但安装烟感报警器（以下简称烟感）。卫生间采用铝扣板顶棚，标高为2.370m，上设一个筒灯、一个排风扇。过道部分轻钢龙骨石膏板顶棚，标高为2.400m，上设一个筒灯（在实际中，过道部分有可能根据通风的需要设置回风口和送风口）。下面简述其绘制过程。

01 整理出建筑平面图。整理出标准间建筑平面图，因为衣柜顶面与顶棚平齐，所以将衣柜的轮廓也保留下来，结果如图4-104所示。

02 绘制顶棚造型。

❶卧室。单击"绘图"工具栏"矩形"按钮 ，沿卧室（不包括过道）内墙线绘制一个矩形，如图4-105所示中被选中的矩形。单击"修改"工具栏"偏移"按钮 ，将这个矩形向内偏移50mm，得出石膏线脚，结果如图4-106所示。

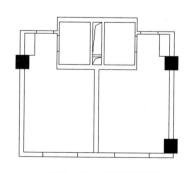

图4-104　建筑平面图

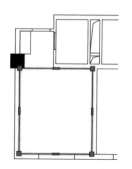

图4-105　绘制的矩形

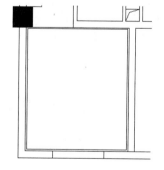

图4-106　绘制石膏线脚

❷过道。首先单击"绘图"工具栏"多段线"按钮 ，沿过道内线（不包括衣柜）行走一圈，结果如图4-107所示。其次，单击"修改"工具栏"偏移"按钮 ，将它向内偏

移 50mm，得出顶部石膏装饰线，结果如图 4-108 所示。

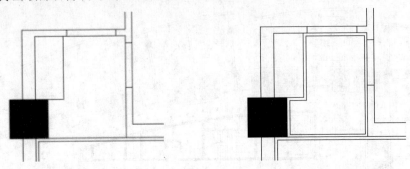

图4-107　绘制多段线　　　　　　　图4-108　绘制过道顶部石膏装饰线

❸卫生间。单击"绘图"工具栏中的"图案填充"按钮，此时系统弹出如图 4-109 所示的"图案填充创建"选项卡，按照图示进行设置后，将卫生间内填充如图 4-110 所示的图案，图案表示铝扣板顶棚。

03 顶棚灯具及设备布置。

图4-109　"图案填充创建"选项卡

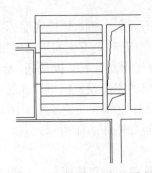

图4-110　卫生间填充的图案

❶卧室。首先单击"绘图"工具栏"直线"按钮，绘制烟感标志的辅助交叉线，结果如图 4-111 所示。然后，捕捉卧室石膏线的中点绘制出确定顶棚中心点的交叉辅助线，单击"绘图"工具栏"插入块"按钮，从图库中插入烟感标志，结果如图 4-112 所示。

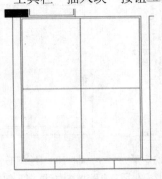
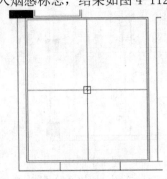

图4-111　绘制烟感标志辅助线　　　　　　图4-112　插入烟感标志

❷过道、卫生间部分。首先单击"绘图"工具栏"直线"按钮 ∕ ，绘制过道、卫生间筒灯和排风扇位置的辅助线，结果如图 4-113 所示。然后借助辅助线，单击"绘图"工具栏"插入块"按钮 ⬚ ，从图库中插入筒灯、排风扇符号标志，结果如图 4-114 所示。

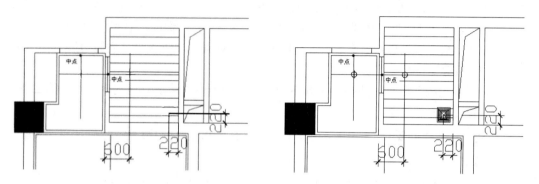

图4-113　绘制筒灯和排风扇辅助线　　　　图4-114　插入筒灯和排风扇符号标志

04 尺寸、文字及符号标注。对标准间顶棚进行文字、尺寸及符号标注，具体操作可以参考前面相应的介绍，结果如图 4-115 所示。至此，标准间顶棚基本绘制完毕。

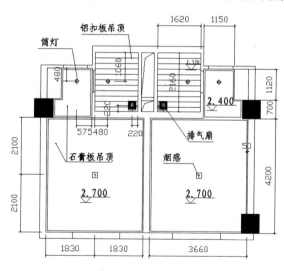

标准间顶棚图

图4-115　标准间顶棚图

05 线型设置。顶棚中的线型可以分作 4 个等级：粗实线、中实线、细实线、装饰线。粗实线用于墙柱的剖切轮廓，中实线用于装饰材料、家具的剖切轮廓，细实线用于家具陈设轮廓，装饰线用于尺寸、图例、符号、材料纹理和装饰品线等。

本例的具体线宽值采用 0.6mm、0.35mm、0.25mm、0.18mm 4 个等级。

4.4.2　套间顶棚图绘制

本例套间卧室、卫生间、入口部分顶棚图内容与标准间基本相同，在此不再重复介绍，重点介绍起居室部分。起居室顶棚周边作 600mm 宽顶棚，顶棚底面标高为 2.700m，内均布置筒灯；中部不作顶棚，标高为 2.900m，白色乳胶漆饰面，中央设吸顶灯一个。下面简述其绘制过程。

01 整理出建筑平面图。整理出套间建筑平面图，如图 4-116 所示。由于只讲述起居室部分，所以插图中略去其他部分。为了方便下面的讲解，图中标注了 A、B、C 等字母。

02 绘制顶棚造型。由于顶棚的轮廓与起居室的内轮廓相平行，而起居室内轮廓由直线和弧线组成，所以单击"修改"工具栏中的"多段线"按钮 沿室内周边进行描边时，操作就相对复杂。

单击"多段线"命令，捕捉 4-116 中的 A 点作为起点，然后，捕捉 B 点作为第二点。这时命令行提示与操作如下：

指定下一点或 [圆弧(A)/闭合(C)/半宽(H)/长度(L)/放弃(U)/宽度(W)]：A （输入 a 选择圆弧）

指定圆弧的端点(按住 Ctrl 键以切换方向)或[角度(A)/圆心(CE)/闭合(CL)/方向 (D)/半宽(H)/直线(L)/半径(R)/第二个点(S)/放弃(U)/宽度(W)]：S

指定圆弧上的第二个点： （鼠标捕捉 4-117 中弧线中部的 C 点）

指定圆弧的端点： （鼠标捕捉 4-117 中弧线末端 D 点）

指定圆弧的端点(按住 Ctrl 键以切换方向)或[角度(A)/圆心(CE)/闭合(CL)/方向 (D)/半宽(H)/直线(L)/半径(R)/第二个点(S)/放弃(U)/宽度(W)]：L （输入 L 选择直线）

指定下一点或 [圆弧(A)/闭合(C)/半宽(H)/长度(L)/放弃(U)/宽度(W)]：（鼠标捕捉 4-117 中弧线末端 E 点）

指定下一点或 [圆弧(A)/闭合(C)/半宽(H)/长度(L)/放弃(U)/宽度(W)]：A （输入 a 选择圆弧）

指定圆弧的端点(按住 Ctrl 键以切换方向)或[角度(A)/圆心(CE)/闭合(CL)/方向 (D)/半宽(H)/直线(L)/半径(R)/第二个点(S)/放弃(U)/宽度(W)]：S （输入 s 选择三点确定一条弧线的方式）

指定圆弧上的第二个点： （鼠标捕捉 4-117 中弧线端部的 F 点）

指定圆弧的端点： （鼠标捕捉 4-117 中弧线端部的 A 点）

指定圆弧的端点(按住 Ctrl 键以切换方向)或[角度(A)/圆心(CE)/闭合(CL)/方向 (D)/半宽(H)/直线(L)/半径(R)/第二个点(S)/放弃(U)/宽度(W)]：

这样就描出起居室的内轮廓线，然后单击"修改"工具栏中的"偏移 "按钮 ，将它向内偏移 600，结果如 4-117 所示。

03 顶棚灯具布置。

❶周边顶棚筒灯。首先由顶棚外轮廓线向内偏移 300 复制出它的平面中心线，其次单击"修改"工具栏中的"分解"按钮 将它分解成 4 段线条，如图 4-118 所示。

对于弧线 2、4 上的筒灯，以它们的端点和中点作为插入点即可完成布置，如图 4-119 所示。

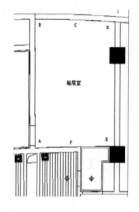

图4-116　建筑平面图

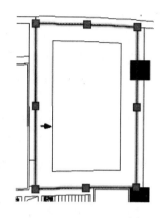

图4-117　绘制顶棚

对于直线1、3上的筒灯，首先用"特性"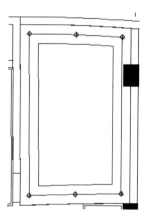功能查出直线1的长度为5148mm；其次，由圆弧4向上偏移3次，偏移距离为1287mm（5148的1/4），获得直线1、3上的筒灯定位点；最后，依次将筒灯布置到定位点上去，如图4-120所示。

❷中央吸顶灯。借辅助线将中央吸顶灯布置出来，最后把辅助线删去，结果如图4-121所示。

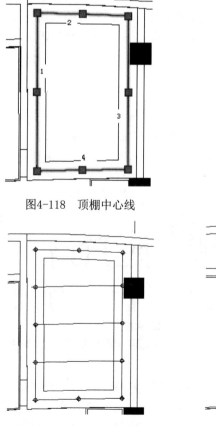

图4-118　顶棚中心线

图4-119　弧线2、4上的筒灯

图4-120　直线1、3上的筒灯

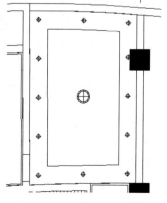

图4-121　完成顶棚图样绘制

04 尺寸、文字及符号标注。对套间顶棚进行文字、尺寸及符号标注，具体操作可以参考前面相应的介绍，结果如图4-122所示。图中标注并不全面，可以根据客房标准层顶棚图整体需要来补充协调。至此，标套间顶棚基本绘制完毕。

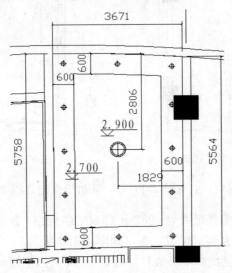

图4-122 尺寸、文字及符号标注

05 线型设置。顶棚中的线型可以分作 4 个等级：粗实线、中实线、细实线、装饰线。粗实线用于墙柱的剖切轮廓，中实线用于装饰材料、家具的剖切轮廓，细实线用于家具陈设轮廓，装饰线用于尺寸、图例、符号、材料纹理和装饰品线等。

本例的具体线宽值采用 0.6mm、0.35mm、0.25mm、0.18mm 4 个等级。

4.4.3 公共走道顶棚图绘制

本例公共走道顶棚作轻钢龙骨吸音石膏板顶棚，顶棚底面标高为2.8m；顶棚面上按间距为1.8m均布置筒灯。该顶棚图绘制的难点在于筒灯的布置。下面简述其绘制过程。

01 整理出建筑平面图。整理出公共过道部分建筑平面图，如图 4-123 所示。

图4-123 建筑平面图

02 绘制顶棚造型。整个公共走道作同一标高的轻钢龙骨石膏板顶棚，所以在平面上不需要再用线条表示它的造型了。

03 顶棚灯具。本例中，在两条狭长走道的中心线上均匀布置筒灯，间距为1800mm；在走道的交接处由中心向四周均布，行距、列距均为1.8m；在边角局部地方再作适当调整。

❶绘制地位辅助线。单击"绘图"工具栏中的"圆弧"命令 ⌒，以图 4-123 中的 A、B、C 3 点作一条弧线。再由这条弧线向内偏移 840mm（走道净宽的一半），绘制出走道中心线，

如图 4-124 所示。

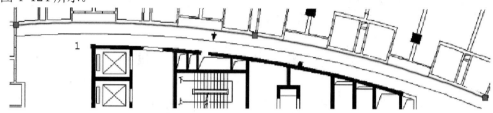

图4-124　绘制弧形走道中心线1

对于其他部分中心线的绘制，可以采用下面的方法完成：

1）确认当前处于正交绘图模式（用 F8 可以切换），如图 4-125 所示。

图4-125　状态栏"正交"模式

2）用垂线将走道的两内边连接起来，如图 4-126 所示中被选中的线段。

3）单击"绘图"工具栏"构造线"按钮，捕捉其中一条线段的中点作为构造线的"指定点"，沿中线方向点取一点作为"通过点"，按 Enter 键确定。这样画出一条通过走道中线的射线，另外一条中心也采用此方法绘制，结果如图4-127 所示。

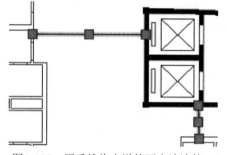
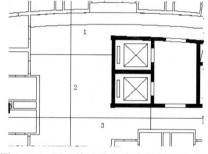

图4-126　用垂线将走道的两内边连接　　　图4-127　用"构造线"命令绘制中心线2、3

❷初步布置筒灯。单击"修改"工具栏中的"偏移 "按钮，将中线 2 分别向左和向右偏移 1800mm，复制出两条直线，插入一个筒灯到图 4-128 所示位置，称之为"初始筒灯"。

单击"修改"工具栏中的"矩形阵列"按钮，选中这个筒灯作为阵列对象，向左、向下布置筒灯，设置行数 8，列数为 1，行之间距离为-1800，列之间距离为-1800，设置及阵列结果如图 4-129 所示。

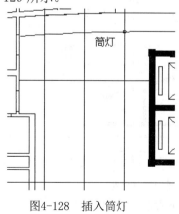
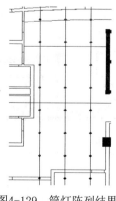

图4-128　插入筒灯　　　　图4-129　筒灯阵列结果

单击"修改"工具栏中的"矩形阵列"按钮▦和"复制"按钮▧，将左下角的筒灯布置完成，局部布置间距适当调整，结果如图 4-130 所示。

❸布置弧形走道筒灯。

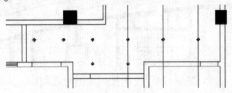

图4-130 左下角筒灯布置

单击"修改"工具栏中的"路径阵列"按钮↵，选中前面提到的那个"初始筒灯"作为阵列对象，进行路径阵列，选择已经插入进来的筒灯为阵列对象，选择前面绘制的圆弧为阵列路径，结果如图 4-131 所示。这样，就初步得到弧形走道顶棚上间距 1800mm 的筒灯布置。

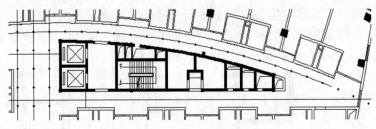

图4-131 环行阵列结果

❹布置直线形走道筒灯。

1）单击"修改"工具栏中的"复制"按钮▧，复制一个筒灯到如图 4-132 所示箭头位置。

2）重复操作复制多个筒灯图形，筒灯间间距为 1800mm，如图 4-133 所示。

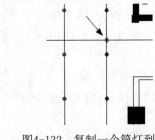

图4-132 复制一个筒灯到箭头位置

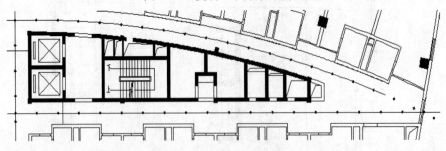

图4-133 环形阵列结果

3）将右端角落筒灯调整布置如图 4-134 所示。

到此为止，走道顶棚上的照明布置基本结束。至于标注尺寸、文字、符号等内容，到组合客房标准层顶棚图时一并完成。

4.4.4 会议室顶棚图绘制

本例会议室作了一个错层顶棚，中间以一条弧线分开，为轻钢龙骨吸声石膏板顶棚。较高一层底面标高2.9m，较低一层底面标高为2.7m，其上相间均布筒灯和灯槽，如图4-**错误！未找到引用源。**135所示。该顶棚图比较容易绘制，在此不再赘述。

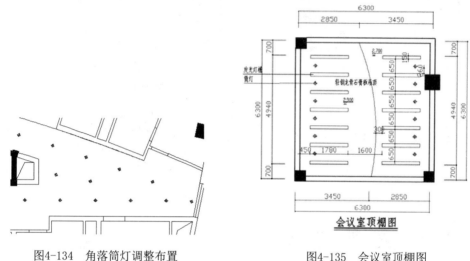

图4-134 角落筒灯调整布置　　　　图4-135 会议室顶棚图

4.4.5 组合客房标准层顶棚图绘制

分别将标准间、套间、会议室、走道部分的顶棚图组合、布置在一起，形成客房标准层顶棚图，如图4-136所示。组合布置的思路与组合客房标准层平面图相似，读者可以参照。

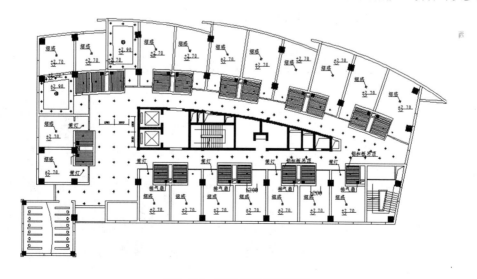

图4-136 客房标准层顶棚图

第 2 篇

3ds Max 效果建模篇

▶▶▶ **主要内容**

- 3ds Max 2016 基础

- 室内灯光

- 材质和渲染输出

- 建立大酒店 3ds Max 模型

第  章

3ds Max 2016 基础

3ds Max 一直是装饰装潢公司效果图制作首选的一款三维软件。这次 3ds Max 升级为 2016 版，仍然没有改变其基本的工作流程，而且添加了很多新功能，在建模、材质、动画、渲染这 4 个方面都有不同程度的改进。

- 了解 3ds Max 的应用领域。
- 认识 3ds Max 最常用和最基本的按钮及各个功能分区。
- 体会 3ds Max 的基本建模流程。

5.1 3ds Max 2016 界面介绍

3ds Max 2016 是运行在 Windows 系统之下的三维动画制作软件，具有一般窗口式的软件特征，即窗口式的操作接口。3ds Max 2016 的操作界面如图 5-1 所示。

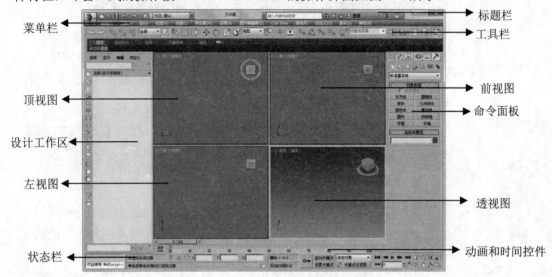

图5-1　3ds Max 2016的操作界面

5.1.1 菜单栏

3ds Max 2016 采用了标准的下拉菜单，具体如下：

该菜单包含用于管理文件的命令。

"编辑"菜单：用于选择和编辑对象。主要包括对操作步骤的撤销、临时保存、删除、复制和全选、反选等命令。

"工具"菜单：提供了较为高级的对象变换和管理工具，如镜像、对齐等。

"组"菜单：用于对象成组，包括成组、分离、加入等命令。

"视图"菜单：包含了对视图工作区的操作命令。

"创建"菜单：用于创建二维图形、标准几何体、扩展几何体、灯光等。

"修改器"菜单：用于修改造型或接口元素等设置，按照选择编辑、曲线编辑、网格编辑等类别，提供全部内置的修改器。

"动画"菜单：用于设置动画，包含各种动画控制器、IK 设置、创建预览、观看预览等命令。

"图形编辑器"菜单：包含 3ds Max 2016 中以图形的方式形象地展示与操作场景中各元素相关的各种编辑器。

"渲染"菜单：包含与渲染相关的工具和控制器。

"自定义"菜单：可以自定义改变用户界面，包含与其有关的所有命令。

"脚本"菜单：MAXScript 是 3ds Max 2016 内置的脚本语言。该菜单可以进行各种与 Max 对象相关的编程工作，提高工作效率。

"帮助"菜单：为用户提供各种相关的帮助。

📖5.1.2　工具栏

默认情况下 3ds Max 2016 中只显示主要工具栏。主工具栏工具图标按钮包括选择类工具图标、选择与操作类图标、选择及锁定类工具图标、坐标类工具图标、着色类工具图标、连接关系类工具图标和其他一些诸如帮助、对齐、数组复制等工具图标。当前选中的工具按钮呈黄底显示。要打开其他的工具栏可以在工具栏上单击右键，在弹出的快捷菜单中选择或配置要显示的工具项和标签工具条，如图 5-2 所示。

图5-2　配置菜单

1. 选择类按钮

（1）"选择对象"按钮　单击它时呈现亮黄色，在任意一个视图内鼠标变成一白色十字游标。单击要选择的物体即可选中它。

（2）"按名称选择"按钮　该图标的功能允许使用者按照场景中对象的名称选择物体。

（3）"矩形选择区域"按钮　单击此图标时按住鼠标左键不动，会弹出 4 个选取方式，矩形选择就是其一，下面还有 3 个。

1）"圆形选择区域"按钮：用它在视图中拉出的选择区域为一个圆。

2）"围栏选择区域"按钮：在视图中，用鼠标选定第一点，拉出直线，再选定第二点，如此拉出将所要编辑区域全部选中的不规则区域。

3）"套索选择区域"按钮：在视图中，用鼠标滑过视图会产生一个轨迹，以这条轨迹为选择区域的选择方法就是套索区域选择。

2. "选择过滤器"按钮

用来设置过滤器种类。

3. 选择与操作类按钮

（1）"选择并移动"按钮　用它选择了对象后，能对所选对象进行移动操作。

（2）"选择并旋转"按钮　用它选择了对象后，能对所选对象进行旋转操作。

（3）"选择并均匀缩放"按钮　用它选择了对象后，能对所选对象进行缩放操作。它下面还有两个缩放工具，一个是正比例缩放，一个是非比例缩放，按住缩放工具按钮就可以看到这两个缩放的图标。

（4）"使用轴点中心"按钮　可以围绕其各自的轴点旋转或缩放一个或多个对象。自动关键点处于活动状态时"使用轴点中心"将自动关闭，并且其他选项均处于不可用状态。

1）"使用选择中心"按钮　可以围绕其共同的几何中心旋转或缩放一个或多个对象。如果变换多个对象，3ds Max Design 会计算所有对象的平均几何中心，并将此几何中心用作变换中心。

2）"使用变换坐标中心"按钮　可以围绕当前坐标系的中心旋转或缩放一个或多个对象。当使用"拾取"功能将其他对象指定为坐标系时（请参见指定参考坐标系），坐标中心是该对象轴的位置。

4．连接关系类按钮

（1）"选择并链接"按钮　将两个物体连接成父子关系，第一个被选择的物体是第二个物体的子体，这种连接关系是3d studio Max中的动画基础。

（2）"断开当前选择链接"按钮　单击此按钮时，上述的父子关系将不复存在。

（3）"绑定到空间扭曲"按钮　将空间扭曲结合到指定对象上，使物体产生空间扭曲和空间扭曲动画。

5．复制、视图工具按钮

（1）"镜像"按钮　第一个工具按钮是对当前选择的物体进行镜像操作。

（2）"对齐"按钮　对齐可以将当前选择与目标选择进行对齐。

（3）"快速对齐"按钮　使用"快速对齐"可将当前选择的位置与目标对象的位置立即对齐。

1）"法线对齐"按钮：　"法线对齐"使用"法线对齐"对话框基于每个对象上面或选择的法线方向将两个对象对齐。

2）"放置高光"按钮：　使用"对齐"弹出按钮上的"放置高光"，可将灯光或对象对齐到另一对象，以便可以精确定位其高光或反射。

3）"对齐摄像机"按钮：　使用"对齐"弹出按钮中的"对齐摄影机"，可以将摄影机与选定的面法线对齐。

4）"对齐到视图"按钮：　使用"对齐"弹出按钮中的"对齐到视图"可用于显示"对齐到视图"对话框，可以将对象或子对象选择的局部轴与当前视口对齐。

（4）"曲线编辑器"按钮　第一个按钮打开轨迹窗口。

（5）"切换功能区"按钮　第二个按钮打开层级视图以显示关联物体的父子关系。

（6）"材质编辑器"按钮　第三个按钮打开材质编辑器，快捷键为M。

6．捕捉类工具按钮

（1）"捕捉开关"按钮　单击打开或关闭三维捕捉模式开关。

（2）"角度捕捉切换"按钮　单击打开或关闭角度捕捉模式开关。

（3）"百分比捕捉切换"按钮　单击打开或关闭百分比捕捉模式开关。

（4）"微调器捕捉切换"　单击打开或关闭旋转器锁定开关。

7．其他工具图标

"渲染工具"按钮：第一个是渲染场景，打开后弹出一个渲染窗，可以设置输出动画大小、图质等设置等。第二个是快速渲染，所有参数和上一次渲染的参数一样。

5.1.3 命令面板

在3ds Max 2016主接口的右侧是3ds Max 2016的命令面板，包括"创建"命令面板、"修改"命令面板、"层级"命令面板、"运动"命令面板、"显示"命令面板、"工具"命令面板，可在不同的命令面板中进行切换。

命令面板是一种可以卷起或展开的板状结构，上面布满当前操作各种相关参数的各种设定。当你选择某个控制按钮后，便弹出相应的命令面板，上面有一些标有功能名称的横条状卷页框，左侧带有"＋"或"－"号。"＋"号表示此卷页框控制的命令已经关闭，相反,"－"号表示此卷页框控制的命令是展开的。图5-3～图5-8所示为各控制面板的截图。

图5-3 "创建"命令面板　　　　图5-4 "修改"命令面板　　　　图5-5 "层次"命令面板

技巧:鼠标在命令面板某些区域呈现手形图标,此时可以按住鼠标左键,上、下移动命令面板到相应的位置,以选择相应的命令按钮、编辑参数以及各种设定等。

1."创建"命令面板

下面分别介绍其中的子面板。"创建"命令面板如图5-3所示。

(1)"几何体"按钮 可以生成标准几何体、扩展几何体、合成物体、粒子系统、网格面片、NURBS曲面、动力学物体等。

(2)"图形"按钮 可以生成二维图形,并沿某个路径放样生成三维造型。

(3)"灯光"按钮 包括泛光灯、聚光灯等,模拟现实生活中的各种灯光造型。

(4)"摄像机"按钮 生成目标摄像机或自由摄像机。

(5)"辅助对象"按钮 生成一系列起到辅助制作功能的特殊对象。

(6)"空间扭曲"按钮 生成空间扭曲,以模拟风、引力等特殊效果。

(7)"系统"按钮 具有特殊功能的组合工具,生成日光、骨骼等系统。

2."修改"命令面板

如果要修改对象的参数,就需要进入"修改"命令面板。在面板中可以对物体应用各种修改器,每次应用的修改器都会记录下来,保存在修改器堆栈中。"修改"命令面板一般由4部分组成,如图5-4所示。

(1)名字和颜色区 名字和颜色区显示了修改对象的名字和颜色。

(2)修改命令区 可以选择相应的修改器。单击"修改器配置"按钮,通过它来配置有个性的修改器面板。

(3)堆栈区 这里记录了对物体每次进行的修改,以便随时对以前的修改做出更正。

(4)参数区 显示当前堆栈区中被选对象的参数,随物体和修改器的不同而不同。

3."层级"命令面板

这个命令面板方便地提供了对物体连接控制的功能(见图5-5)。通过它可以生成 IK链,可以创建物体间的父子关系,多个物体的链接可以形成非常复杂的层次树。它提供了正向运动和反向运动双向控制的功能。"层级"命令面板包括3部分：

（1）"轴"　3ds Max 中的所有物体都只有一个轴心点，轴心点的作用主要是作为变动修改中心的默认位置。当为物体施加一个变动修改时，进入它的"中心"次物体级，在默认的情况下轴心点将成为变动的中心。作为缩放和旋转变换的中心点。作为父物体与其子物体链接的中心，子物体将针对此中心进行变换操作。作为反向链接运动的链接坐标中心。

（2）"IK"　IK 是根据反向运动学的原理，对复合链接的物体进行运动控制。我们知道，当移动父对象的时候，它的子对象也会随之移动，而当移动子对象的时候，如果父对象不跟着运动，则叫正向运动，否则称为反向运动。简单地说，IK 反向运动就是当移动子对象的时候，父对象也跟着一起运动。使用 IK 可以快速准确地完成复杂的复合动画。

（3）"链接信息"　链接信息是用来控制物体在移动、旋转、缩放时，在 3 个坐标轴上的锁定和继承情况。

4．"运动"命令面板

通过运动命令面板可以控制被选择物体的运动轨迹，还可以为它指定各种动画控制器，同时对各关键点的信息进行编辑操作（见图5-6）。运动命令面板包括两部分：

（1）"参数"　在参数面板内可以为物体指定各种动画控制器，还可以建立或删除动画的关键点。

（2）"轨迹"　轨迹代表过渡帧的位置点，白色方框点代表关键点。可以通过变换工具对关键点进行移动、缩放、旋转以改变物体运动轨迹的形态，还可以将其他的曲线替换为运动轨迹。

5．"显示"命令面板和"工具"命令面板（见图5-7和图5-8）

图5-6　"运动"命令面板　　　　图5-7　"显示"命令面板　　　　图5-8　"工具"命令面板

5.1.4 视图

在 3ds Max 2016 主接口中的 4 个视图是三维空间内同一物体在不同视角的一种反映。3ds Max 2016 系统本身默认视图设置为 4 个。

（1）顶视图　即从物体上方往下观察的空间，默认布置在视图区的左上角。在这个视图中没有深度的概念，只能编辑对象的上表面。在顶视图里移动物体，只能在 XZ 平面内移动，不能在 Y 方向移动。

（2）前视图　即从物体正前方看过去的空间，默认布置在视图区的右上角。在这个视图中没有宽的概念，物体只能在 XY 平面内移动。

（3）左视图　从物体左面看过去的空间，默认布置在视图区左下角。在这个视图中没有长的概念，物体只能在 XZ 平面内移动。

（4）透视图　通常所讲的三视图就是上面的 3 个。在一个三维空间里，操作一个三维物体比二维物体要复杂得多，于是人们设计出了三视图。在三视图的任何一个之中，对对象的操作都像是在二维空间中一样。假如只有三视图，那就体现不了 3D 软件的精妙，透视图正为此而存在。

 注意

观察一栋楼房，总是感到离观察者远的地方要比离得近的地方矮一些，而实际上是一样高，这就是透视效果。

透视使一个视力正常的人能看到空间物体的比例关系。因为有了透视效果，才会有空间上的深度和广度感觉。透视图加上前面的 3 个视图，就构成了计算机模拟三维空间的基本内容。

默认的 4 个视图不是固定不变的，可以通过快捷键来进行切换。快捷键与视图对应关系如下：

T＝顶视图；B＝底视图；L＝左视图；R＝右视图；F＝前视图；K＝后视图；C＝摄像机视图；U＝用户视图；P＝透视图。

5.1.5 视图控制区

视图控制区各按钮用于控制视图中显示图像的大小状态，熟练地运用这些按钮，可以大大提高工作效率。

（1）"缩放"按钮　单击此按钮，在任意视图中按住鼠标左键不放，上下拖动鼠标，可以拉近或推远场景。

（2）"缩放所有视图"按钮　与"Zoom"用法相同，只是它影响的是所有可见视图。

（3）"最大化显示选定对象"按钮　单击此按钮，当前视图以最大方式显示。

（4）"所有视图最大化显示选定对象"按钮　单击此按钮，在所有视图中，被选择的物体均以最大方式显示。

（5）"缩放区域"按钮　单击此按钮，用鼠标在想放大的区域拉出一个矩形框，矩形框内的所有物体组成的整体以最大方式在本视图中显示，不影响其他视图。

（6）"平移视图"按钮　单击此按钮，在任意视图拖动鼠标，可以移动视图观察窗。

（7）"环绕子对象"按钮 单击此按钮，视图中出现一个黄圈，可以在圈内、圈外或圈上的 4 个顶点上拖动鼠标以改变物体在视图中的角度。在透视图以外的视图应用此命令，视图将自动切换为用户视图。如果想恢复原来的视图，可以用刚学的快捷键来实现。

（8）"最大化视口切换"按钮 单击此按钮，当前视图全屏显示。再次单击，可恢复为原来状态。

5.1.6　时间滑块

时间滑块用在动画制作。可在每一帧设置不同的物体状态，按照时间的先后顺序播放，这就是动画的基本原理。时间滑块就是需要调整某一帧的状态时的工具，如图 5-9 所示。

图5-9　时间滑块

5.1.7　信息提示栏

信息提示栏给出了目前操作的状态。其中 X、Y、Z 文本框分别表示游标在当前窗口中的具体坐标位置，读者可移动游标查看文本框的变化。提示区给出了目前操作工具的扩展描述及使用方法。如当用户选中"选择并均匀缩放"按钮 时，提示区就会出现如图 5-10 所示的提示信息："单击并拖动来选择和缩放对象"。

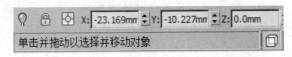

图5-10　信息提示栏

5.1.8　关键帧控制区

"转至开头"按钮 退到第 0 帧动画帧。

"上一帧"按钮 回到前一动画帧。

"播放动画"按钮 在当前视图窗口播放制作的动画。

"下一帧"按钮 前进到后一动画帧。

"转至结尾"按钮 回到最后的动画帧。

"关键点模式切换"按钮 单击此按钮，仅对动画关键帧进行操作。

"时间控制器"按钮 输入数值后，进至相应的动画帧。

"时间配置"按钮 可以在对话框中设置动画模式和总帧数。

5.2　3ds Max 2016 灯光基本简介

3ds Max 2016 中主要包括两种类型的灯光，它们分别为标准灯光和光度学灯光。

1. 标准灯光的类型

（1）"目标聚光灯"　一种投射灯光，通常用于室外场景的照明。产生锥形的照光，照射的范围可以自由调整，对被照射对象起作用，在照射范围之外的对象不受灯光的影响。

（2）"自由聚光灯"　一种没有照射目标的聚光灯，通常用于运动路径上，在场景中可以用来模拟晃动的手电筒和舞台上的射灯等动画灯光。

（3）"目标平行光"　一种与自由聚光灯相似的平行灯光，照明范围为柱形，通常用于动画。

（4）"自由平行光"　一种与自由聚光灯相似的平行灯光，通常用来模拟日光、探照灯光等效果。

（5）"泛光"　室内最常见的灯光。它是一种向四周均匀照射的点光源，通常运用于室内空间的照明。它的照射范围可以任意调整，光线可以达到无限远的地方，产生均匀的照射效果。泛光灯的照射强度与对象的距离无关，与对象的夹角有关。但在一个场景中使用泛光灯过多，容易使场景的明暗层次平淡、缺少对比、重点不突出。泛光灯也能投射阴影、图像、设置衰减范围等，但它塑造阴影的效果不如聚光灯突出。泛光灯可以用来模仿灯泡、太阳等发光对象。

（6）"天光"　"天光"灯光建立日光的模型，意味着与光跟踪器一起使用。可以设置天空的颜色或将其指定为贴图。

（7）"mr Area Ommi"　使用 mental ray（mr）渲染器渲染场景时，区域泛光灯从球体或圆柱体体积发射光线，而不是从点光源发射光线。使用默认的扫描线渲染器，区域泛光灯像其他标准的泛光灯一样发射光线。

（8）"mr Area Sport"　当使用 mental ray（mr）渲染器渲染场景时，区域聚光灯从矩形或碟形区域发射光线，而不是从点光源发射光线。使用默认的扫描线渲染器，区域聚光灯像其他标准的聚光灯一样发射光线。

2．光度学灯光

Photometric 包括 3 个灯光类型。它是一种使用光能量数值的灯对象，始终使用平方倒数衰减方式，可以精确地模拟真实世界灯的行为，提供更精确的光能传递的效果。它们都是用物体计算的算法，和标准灯光一样，也分为点光、线光、聚光等，还有专门用天光计算的阳光。

3．光源的基本组成

所有模拟光源的基本组成部分包括位置、颜色、强度、衰减、阴影。此外，聚光灯由它的方向和圆锥角定义。

（1）位置和方向　一个光源的位置和方向可以用 3ds Max 提供的视图导航栏工具或者几何变换工具控制。在线框显示模式中，光源通常用各种图形符号表示，如灯泡表示点光源，圆锥表示聚光源，带箭头的圆柱表示平行光源等。

（2）颜色和强度　在 3ds Max 中，光源可以有任何颜色。3ds Max 提供的调光器控制光源的强度或者亮度，光的强度和亮度互相影响，光颜色的任何变化几乎都影响它的强度。

（3）衰退和衰减　光的衰退值控制着光离开光源后能传播多远。在现实世界中，光的衰退总是和光源强度联系在一起。但在 3ds Max 中，衰减参数独立于强度参数。衰减参数定义了光离开光源的强度变化。但点光源产生的光在所有的方向上衰退是一致的，由聚光灯产生的光不仅随着光离开光源而衰减，而且随着光束圆锥中心向边缘移动而衰减。

（4）锥角或光束角度　光的锥角特征是聚光灯特有的。聚光灯的锥角定义了光束覆盖的表面区域，该参数模拟实际聚光灯的挡光板，控制光束的传播。

（5）阴影　现实世界中所有的光源都产生阴影。但阴影投射的这个光源特征在 3ds Max 中可以打开或关闭。它主要由阴影的颜色、半阴影的颜色和阴影边缘的模糊程度这些参数来决定。

4．场景的照明原则

为了更好地在 3ds Max 场景中设置灯光，需要了解布置灯光的一般性原则。在进行灯光布置时，有 4 种基本类型的光源：

（1）主光源提供场景的主要照明以及阴影效果，有明显的光源方向，一般位于视平面 30°～45°，与摄像机的夹角为 30°～45°，投向主要对象，一般光照强度较大，并且投射阴影，能充分地把主要对象从背景中凸现出来。主光源的位置并不是一成不变的，用户可以根据需要将主光源放置在场景的任何位置。另外，主光源并非只是一个光源，因为只有一个主光源的场景往往是单调的。为了丰富场景，活跃场景气氛，用户可以多设置几个主光源。

（2）补光源用来平衡主光源造成的过大的明暗对比，同时也来勾画出场景中对象的轮廓，为场景提供景深和逼真度；一般相对于主光源位于摄像机的另一侧，高度和主光源相近；一般光照强度较主光源小，但光照范围较大，因此能覆盖主光源无法照射到的区域。

（3）背光源的主要作用是使诸对象同背景分离，其位置通常放置在与主光源或摄像机相对的位置上。其照射强度一般很小，多用大的衰减。

（4）在制作三维效果图时，往往需要设置背景光源，以便照亮界面。一般情况下用泛光灯照射。

上面所述的只是一般的照明原则，用户应该灵活理解和应用。如果用户所设计场景非常大，那么可使用区域照明方法为场景照明。所谓区域照明就是将场景划分为不同的区域，然后再分别为不同的区域建立照明灯光。使用区域照明时，应灵活应用灯光的 Exclude（排除）或者 Include（包含）功能，以便排除或者包含所选对象是否在照明区域。

5．3ds Max 2016 高级灯光

按下快捷键 F9，或者是选择菜单栏中的"渲染"→"渲染设置"命令，在弹出的"渲染设置"对话框中"高级照明"卷展栏的下拉菜单中有两个选项：

（1）光跟踪器是一种全局光照系统，它使用一种光线追踪技术在场景中取样点并计算光的反射，实现更加真实的光照，尽管它在物理上不是很准确，其结果和真实情况非常相近，只需很少的设置和调节就能达到令人满意的结果。Light Tracer（光跟踪器）一般适用于结合标准灯光或者天光来使用。

（2）光能传递也是一种全局光照系统，它能在一个场景中重现从物体表面反弹的自然光线，实现真实、精确的物理光线照明渲染，一般在使用光度学灯光时结合使用。

6．环境中的体积光

"体积光"是 3ds Max 2016 中环境项里带的一种特殊的光体。利用体积光效制作文字动画是片头特技中常用的手法，对灯光指定体积光也可以制作带有光芒放射效果的光斑。

（1）"mr Area Omni"　当使用 mental ray（mr）渲染器渲染场景时，区域泛光灯从球体或圆柱体体积发射光线，而不是从点光源发射光线。使用默认的扫描线渲染器，区域泛光灯像其他标准的泛光灯一样发射光线。

（2）"mr Area Spot"　当使用 mental ray（mr）渲染器渲染场景时，区域聚光灯从矩形或碟形区域发射光线，而不是从点光源发射光线。使用默认的扫描线渲染器,区域聚光灯像其他标准的聚光灯一样发射光线。

7. V-Ray Light(V-Ray 灯光)

"V-Ray 灯光"分为 3 种类型，即平面的、穹顶的、球形的。优点在于 V-Ray 渲染器专用的材质和贴图配合使用时，效果会比 Max 的灯光类型要柔和、真实，且阴影效果更为逼真。缺点是当使用 V-Ray 的全局照明系统时，如果渲染质量过低（或参数设置不当）会产生噪点和黑斑，且渲染的速度会比 Max 的灯光类型要慢一些。

8. V-Ray Sun （V-Ray 阳光）

它与"V-Ray 天光"或 V-Ray 的环境光一起使用时能模拟出自然环境的天空照明系统。优点是操作简单，参数设置较少，比较方便。缺点是没有办法控制其颜色变化、阴影类型等因素。

5.3　3ds Max 2016 各种灯效应用实例

灯光是场景中的一个重要的组成部分。在三维的场景中，精美的模型、真实的材质、完美的动画如果没有灯光照射一切都是无用的。灯光的作用不仅仅是添加照明，恰如其分的灯光不仅使场景充满生机，还会起到增加场景中的气氛、影响观察者的情绪、改变材质的效果，甚至使场景中的模型产生感情色彩。本节将简要讲述各种灯光的设置方法。

5.3.1　基本灯光应用实例

本实例通过几种最基本的灯光（包括目标聚光灯、泛光灯）应用，来演示灯光的各个参数的设置和运用。

01 选择菜单栏中的"文件"→"打开"命令，打开本书配套光盘提供的"源文件/室内灯光/基本灯光/Light1.Max"的场景文件，如图 5-11 所示。

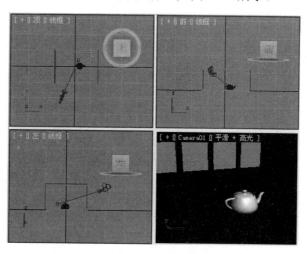

图5-11　场景文件

02 激活摄像机视图，单击主工具栏上的"渲染产品"按钮⬚，渲染效果如图 5-12 所示。

缺乏灯光的效果使整个渲染画面看起来非常的黯淡，现在先给场景加上模拟的背景效果。选择菜单栏中的"渲染"→"环境"命令，打开"环境和效果"对话框。展开"公用参数"卷展栏，单击卷展栏中的"无"按钮(见图 5-13)，弹出"材质/贴图浏览器"对话框，选择"渐变"贴图类型。

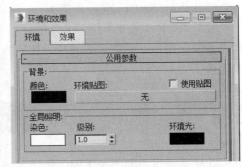

图5-12 渲染效果   图5-13 "环境和效果"对话框

03 加载"渐变贴图"后，单击主工具栏上的"材质编辑器"按钮⬚，打开材质编辑器，然后单击"环境"编辑面板上设置的"渐变坡度"贴图按钮(也就是原先的图 5-13 所示的"无"按钮，再拖曳到"材质编辑器"面板上的一个材质球上。

04 打开"实例（副本）贴图"对话框,在对话框中点选"实例"方法，表示环境贴图和当前这个材质球是关联的（如果其中一个变化，另一个也会跟着同样的变化），如图 5-14 所示。在"材质编辑器"面板中，渐变材质球如图 5-15 所示。

05 选中渐变材质球，在其"渐变参数"卷展栏设置渐变颜色，分别单击"颜色＃"后的颜色框，在打开的拾色框中选择颜色。在材质编辑器中渐变的效果如图 5-16 所示。激活摄像机视图，快速渲染后的效果如图 5-17 所示。

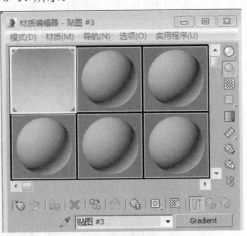

图5-14 "实例（副本）贴图"对话框   图5-15 渐变材质球

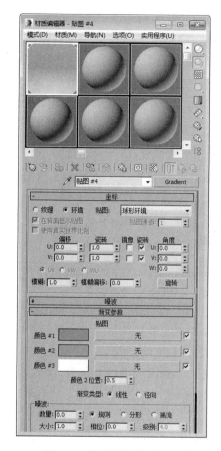

图5-16　渐变颜色设置

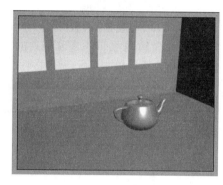

图5-17　快速渲染效果

06 现在给场景加载灯光。单击"创建"按钮 ⚙，进入"创建"面板，然后单击"灯光"按钮 🔲，在其"对象类型"卷展栏中单击其中的"泛光"按钮，在左视图中加载一个泛光灯，如图 5-18 所示。

07 选中刚才加载的泛光灯，单击"修改"按钮 🔲，进入"修改"面板。

❶设置阴影。在"阴影参数"卷展栏中勾选"启用"选项前面的复选框，它们表示产生阴影效果。在阴影类型的下拉菜单中选择默认的"阴影贴图"类型。"阴影贴图"为阴影类型中渲染时速度最快的类型，它实际上是一种贴图形式，是模拟的贴图视觉效果。

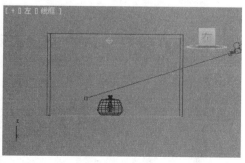

图5-18　加载泛光灯

❷展开"阴影参数"卷展栏，"阴影颜色"保持默认颜色；为了减弱阴影的密度，在"密度"文本框中把默认值 1.0 改为 0.8。

❸展开"阴影贴图参数"卷展栏,阴影偏移值保持默认的 1.0 不变,阴影贴图大小也保持 512 不变(贴图值越高,表示阴影边缘越清晰,抗锯齿越强)。将"采样范围"文本框内的数值 4.0 修改为 10.0,使阴影的边缘变得模糊,过渡柔和一些,不那么锐利。

❹调节灯光的强度、颜色、衰减的属性。展开"强度/颜色/衰减"卷展栏,单击"倍增"后面的"颜色选择器"选框,选择亮黄色为灯光颜色。灯光面板设置如图 5-19 所示。

08 修改完灯光设置参数后,激活摄像机视图,进行快速渲染,效果如图 5-20 所示。

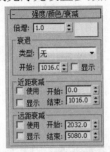

图5-19　灯光面板设置　　　　　　　　　　　图5-20　渲染效果

09 现在感觉室内照明还是偏暗,再给场景加载一盏聚光灯。单击"创建"按钮 ,进入"创建"面板,然后单击 "灯光"按钮 ,在其"对象类型"卷展栏中单击其中的 "目标聚光灯"按钮,按照图 5-21 所示的位置给场景加上聚光灯效果。

10 选择聚光灯,单击"修改"按钮 ,进入"修改"面板。展开"常规参数"卷展栏,在阴影栏中取消"启用"复选框的勾选,表示不产生阴影效果,以免看起来画面太乱。

11 展开"强度/颜色/衰减"卷展栏,在"倍增"后面的文本框内输入数值 0.8,减弱它的灯光强度。如果想调节聚光灯的范围和衰减程度,可以打开"聚光灯参数"卷展栏,分别设置"聚光区/光束"和"衰减区/区域"的数值,如图 5-22 所示。

12 设置完灯光参数后,激活摄像机视图,进行快速渲染,渲染效果如图 5-23 所示。

13 场景的灯光不太集中,再继续加载一盏聚光灯。然后单击"灯光"按钮 ,在其"对象类型"卷展栏中单击其中的"目标聚光灯",按照图 5-24 所示的位置给场景加上聚光灯效果。

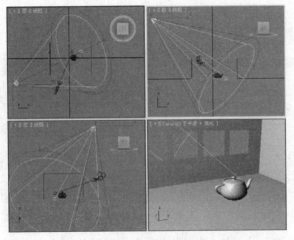

图5-21　聚光灯位置

图5-22　聚光灯衰减参数　　　　　　　　图5-23　渲染效果

14 选中上步创建的目标聚光灯，单击"修改"按钮 ，进入"修改"面板，展开"强度/颜色/衰减"卷展栏，在"倍增"后的文本框内输入数值 0.47。然后，展开"聚光灯参数"卷展栏，分别在"聚光区/光束"和"衰减区/区域"后的数值文本框内输入数值 19.0 和 42.0，如图 5-25 所示。

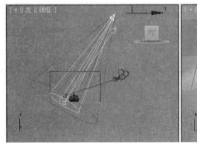

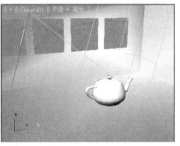

图5-24　聚光灯位置　　　　　　　　　　图5-25　设置光束范围

15 展开"大气和特效"卷展栏，单击"添加"按钮，弹出"添加大气或效果"选择面板，双击"体积光"选项，加入一个体积光效，如图 5-26 所示。

16 选中"大气和特效"卷展栏中刚加入的"体积光"，开始编辑它的属性，单击"设置"按钮，打开大气效果设置面板，如图 5-27 所示。

17 观察添加了聚光灯体积光的效果。激活透视图，对场景进行快速渲染，效果如图 5-28 所示。可以看到,有光线从窗户进入，光效明显。

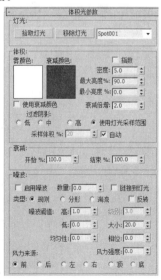

图5-26　"添加大气或效果"选择面板　　　　图5-27　体积光参数设置

图5-28 体积光效果

18 为体积光增加噪波，产生不规则的分散效果。展开"体积光参数"卷展栏，勾选"启用噪波"前的复选框，如图5-29所示。

19 为了和室内的偏黄灯光相区别，把"大气"栏中的"雾颜色"设置成天光色浅蓝。

20 完成设置后，按下快捷键 F9，重新渲染摄像机视图，观察体积光的噪波效果，如图5-30所示。

本节的灯光设置到此就完成了，最后的场景文件可参考光盘文件中的"源文件/室内灯光/基本灯光/Light2.Max"文件。

 注意

光线是营造场景气氛的重要手段。要想体现场景中的立体感，获得真实的效果，在建立好模型、设置材质的同时，也必须调整好灯光的类型、颜色、位置、照射方向和光线强度等。

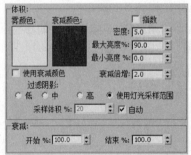
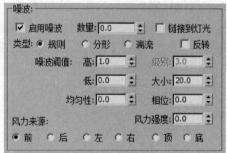

图5-29 体积光参数设置

图5-30 加入噪波后的体积光渲染效果

📖5.3.2 光线跟踪实例

使用光线追踪能实现仿真的高级渲染。本实例通过天光、标准灯光和 Light Tracer 结合制作出高级灯效。

01 选择菜单栏中的"3ds"→"打开"命令，打开本书配套光盘提供的"源文件/室内灯光/光线追踪/Light1.Max"的场景文件，如图 5-31 所示。

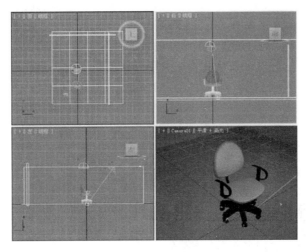

图5-31　场景文件

02 现在给场景加载天光。单击"创建"按钮🔲，进入"创建"面板，然后单击"灯光"按钮🔲，在其标准"对象类型"卷展栏中单击其中的"天光"按钮，在前视图中单击创建 1 个天光，然后按鼠标右键退出创建天光。天光只对阴影色进行照明，它的大小、比例、角度和位置都没有设置选项。

03 仅仅靠在视图中创建的 1 个天光在实际渲染中是不会起作用的。这时，需要按下快捷键 F9，或是选择菜单栏中的"渲染"→"渲染设置"命令，在打开的"渲染设置"面板中展开"高级照明"卷展栏，在下拉菜单中选择"光跟踪器"，激活光线追踪选项。

04 在"光线追踪"设置面板中保持系统设置的默认值不变，如图 5-32 所示。然后激活摄像机视图，进行快速渲染，效果如图 5-33 所示。

图5-32　保持系统设置的默认值

图5-33　天光渲染效果

05 单击主工具栏上的"材质编辑器"按钮，打开材质编辑器，选中座椅的材质球。展开"Blinn 基本参数"卷展栏，单击"环境光"和"漫反射"前面的"锁定"按钮，解除禁用，并给"环境光"选择一个浅蓝颜色，如图 5-34 所示。

06 在场景中激活摄像机视图，进行快速渲染，环境色的效果如图 5-35 所示。

⚠️ 注意

"环境"的颜色和"漫反射"的颜色在默认状态下都是锁定的，环境色"环境"一般都起不到太大作用，但用到天光和"光影跟踪"时，它会扮演重要的角色。

07 选择天光。天光的参数设置非常的少，只有调节光线强度、颜色及贴图的选项。单击"修改"按钮，进入"修改"面板，展开"天光参数"卷展栏，暂时关掉天光，取消"开启"复选框的勾选。

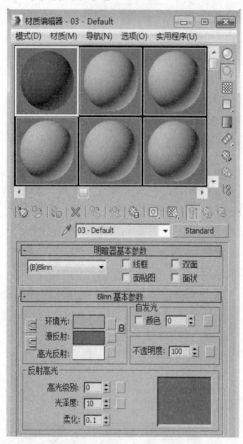

图5-34 设置"Blinn基本参数"

图5-35 环境色效果

08 单击"创建"按钮，进入"创建"面板，然后单击"灯光"按钮，在其"对象类型"卷展栏中单击其中的"目标聚光灯"，给场景加上 1 个目标聚光灯，位置如图 5-36 所示（为了便于选择，场景中已隐藏摄像机，选中摄像机，按下鼠标右键，并在快捷菜单中选择"隐藏选定对象"即可）。

09 选择目标聚光灯，单击"修改"按钮，进入"修改"面板，在"修改"面板"常规参数"卷展栏中勾选"阴影"前的"开启"复选框，表示打开灯光阴影。

10 展开"阴影参数"和"阴影贴图"卷展栏，分别在"阴影"和"采样范围"的文本框内输入数值 0.6 和 10.0。

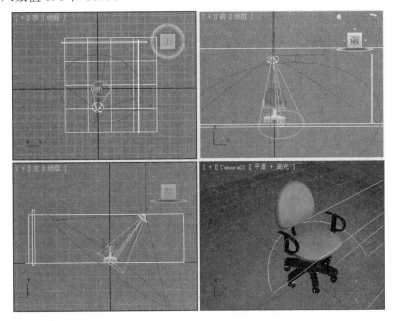

图5-36　聚光灯位置

11 展开"聚光灯参数"卷展栏，设置聚光灯参数，具体参数设置如图 5-37 所示。灯光参数设置完后，激活摄像机视图，进行快速渲染，效果如图 5-38 所示。

图5-37　设置聚光灯参数

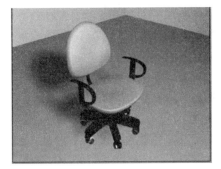

图5-38　聚光灯渲染效果

注意

> 虽然聚光灯也结合了"光线追踪"，但是渲染看起来没有什么效果，速度也非常快。这是因为"光线追踪"中默认设置的反弹值为 0，灯光没有任何反弹效果。如果想产生真正的光线追踪的效果，必须增大一个反弹值，让光线有个反弹的作用。

12 打开"高级照明"设置面板，展开"参数"卷展栏，在"反弹"文本框内输入数值 1，如图 5-39 所示。然后，再进行快速渲染，效果如图 5-40 所示。

13 同上所述，在"反弹"文本框内输入数值 1。然后，在视图中选中天光，单击"修改"按钮，进入"修改"面板，展开"天光参数"卷展栏，勾选"开启"复选框，开启天光效果。同时，在"倍增"文本框内输入数值 0.7。

14 渲染摄像机视图，将会发现渲染效果比起前几次来说更好，并且速度也很快，如图 5-41 所示。

图5-39　设置反弹值为1

图5-40　加入反弹值效果

图5-41　结合天光的渲染效果

 注意

图 5-40 和图 5-41 的渲染效果比较起来，整个图都已经变亮了，图像开始有了新的深度，暗部也有了光线的效果及色彩的变化，尤其在椅子的腿部和地板相接的部分，反弹效果很明显。这是因为增加了反弹值的作用，但每增加一个反弹值都会导致渲染的时间明显地增加，而且会将周围模型带有的颜色也进行反弹，产生相互染色效果（可以减少光线追踪设置面板中的色彩溢出，用颜色溢出项的数值来控制染色效果）。

所以，一般情况下使用"光线追踪"时，不鼓励完全借助模拟光，增加反弹值来达到真实效果。这时，可以设置反弹值为 0，然后再补充一个天光；也就是说，正面的光照完全依赖模拟光，而环境通过天光来实现，这样结合在一起使用能起到速度快、效果同样真实的效果。

15 按下快捷键F10，再次打开"光跟踪器"设置面板，调整其中的参数设置，如图5-42 所示。在基本卷展栏中，"光线/采样"的数值是为每个像素采样环境所投射光线的数目，数值越高渲染效果越好，但时间也会相应增加。如果渲染草图可设置较低的数值来观察大致的效果，这样速度会加快很多，但渲染画面可能会出现一些噪波。为了减少和模糊由于投射的光线数目不足而产生的噪波，可以适当增加滤波器尺寸的值，即增加"过滤大小"的数值。

16 对"光跟踪器"设置面板中的"显示采样"复选框的勾选也很重要，它专门用于采样管理，提供更高级的采样精简计算。它具有创建采样点网格的功能，如果关闭该选项会导致渲染时间加长，渲染质量没有任何变化。展开"参数"卷展栏，勾选"显示采样"复选框，进行渲染，渲染出的图像将会在采样点处显示出红色的点，如图 5-43 所示。

17 取消"显示采样"复选框的勾选，仍然保持"光跟踪器"的默认值。在材质编辑器中给场景中的物体相应加上材质，激活摄像机视图，进行快速渲染，最后场景的渲染效果如图 5-44 所示（最后场景文件的设置可参考配套光盘中的"源文件/室内灯光/光线追踪/Light2.Max"文件）。

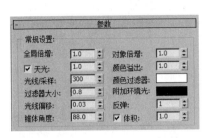

图5-42 "光跟踪器"基本设置

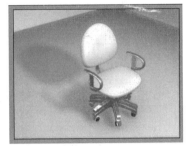

图5-43 显示采样点

注意

根据图 5-43 所示的渲染效果，分析场景并调整采样设置。第一项初始的采样网格间距 I "初始化采样距离"是均匀采样的，可以控制采样的精简。而第三项"细分到"表示在检测到的边和高对比度区域处初始网格被细分到这里所规定的程度。它的默认值 1×1 意味着在某些区域，所有的像素都可以被采样。如果要进行正式渲染，可以适当降低这两个选项的值，渲染效果会好一些，但渲染速度也会相应增加。第二项"对比度阈值"也可以适当降低，这样就能对更多的有对比度差别的区域进行采样。这可以用于减少在天光中形成的虚阴影或反射光线中的噪波。用户可以调整这些参数试试渲染的效果。

注意

除了运用标准的灯光进行照明效果的设置外，使用"光线追踪"系统能使渲染更加真实和生动。同时，要熟悉"光线追踪"系统的各项设置，这样才能配合 3ds Max 的渲染速度，平衡综合各项因素，渲染出所希望的作品来。

图5-44 最后渲染效果

5.3.3 光能传递实例

Radiosity 光能传递渲染技术用来实现真实的物理光线照明渲染。本节通过简单的场景例子，使用 IES Sun 和 IES Sky 物理阳光和天光结合光能传递来演示室外照明的效果。

01 选择菜单栏中的"3ds"→"打开"命令，，打开本书配套光盘提供的"源文件/室内灯光/光能传递/Radiosity1.Max"的场景文件，如图 5-45 所示。

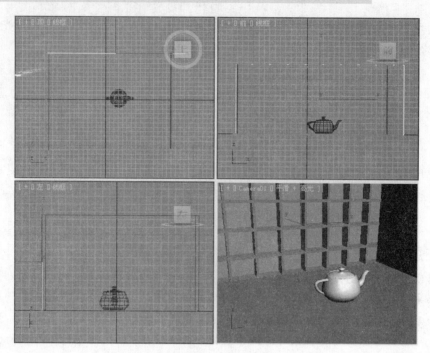

图5-45　场景文件

注意

"光能传递"一般情况下都结合光度学灯光的标准灯光、阳光或天光来使用。本实例将选择用室外的天空光和太阳光对室内进行照明，直接从系统中创建日光。日光整合了 IES 的阳光和天空光，可以通过位置坐标进行自动设定。

02 单击"创建"按钮，进入"创建"面板，然后单击"系统"按钮，在其"对象类型"卷展栏中单击其中的"日光"按钮，（见图 5-46），在右视图中创建一个日光，如图 5-47 所示。

03 确定场景中的日光被选中，单击"修改"按钮，进入"修改"面板。按照当地的时间日期等进行自动设置。展开"控制参数"卷展栏，点选 "日期、时间"和"位置"选项，然后单击 "获取位置"按钮，弹出"地理位置"对话框。

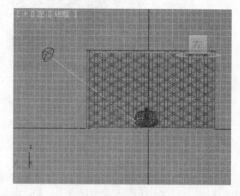

图5-46　选择日光　　　　　　　图5-47　创建日光

04 在"地理位置"对话框中单击"贴图"的下拉选项，选择"亚洲"，在城市中选择"Beijing_China"，如图 5-48 所示。然后单击"确定"按钮退出区域选择。

05 除此自动选项外，还可以设置时间选项的年、月、日、小时等来自动定位。这样，3ds Max 系统将会帮你把日光的位置自动调节到选定区域的时间范围点内。日光的设置参数如图 5-49 所示。

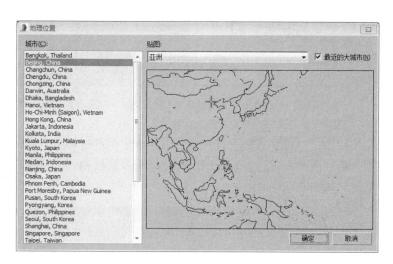

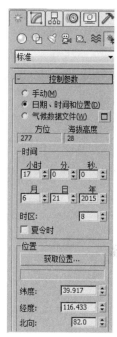

图5-48 "地理位置"对话框   图5-49 日光参数

06 为了设置日光从窗户照射进室内的效果，继续调整日光的位置，设置日光的轨道位置，参数如图 5-50 所示。

07 设置完毕后，激活摄像机视图，进行快速渲染，日光照射效果如图 5-51 所示。

图5-50 设置轨道位置   图5-51 日光照射效果

08 按下快捷键 F10，或者在 3ds Max 菜单中选择菜单栏中的"渲染"→"渲染设置"命令，在打开的面板中"选择高级照明"卷展栏的下拉菜单中选择"光能传递"，激活光能传递。

09 直接单击"光能传递进程参数"卷展栏中的"开始"按钮进行光能计算，它将根据当前场景模型的几何形状进行光能传递的分布，如图 5-52 所示。勾选"交互工具"中的"在视口中显示光能传递"复选框就能直接在摄像机视图中看到光能传递的结果。

10 激活摄像机视图，进行再次渲染，效果如图 5-53 所示。可以看出，曝光效果过强，下一步应该调整曝光控制。

11 展开"曝光控制"卷展栏，在其曝光下拉选项中选择"对数曝光控制"，如图 5-54 所示。

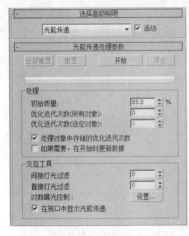

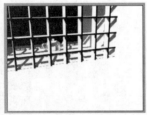

图5-52　"光能传递"面板　　　图5-53　光能传递效果　　　图5-54　"曝光控制"卷展栏

12 在摄像机视图中的效果已大有改观，如图 5-55 所示。

13 单击 "渲染预览"按钮，对曝光效果进行预览。对于本实例的这种室外光，应该勾选"曝光控制"卷展栏中的"活动"复选框，表示日光将屏蔽掉遮挡物体，从窗户的窟窿中或透明物中向室内照明，如图 5-56 所示。

图5-55　摄像机视图效果　　　　　　　图5-56　"曝光控制"面板

14 根据预览框中显示的渲染结果，在"对数曝光控制"卷展栏中调整曝光的参数。其中，有亮度、对比度、中间色调、颜色、饱和度、效果等的调节选项，可以根据当前需要进行调节画面，调节的效果能直接在预览框中显示。

15 调整完曝光参数后，给场景地板赋予一个木质贴图，并在环境编辑面板中给场景加入 Hdr 的模拟背景（需要在 3ds Max 中装载 VRay 渲染插件才能使用 Hdr 项）。激活摄像机视图，进行快速渲染，渲染效果如图 5-57 所示。

16 如果觉得画面的投影效果较暗，可以选中日光，单击"修改"按钮，进入"修改"面板，展开"阴影参数"卷展栏，设置阴影的"强度"稍微低一些。

 注意

刚才使用的是最快捷的光能传递效果，效果也可能会不尽人意，有时候会产生一些黑色的磁块。系统专门为此提供了一个过滤设置参数，即"交互工具"栏中的"过滤"项。它的参数越高，就越能针对当前渲染效果进行模糊处理，辅助过滤掉一些黑斑。但也不宜设置参数过高，否则整个渲染画面可能会变得灰暗一些。

如果还想提高画面品质的话，可以在进行光能计算前重置画面品质值。在"进程"栏中提高"初始品质"项的数值，甚至可以设置到最高值100%。然后，按下计算栏中的"重置"按钮，再重新开始计算分配，如图5-58所示。

17 观察图5-57的渲染效果，感到比较粗糙，没有什么细节的变化。系统提供了另一个更加精细的光能计算。展开"光能传递网格参数"卷展栏，勾选"启用"复选框，使光能传递能够根据设定的网格重新对当前的场景进行细分。

18 设置网格大小数值。"网格大小"项设置的数值越小，对场景的网格划分就越精细，渲染出的细节也就越多。网格设置如图5-59所示。

19 设置完网格划分后，单击"光能传递处理参数"卷展栏中的"开始"按钮，打开"改变光能传递属性"对话框，单击其"重置"和"继续"按钮，表示重新设置网格进行计算，如图5-59所示。

20 当光能计算到85%（甚至更低）左右，即可单击"停止"按钮停止计算，观察网格效果，这时，在视图中已经可以看到场景中的物体都已经被分成精细的网格，并在摄像机视图中直接可以看到光线已有了丰富的细节变化，如图5-60所示。

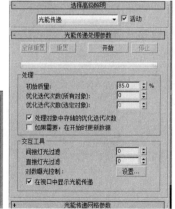

图5-57　渲染效果　　　　图5-58　光能传递参数　　　　图5-59　设置网格数值进行计算

 注意

在摄像机视图中，按住左上角的Camera01字样，单击鼠标右键，在弹出的快捷菜单中选择"线框"，观察网格，如图5-61所示。

注意

在场景中把每一个物体都统一设置成为同样的网格其实并不合理。如果还想设置成更低的网格值，进行更细腻的渲染，那么对于场景中的茶壶来说网格就过于细了。这时，可以选中茶壶，单击鼠标右键，在弹出的快捷菜单中选择"对象属性"，在灯光设置组中选择"细分"复选框，并在 "网格大小"文本框中填入希望设定的数值，如图5-62所示。

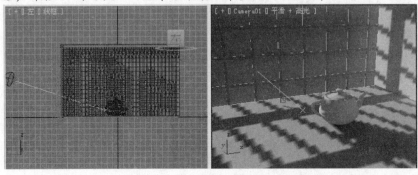

图5-60　网格计算在场景中的效果

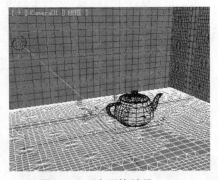

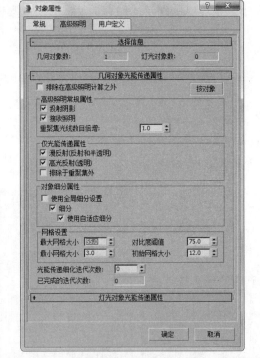

图5-61　观察网格效果　　　　图5-62　单独设置网格

 激活摄像机视图，按下 F9 键进行快速渲染，渲染效果如图 5-63 所示。感到画面已经比起简单的光能传递渲染效果丰富很多了，有了一定的明暗变化细节。

注意

有时设定的某个材质会在光能传递中对整个场景产生染色效果。为了控制这种现象，按下快捷键M键，打开"材质编辑器"面板，在保留原有的材质的基础上再设置一个高级灯光越界材质"高级照明覆盖",如图5-64所示。

在"高级照明"的编辑面板中,把"颜色渗出"的数值由默认的1.0调整到更低的值,表示降低此材质对周围模型颜色的反弹率。

除此之外,调整"反射比"的数值,它的默认设置为1.0,表示在对周围环境的反射度为100%,而在自然界中这个设定肯定是不准确的,可以把它的参数值降低。调整完材质的设置后,还需要对场景重新进行光能计算分配,最后渲染观察渲染效果。"高级照明覆盖材质"编辑面板如图5-65所示。

图5-63　网格计算后的渲染效果

图5-64　选择高级灯光越界材质

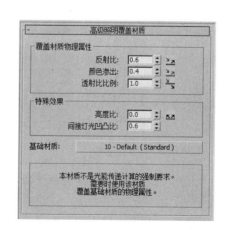

图5-65　"高级照明覆盖材质"编辑面板

系统一共提供了3种光能计算的方法,一种是完全依靠计算求解,一种是通过细分网格计算,另一种方法为间接聚集照明算法,将得到更为精细的渲染效果,但渲染时间也会相对加长。下面讲解的是间接照明光能传递方法。

22 如果使用间接照明算法，就需要重新调整前面的光能传递设置值，一方面网格细分不需要那么细，可以把它的值调高；另一方面渲染品质，这时候就失去它原有的意义了，可把它还原为默认值。然后，单击"开始"按钮再进行光能传递的重新计算。

23 重置光能计算后，在"渲染参数"卷展栏中激活间接聚集照明设置，勾选"间接聚集"复选框。

 注意

间接聚集照明的参数设置很少，其中一项为"光线采样数值"，它的值越高，渲染品质就越高，画面的颗粒就越小；另一项为过滤值"过滤半径"，它能对颗粒进行模糊处理，设定的值越大，模糊的效果就越明显。

24 间接照明面板的设置如图 5-66 所示，按照默认值进行渲染摄像机视图，渲染效果如图 5-67 所示。

 注意

使用间接照明算法时，如果场景中的模型带有凹凸贴图的材质，除了设置面板中主要的那两项参数设置外，在材质编辑器中还有一个相关选项。如在光线越界材质面板上，把"间接照明凹凸比例缩放"项的参数设置数值调低。这能降低贴图的凹凸强度，减少不必要的一些黑斑。调节材质参数后，在光能传递面板中单击"开始"按钮重新进行光能计算，再进行渲染观察。

25 展开"渲染参数"卷展栏，在"每采样光线数"文本框内输入数值 120，"过滤器半径（像素）"文本框内输入数值 4.0。最后，对摄像机视图进行最终的渲染，渲染效果如图 5-68 所示。

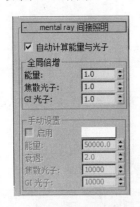

图 5-66　间接照明面板设置　　　　　图 5-67　渲染效果　　　　　图 5-68　最后渲染效果

光能传递的渲染练习到这就结束了。本节重点讲解了光能传递 3 种算法的基本运用，提供了 3 个场景文件供参考，文件放置在配套光盘中的"源文件/室内灯光/光能传递"中。

光能传递是依靠材质和表面属性以获得物理上的精确，基于这点，在建模时要注意几何结构尽可能的准确，并需要使用光度控制灯（普通的灯会使光能传递的效果大打折扣）以获得更加真实的结果。在设置方面，需要注意的是要在质量、渲染时间和内存使用之间找到一个平衡点。

5.3.4 光度学灯光室内照明实例

光度学灯光在系统中分为点光、面光、线光，而它和普通灯光的不同之处在于它是按照物理学算法进行衰减照明的。本节通过简单的室内模型，全面学习光度学灯光Photometric的应用技巧，包括点光源、线光源和面光源的用法，Web光域网文件的使用技巧以及它与光能传递Radiosity的结合运用。

01 选择菜单栏中的"3ds"→"打开"命令，打开本书配套光盘提供的"源文件/光度学灯光/Photometric1.Max"场景文件，如图5-69所示（场景中加入了天空的环境贴图，室内的顶部吊灯和三个灯管均已在材质设定中编辑为自发光材质）。

02 单击"创建"按钮，进入"创建"面板，单击"灯光"按钮，在其下拉列表中选择"光度学"类型，在其"对象类型"卷展栏中单击"目标灯光"按钮，如图5-70所示。在前视图中创建一个目标灯光，如图5-71所示。

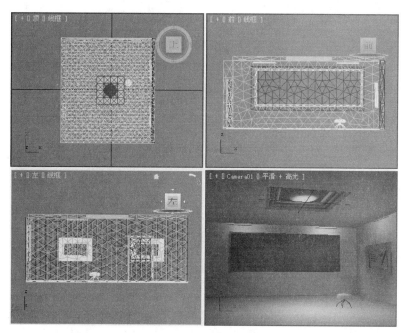

图5-69 原始场景文件

图5-70 选择"目标灯光"

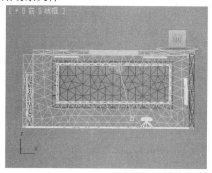

图5-71 在场景中创建目标灯光

03 选择刚创建的目标灯光，单击"修改"按钮，进入"修改"面板，展开"强度/颜色/衰减/"卷展栏，在"颜色"下拉菜单中选择"荧光（日光）"选项，其他设置如图 5-72 所示。激活摄像机视图，进行快速渲染，效果如图 5-73 所示。

04 观察图 5-73 所示的渲染效果，感到光强度还是不够。按下快捷键 F8 或者选择菜单栏中的"渲染"→"环境"命令，弹出"环境和效果"编辑面板，展开"曝光控制"卷展栏，在其下拉列表中选择"自动曝光控制"，如图 5-74 所示。

05 激活摄像机视图，然后单击"渲染预览"按钮进行渲染。根据渲染的预览图调整曝光控制选项，展开"自动曝光控制参数"卷展栏，在亮度文本框内输入数值 50.0,使整个渲染画面变亮。再对摄像机视图进行渲染，效果如图 5-75 所示。

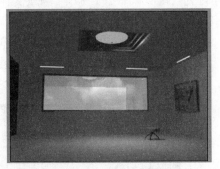

图5-72　面光源参数设置　　　　　　　　　　图5-73　渲染效果

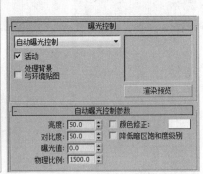

图5-74　"曝光控制"面板

06 再单击"创建"按钮，进入"创建"面板，单击"灯光"按钮，在其下拉列表中选择"光度学"类型。在场景中放置三个目标灯光，然后用主要工具栏中的旋转工具把线光源旋转到一个合适的角度，如图 5-76 所示。

 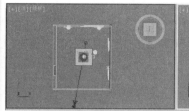 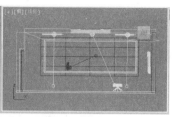

图5-75　渲染效果　　　　　　　　　　　　图5-76　视图中的线光源

07 选择创建的灯光，单击"修改"按钮 ，进入"修改"面板，展开"常规参数"卷展栏，在"灯光分布（类型）"下拉列表中选择"光度学 Web"，表示按照准备好的光域网来分布当前的光照。

08 展开"分布（光度学 Web）"卷展栏，单击"<选择光度学文件>"按钮，从配套光盘中选择"源文件/室内灯光/光度学灯光/hof1769.ies"光域网文件，展开"强度/颜色/衰减"卷展栏，在"强度"文本框内输入数值 400.0，其余参数设置如图 5-77 所示（光域网 hof1769.ies 在光域网浏览器中如图 5-78 所示）。

 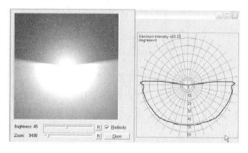

图5-77　线光源设置参数　　　　　　　　　图5-78　hof1769.ies的照明

09 在场景中调节线光源的位置。在"分布（光域学）Web"卷展栏中通过旋转调节线光源的坐标，以便和灯管相吻合，如图 5-79 所示。然后，展开"图形/区域"卷展栏，在长度文本框内输入数值 50.0。再次渲染摄像机视图，渲染效果如图 5-80 所示。

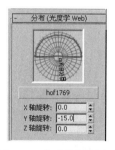 

图5-79　线光源属性参数　　　　　　　　　图5-80　线光源渲染效果

10 利用上述方法，在如图 5-81 所示的位置创建一个点光源。

11 选中点光源，单击"修改"按钮 ，进入"修改"面板，展开"强度/颜色/分布"卷展栏，在"颜色"下拉菜单中选择"荧光（日光）"选项，设置"过滤"颜色为桔黄，在"强度"文本框内输入数值 2800.0，如图 5-82 所示。

12 激活摄像机视图，进行快速渲染，效果如图 5-83 所示。可以看出，室内的吊灯效果变得很好了。

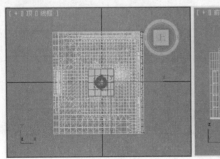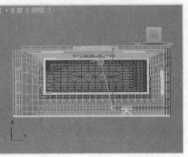

图5-81　点光源位置

13 按下快捷键F10，或者选择菜单栏中的"渲染"→"光能传递"命令，打开"渲染设置"对话框。

图5-82　点光源设置参数

图5-83　点光源渲染效果

14 展开"光能传递处理参数"卷展栏，在"初始质量"文本框内输入数值100.0，在"间接灯光过滤"文本框内输入数值为5。接着，展开"光能传递网格参数"卷展栏，勾选"启用"复选框，在"最大网格大小"文本框内输入数值20.0，如图5-84所示。

15 设置完光能传递后，激活摄像机视图，进行快速渲染，效果如图5-85所示。观察渲染效果，继续调整参数，或者在曝光控制面板中调整效果（最后场景可参照光盘中的"源文件/室内灯光/光度学灯光/Photometric-complete.Max"文件）。

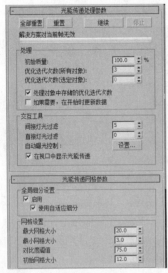

图5-84　"光能传递处理参数"对话框

图5-85　渲染效果

光度学灯光依靠物理计算进行照明，自动衰减。如果能熟悉它的属性以及各项设置，一定能在灯光渲染上大进一步的。需要注意的是，它们之间是互相抑制、互相影响的，所以不宜设置太多的光度学灯光。

5.4 3ds Max 2016 材质编辑器简介

3ds Max 2016 中的材质和贴图，主要用于描述对象表面的物质状态，构造真实世界中自然物质表面的视觉表象，材质与贴图的编辑过程主要通过材质编辑器进行的。

材质编辑器是一个浮动面板，单击主工具栏上"材质编辑器"按钮，打开材质编辑器，打开如图 5-86 所示的"材质编辑器"对话框（快捷键为 M）。

材质编辑器在整体上分为 4 个功能区域：材质样本窗口、样本控制工具栏、材质编辑工具栏、参数控制区。

5.4.1 材质样本窗口

在"材质编辑器"对话框中，顶端的 6 个窗口为材质实例窗口。材质编辑器中共有 24 个材质实例窗口，系统一般默认为 6 个窗口，用鼠标拖曳右边或者下面的控制滑块，可以观察"材质编辑器"对话框中其他的实例窗口。每一个材质样本窗口代表一个材质，对某一个材质进行编辑时，必须先用鼠标激活该材质样本窗口，此时激活的材质样本窗口四边会有白色线框显示，如图 5-86 所示。若该材质已被赋予场景模型，则材质样本窗口四边同时还会有小三角形显示，说明该材质样本窗口为同步材质。当编辑同步材质时，场景中该材质的对象也会相应地被编辑。

用鼠标双击材质样本窗口，或者是在材质样本窗口单击鼠标右键，从打开的右键菜单中选择"放大"命令，如图 5-87 所示，可以打开一个浮动的实例窗口。拖动实例窗口的边角可以改变实例窗口的大小，它主要用于更直观地显示材质与贴图编辑过程。另外，可以通过选择图 5-87 所示的右键菜单中的 3×2 示例窗等选项来调节材质样本窗口显示的数量。若选择 5×3 示例窗选项，材质样本窗口的数量会变成 15 个；若选择 6×4 示例窗选项，材质样本窗口的数量会变成 24 个。需要注意：材质样本窗口的数量和场景中使用材质的数量没有直接的关系，即材质样本窗口的数量不会限制材质的数量。材质样本窗口只是显示材质的效果，材质被存储在场景文件中或材质库中。

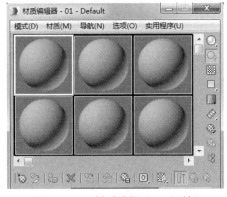

图5-86 "材质编辑器"对话框

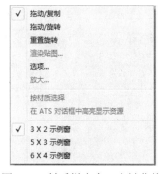

图5-87 材质样本窗口右键菜单

📖 5.4.2　样本控制工具栏

样本控制工具栏分布在材质样本窗口的右侧。利用这些工具栏的命令可控制材质样本窗口中材质的显示状态，具体用途分别为：

（1）"采样类型"按钮 🔘　在其类型下列出了几种不同的实例对象，用鼠标左键按住该按钮不放，可以选择其他样本类型按钮，其中包括"球体""圆柱体"和"立方体"。在编辑样本材质时，应选择和场景中物体形状相似的样本类型，以便于观察材质的效果。

（2）"背光"按钮 🔘　激活反光工具，材质样本窗口中的实例球将出现背景光效果；关闭该反光，效果消失。其默认为激活状态，主要用于更好地预览材质的编辑效果。

（3）"背景"按钮 🏁　激活该工具，为材质样本窗口增加一个彩色格子的背景。另外，在 Material Editor Option 面板的自定义背景 Custom Background 项中，可以选择一个自定义的图像作为材质样本窗口背景。背景主要用于更好地预览透明材质、反射材质的编辑制作效果。

（4）"采样 UV 平铺"按钮 🔲　该工具主要用于测试材质样本窗口中材质表面的 UV 方向的重复贴图阵列效果，此工具的设置只会改变材质样本窗口中材质的显示形态，对于实际的贴图并不产生影响。在其下拉按钮中可以切换 4 种不同的阵列方式。

（5）"视频颜色检查"按钮 🔳　此工具按钮主要用于自动检查材质表面色彩是否有超过视频限制的现象，主要应用于动画制作。

（6）"生成预览"按钮 ✏️　该工具主要用于材质动画的预览。用鼠标左键按住该按钮不放，出现另两个下拉按钮可供切换，它们分别表示播放预览、保存预览。

（7）"按材质选择"按钮 🔳　单击该按钮，打开"选择对象"面板，自动选择场景中赋有当前材质的模型，如图 5-88 所示。

（8）"材质/贴图导航器"按钮 🔳　单击该按钮，打开"材质/贴图导航器"对话框，可以控制如何在示例中显示材质和贴图。

图5-88　"选择对象"面板

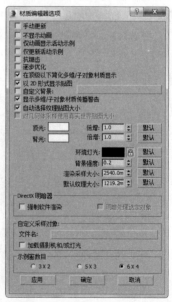

图5-89　"材质编辑选项"对话框

（9）"选项"按钮 此按钮显示"材质编辑器选项"对话框，如图 5-89 所示，它主要是对材质编辑器进行整体设置。其面板介绍如下：

1）"手动更新"： 在图 5-89 中的材质编辑选项面板中，如果选择"手动更新"项的复选框，即表示关闭材质样本窗口的自动更新功能。

2）"不显示动画"：如果取消该选项的选择，场景中播放动画时，材质样本窗口的动画贴图也随之同时产生动画；否则，场景中播放动画时，材质样本窗口的动画贴图不更新显示。

3）"仅动画显示活动示例"：选择该选项后，在场景中播放动画，仅当前激活的材质样本窗口的动画贴图随同动画。

4）"仅更新活动示例"：选择该选项后，启用时示例窗不加载或产生贴图，除非激活示例窗。这样可以在使用"材质编辑器"时节省时间，特别是在场景使用大量带贴图材质时。默认设置为禁用状态。

5）"抗锯齿"：选择该选项后，仅有当前选择的材质样本窗口更新贴图，以便节省材质编辑器的更新显示时间。

6）"逐步优化"：选择该选项，能在材质样本窗口中显示更好的渲染效果。

7）"在顶级以下简化多维/子对象材质显示"：选择该选项，当材质具有多个层级时，材质样本窗口内仅显示当前层级的材质效果，只有回到材质顶级时，材质样本窗口才显示出材质的最终效果；如果取消选择，材质样本窗口显示的就是材质的最终效果。

8）"以 2D 形式显示贴图"：选择该选项，材质样本窗口以二维模式显示贴图。

9）"自定义背景"：选择该选项，并单击其右侧按钮，可以在打开的对话框中选择在电脑中准备好的背景图像。

10）"显示多维/子对象材质传播警告"：可以对实例化的 ADT 基于样式的对象应用多维/子对象材质时切换警告对话框的显示。

11）"自动选择纹理贴图大小"：使用纹理贴图时将其设置为"使用真实世界比例"的材质来确保贴图在示例球中正确显示。禁用以能够启用几何体采样的"使用真实大小"。

5.4.3 材质编辑工具栏

材质编辑工具栏分布在材质样本窗口的下方。利用这些工具栏的命令可完成对材质的调用、存储、赋予场景对象材质等功能，具体用途分别为：

（1）"获取材质"按钮 单击此按钮，打开"材质/贴图浏览器"面板，从中选择所需要的贴图和材质。

（2）"将材质放入场景"按钮 单击该按钮，可将材质样本窗口中编辑好的材质重新赋予场景中的对象，材质同时被修改为同步材质。

（3）"将材质指定给选定对象"按钮 单击该按钮，将当前材质样本窗口中的材质赋予场景中被选择的对象，当前材质同时被修改为同步材质。

（4）"重置贴图/材质为默认设置"按钮 该按钮用于将当前材质样本窗口中的材质参数进行重新设定，清除对当前材质的所有编辑命令，恢复到系统的默认状态。

（5）"生成材质副本"按钮 将同步材质改为非同步材质，该按钮只有在当前材质为同步材质时才可使用。

（6）"使唯一"按钮 将当前材质样本窗口中的多维层级材质的子材质转换成一个独立的材质。

（7）"放入库"按钮 单击该按钮，打开"放置到库"对话框，询问是否把整个材质/贴图存到库中，如图5-90所示。

图5-90 "放置到库"对话框

（8）"材质 ID 通道"按钮 该按钮用于为材质指定特效通道。特效通道主要是在视频合成器中共同制作特效效果材质，主要用于动画。

（9）"视口中显示明暗处理材质"按钮 激活该按钮，可以在材质样本窗口中显示出材质的贴图效果。另外，如果场景中的对象没有被指定贴图坐标，激活该按钮的同时也会自动给对象指定贴图坐标。

（10）"显示最终结果"按钮 该按钮主要针对于多维层材质的子材质，混合材质的分支材质来使用。单击该按钮，能在材质样本窗口中观察子材质编辑状态下材质的当前效果和最终效果，而不是默认的顶级材质的效果。

（11）"转到父对象"按钮 该按钮主要针对于多维层的材质和贴图，返回到上一级的父级材质的编辑状态。

（12）"转到下一个同级项"按钮 该按钮主要针对于多维层的材质和贴图，单击该按钮能把当前材质转到同一级子材质的编辑上。

5.4.4 参数控制区

在 3ds Max 2016 系统中，该部分是设置场景材质的主要区域。它由 7 个卷展栏组成："明暗器基本参数"卷展栏、"Blinn 基本参数"卷展栏、"扩展参数"卷展栏、"超级采样"卷展栏、"贴图"卷展栏、"动力学属性"卷展栏、"Mental ray 连接"卷展栏。用户通过调整这些参数和贴图来模拟各种材质的视觉效果。

下面简单介绍一些参数：

（1）"从对象拾取材质" ：单击该按钮，在场景视图中单击已经赋予材质的模型，就可以把该模型的材质拾取到当前的材质样本窗口。该按钮右侧为材质名称的文本框，显示当前材质的名称，用户可以在该文本框中对材质重命名。

（2）"标准"材质类型：单击该按钮，在打开的对话框中选择材质和贴图的类型，在该按钮上显示的是当前层级材质和贴图类型。Standard 为系统默认标准材质类型。

（3）在"明暗器基本参数"卷展栏中的下拉列表中可以选择不同的材质渲染明暗属性，选定不同的明暗方式则呈现出不同的参数设置选项。在 3ds Max 2016 系统中提供了 8 种不同的明暗方式属性，它们分别为"各向异性"属性、"Blinn"属性、"金属"属性、"多层"属性、"Oren-Nayar-Blinn"属性、"Phong"属性、"Strauss"属性、"半透明明暗器"属性。

1）"线框"：选择该复选框表示场景中的模型以网格线框方式渲染。

2）"双面"：选择该复选框表示将材质指定到模型的正反两面。系统默认为渲染模型的外表面，但对于一些特殊的模型，需要看到内壁效果，就需要双面渲染。

3）"面贴图"：选择该复选框表示材质将不赋予模型的整体，而是将材质指定给几何体的每一个表面。

4）"面状"：选择该复选框表示材质渲染时是小块面拼合的效果。

（4）"Blinn 基本参数"卷展栏的设置是依据明暗属性基本参数卷展栏中指定不同的明暗属性参数而变化的。其中的参数设置主要包括光颜色属性、自发光属性、透明属性、受光强度等的设置。

（5）"扩展参数"卷展栏的参数设置也是依据明暗属性基本参数卷展栏中指定不同的明暗属性参数而变化的，这类参数主要是修改当前材质样本窗口的设置增大或是减小。

（6）"超级采样"卷展栏主要是设置系统抗锯齿的，用于图像输出设置，以得到更好的渲染效果。

（7）"贴图"卷展栏主要用于给材质指定贴图，对于不同的材质特性应进行相应的贴图。

在 3ds Max 2016 中的标准材质提供了图 5-91 所示的 12 种贴图通道。要模拟材料的真实质感，首先应确定 1 张贴图放在哪一个贴图通道中，同一张贴图放在不同的贴图通道会使材质产生不同的显示效果。

📖5.4.5　材质类型

单击材质类型按钮，打开材质/贴图浏览器，可以看到在 3ds Max 2016 中提供的贴图材质如图 5-92 所示。

图5-91　贴图通道

图5-92　材质类型

对于材质的选择，要根据场景中对象的具体情况而定，不同的材质类型有它不同的特性，下面为主要材质的简介：

（1）Directx Shader　使用 DirectX 明暗处理，视口中的材质可以更精确地显现材质如何显示在其他应用程序中或在其他硬件上，如游戏引擎。

（2）Ink'n Paint　它允许材质被渲染成卡通的式样，这一特性通常被称为 Toon shader 卡通光影模式。在系统中，它可以和任何材质与贴图配合使用。

（3）标准　它是系统默认的传统材质类型，在 3D Studio 中它已经存在，对于一般的对象我们使用标准材质就可得到比较优秀的效果。

（4）虫漆　叠加材质将两种不同的材质通过一定的比例进行叠加，从而形成一种复合材质。

（5）顶/底　它将两种不同的材质分别赋予一个对象的顶部和底部，使同一个对象具有两种不同的材质。在顶、底部材质的交界处用户可以调节产生浸润效果。

（6）多维/子对象　它将多种材质分别指定给同一个对象的不同子对象，从而使一个对象具有多种材质。一般情况下需要和 Edit Mesh 编辑修改器结合使用，在对象的 Face 子对象级中分别为对象的面指定不同的材质 ID 号，然后根据 ID 号把子对象材质赋予不同的面。

（7）光线跟踪　它不但具备了标准材质的所有特性，还可以建立真实的反射和折射效果，但会导致渲染速度变慢。

（8）合成　合成材质是先确定一种材质作为基础材质，然后再选择其他类型的材质与基本材质进行组合的混合材质。

（9）混合　它将两种不同的材质混合在一起，然后根据混合度的不同，控制两种材质在对象表面的显现强度。另外，还可以指定一幅图像作为混合材质的 Mask，然后以该图像自身的明暗程度决定两种不同的材质的混合程度。在三维设计表现图的创作过程中，一般利用混合材质制作带有地花的地面。

（10）建筑　建筑材质的设置是物理属性，因此当与光度学灯光和光能传递一起使用时，其能够提供最逼真的效果。借助这种功能组合，可以创建精确性很高的照明研究。

（11）壳材质　壳材质用于纹理烘焙。使用"渲染到纹理"烘焙材质时，其将创建包含两种材质的壳材质：在渲染中使用的原始材质和烘焙材质。烘焙材质是通过"渲染到纹理"保存到磁盘的位图。该材质将"烘焙"或附加到场景中的对象上。

（12）双面　它可以为面片的两个表面赋予不同的材质，此时面片的两个表面均可见。此材质一般在无厚度的对象上使用。

（13）外部参照材质　外部参照材质能够在另一个场景文件中从外部参照某个应用于对象的材质。对于外部参照对象，材质驻留在单独的源文件中。可以仅在源文件中设置材质属性。当在源文件中改变材质属性然后保存时，在包含外部参照的主文件中，材质的外观可能会发生变化。

5.5　基本材质实例

本节通过典型的实例介绍材质的基本制作、调节方法以及材质的基本属性。

01 选择菜单栏中的"3ds"→"打开"命令，打开本书配套光盘中提供的"源文件

/材质和渲染输出/ 基本材质/Kele.Max"的场景文件，如图 5-93 所示。

02 按下快捷键 M 或者单击主工具栏上的"材质编辑器"按钮，打开材质编辑器面板，进入材质编辑。在材质样本窗口中选择一个空白的材质球，再确定选中场景中的可乐罐模型，把材质球拖曳到可乐罐上，将材质赋予可乐罐。这时，材质样本窗口四周出现小三角形，表示此材质为同步材质。

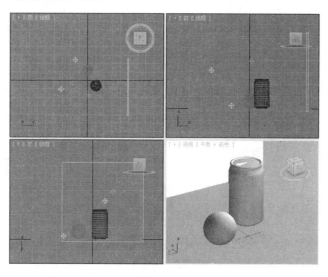

图5-93　场景文件

03 在材质编辑器中单击材质名称窗口右侧的材质类型按钮，打开"材质/贴图浏览器"面板，子面板中双击选择"多维/子对象"材质，如图 5-94 所示。这时，打开"替换材质"对话框，如图 5-95 所示。在对话框中点选"将旧材质保存为子材质"选项，表示保留旧的材质。

图5-94　"材质/贴图浏览"面板

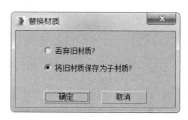

图5-95　"替换材质"对话框

04 选择保留旧的材质后，展开"多维/子物体材质"卷展栏，如图 5-96 所示。在卷展栏中，单击"设置数量"按钮，打开"设置材质数量"的对话框，如图5-97所示。在"材质数量"文本框中输入数值2，然后单击"确定"按钮，打开由2种材质组成的"多维/子物体材质"材质参数面板。

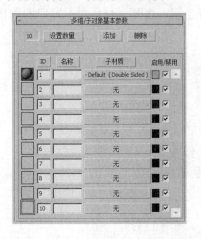

图5-96　"多维/子对象基本参数"面板

图5-97　"设置材质数量"对话框

05 选择可乐罐，单击"修改"按钮进入"修改"面板，"修改器列表"的下拉列表中选择"编辑网格"命令，在"可编辑网格"列表框中选择"多边形"选项；或者，在"选择"卷展栏中单击"多边形"按钮，如图5-98所示。然后，在前视图中选择可乐罐的中间部分（红色表示被选中），如图5-99所示。

图5-98　展开修改命令面板

图5-99　选中可乐罐中间部分

06 进入修改面板展开"曲面属性"卷展栏，在"设置ID"后的文本框内输入数值1，如图5-100所示。

07 保持可乐罐中间部分的选择，选择菜单栏中的"编辑"→"反选"命令，如图5-101所示。这时，系统将自动选择可乐罐的其余部分，在视图上如图5-102所示。然后，再次进入修改面板展开"曲面属性"卷展栏，在"设置ID"后的文本框内输入数值2。

 注意

因为可乐罐的材质分两个部分，所以需要设置两种不同的材质作为可乐罐的表面贴图，用户必须把可乐罐的表面ID号和"多重/子物体材质"的ID号设置一致。

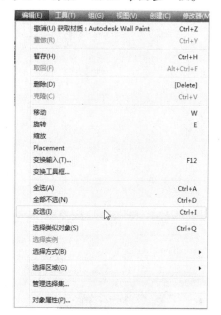

图5-100　设置ID号　　　　　　　　　图5-101　　选择反选

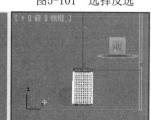

图5-102　　反选可乐罐其余部分

08 回到"多维/子对象"材质设置面板，进入 ID 号为 1 的物体材质中，并命名子物体材质为 Kele1。在 Kele1 的材质设定中，保持系统默认的 Blinn 明暗方式，Blinn 的基本属性设置参数如图 5-103 所示。

09 在"贴图"卷展栏中单击"漫反射颜色"通道右侧的"无"按钮，在弹出的"材质/贴图浏览器"中选择"位图"选项，如图 5-104 所示。然后，在弹出的"选择位图图像文件"对话框中选择配套光盘中的"源文件/材质和渲染输出/基本材质/可乐.jpg"图像。

10 展开"贴图"卷展栏中，单击"反射"通道右侧的"无"按钮，打开"材质/贴图浏览器"对话框，单击"光线跟踪"贴图类型，进入"光线跟踪"材质的编辑面板，保持系统的默认参数不变。

11 按下控制工具栏上的"转到父对象"按钮，回到其父级材质 Kele1 的编辑面板中。展开"贴图" 卷展栏在"反射"通道右侧的文本框中输入反射材质的数值为 15，如图 5-105 所示。调节完这些设置后，双击 Kele1 的材质样本窗口，观察其材质，如图 5-106 所示。

12 编辑完 Kele1 材质。在材质样本窗口中选择另外一个空白材质球，并重命名为 Kele2。在 Kele2 的材质设定中，在"明暗器基本参数"卷展栏中，在"明暗器基本参数"下拉列表中选择"金属"的明暗方式，其基本属性设置参数和贴图通道设置分别如图 5-107

和图5-108所示，其余保持默认设置。

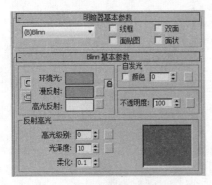

图5-103　基本属性设置参数　　　　　　图5-104　选择位图贴图类型

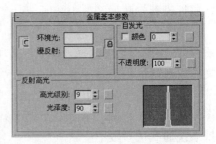

图5-105　贴图面板参数设置　　　图5-106　Kele1材质效果　　图5-107　Kele2基本参数设置

13 由于在渲染图中的可乐罐能看到可乐罐的内壁，所以应该把可乐罐设置为双面材质。在材质编辑器中单击Kele1名称窗口右侧的材质类型按钮，在打开的"材质/贴图浏览器"面板中双击"双面"，如图5-109所示。

14 在打开的"替换材质"对话框中选择"将旧材质保存为子材质"保留Kele1的材质。双面材质的面板如图5-110所示，分为正面材质和背面材质。

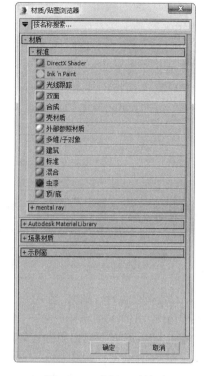

图5-109　选择双面材质

图5-108　Kele2贴图通道设置

图5-110　双面材质面板

15 把先前设定的 Kele2 材质从样本材质窗口用鼠标拖曳到双面材质面板中"背面材质"后面的"无"按钮上，表示作为双面材质的背面材质，也就是 Kele1 的内壁材质。在打开的对话框中选择"复制"方式，表示复制 Kele2 材质，如图 5-111 所示。

16 进入复制的 Kele2 材质编辑面板，为它重命名为"内壁"。进入"内壁"材质，展开"贴图"卷展栏，单击"漫反射颜色"通道的"衰减"贴图到编辑面板中，把"衰减"基本参数设定中的白色颜色框的颜色调整为图 5-112 所示的颜色，其余参数设置保持默认不变。

图5-111　选择复制方式

图5-112　衰减参数设置

17 按下控制工具栏上的"转到父对象"按钮  回到其顶级材质"多维子对象"的编辑面板中，再把先前设定的 Kele2 材质从样本材质窗口用鼠标拖曳到"多维子对象"材

质面板中 ID2 对应的按钮中，在打开的"实例（副本）材质"对话框中选择"关联"实例方式，表示关联 Kele2 材质。这时的"多维/子对象"材质面板应如图 5-113 所示。调节完设置后，双击多维材质的材质样本窗口观察其材质，如图 5-114 所示。

18 单击"多维/子对象材质"工具栏上的"材质/贴图导航器"按钮 ⏍，打开"材质/贴图导航器"面板，观察"多维/子对象"的材质结构，应该如图 5-115 所示。可单击导航器中的任何层级的材质，直接进入该材质的编辑面板对它进行调整。

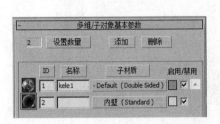  

图5-113　多维/子对象材质面板　图5-114　多维/子对象材质球　图5-115　观察多维/子对象材质结构

19 在材质样本窗口中选择一个空白材质球赋予场景中的球体，并给其重命名为"球"。球的材质设定中基本属性设置参数如图 5-116 所示。

20 展开"贴图"卷展栏中，在"贴图"卷展栏中单击"漫反射颜色"通道右侧的"无"按钮，在弹出的"材质/贴图浏览器"面板中选择"位图"选项，选择配套光盘中的"源文件/材质和渲染输出/基本材质/1.jpg"图像。按照上述方法，为"自发光"通道和"反射"通道分别加载"衰减"和"光线跟踪"贴图，此时"贴图"卷展栏设置如图 5-117 所示。

21 在"贴图"卷展栏中单击"自发光"通道中的的"衰减"贴图按钮，进入"衰减"材质编辑面板，把"衰减"基本参数设定中的白色颜色框的颜色调整为图 5-118 所示的颜色，其余参数设置保持默认不变。

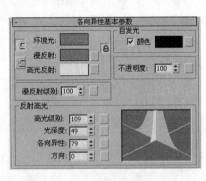

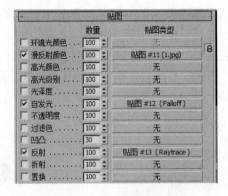

图5-116　各向异性基本材质参数　　　　　　图5-117　贴图卷展栏设置

22 回到"球"材质编辑面板，展开"贴图"卷展栏，单击"反射"通道的"光线跟踪"贴图按钮，进入"光线跟踪"材质编辑面板。在光线跟踪材质编辑面板的"背景"组中选择使用贴图方式，即单击"无"按钮，在打开的"材质/贴图浏览器"面板中双击"位图"贴图类型。然后，在打开的"选择位图图像文件"对话框中选择配套光盘中的"源文件/材质和渲染输出/基本材质/Lakerem.jpg"图像。反射材质编辑面板的其余设置保持系统的默认状态，如图5-119所示。

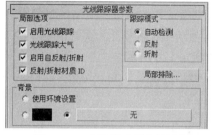

图5-118　衰减参数设置　　　　　　　　图5-119　光线跟踪器参数设置

23 "球体"材质到此已编辑完毕，回到其顶级材质的编辑面板中，单击工具栏上的"材质/贴图导航器"按钮，打开"材质/贴图导航器"面板，观察"球体"的材质结构，应该如图5-120所示。双击"球体"的材质样本窗口观察其材质，如图5-121所示。

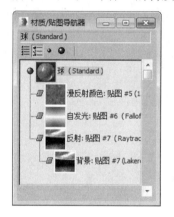

图5-120　"材质/贴图导航器"面板　　　图5-121　"Sphere"材质效果

24 在材质样本窗口中选择一个空白材质球分别赋予场景中的地板和墙部，并给其重命名为面片。

25 "面片"的材质设定如图5-122和图5-123所示。

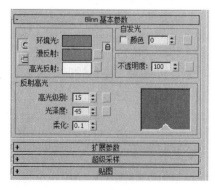

图5-122　Plane基本材质设置　　　　　图5-123　贴图通道贴图设置

26 选中场景中的可乐罐，单击"修改"按钮进入"修改"面板，在"修改器列表"的下拉列表中选择"UVW贴图"命令。在"参数"卷展栏中选择贴图方式为"柱形"。

并在下方的长、宽、高设置文本框中调整数值，如图5-124所示。调整的数值应该使贴图方式符合可乐罐的长、宽和高，如图5-125所示。

27 场景中各个模型的材质均已设置完毕，回到场景视图中，单击主工具栏中的"渲染设置"按钮，设定渲染图像的尺寸大小为800×600像素，其余设置保持系统默认状态，然后单击"确定"按钮退出渲染场景编辑。

28 激活摄像机视图，进行渲染。按下主工具栏上的"渲染产品"按钮，最后的渲染效果如图5-126所示。

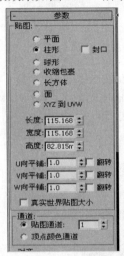 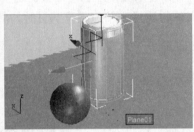 

图5-124　贴图参数设置　图5-125　贴图方式符合可乐罐　　　图5-126　最后渲染效果

5.6 常用材质应用实例

📖 5.6.1 混合材质制作

01 选择菜单栏中的"3ds"→"打开"命令，打开本书配套光盘中提供的"源文件/材质和渲染输出/9.3 常见材质/wc.Max"的场景文件，渲染摄像机视图，效果如图5-127所示。

02 按下快捷键M键，单击主工具栏上的"材质编辑器"按钮，打开"材质编辑器"在材质样本窗口中选择一个空白的材质球，将当前材质球命名为"面片"。再确定选中场景中的"地板"模型，并单击"将材质指定给选定对象"按钮，将材质赋予地板。

03 在材质编辑器中单击材质名称窗口右侧的材质类型按钮，在如图 5-128 所示的"材质/贴图浏览器"面板中双击选择"混合"材质。这时，打开"替换材质"对话框，在对话框中选择"将旧材质保存为子材质"项，表示保留旧的材质，如图5-129所示。

04 在"混合材质"面板中，展开"混合基本参数"卷展栏，单击"材质"右侧的按钮，进入1号材质的控制面板，为材质指定贴图。展开"贴图"卷展栏，单击"漫反射颜色"通道右侧的"无"按钮，在弹出的"材质/贴图浏览器"面板中选择"位图"，打开配套光盘提供的"源文件/材质和渲染输出/常见材质/地板.jpg"贴图。进入"位图"材质编辑面板，展开"坐标"卷展栏，其UV重复值等设置保持默认参数不变。

图5-127　渲染摄像机视图效果　　　　　　图5-128　选择混合材质

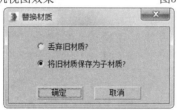

图5-129　替换贴图

05 给地板添加反射材质。单击"转到父对象"按钮 ，返回 1 号材质的"贴图"卷展栏中，单击"反射"通道右侧的"无"按钮，在弹出的"材质/贴图浏览器"面板中选择"光线跟踪"贴图类型，并在其文本框内输入数值为 20，如图 5-130 所示。

06 进入"光线跟踪类型"控制面板，展开"衰减"卷展栏，在"衰减类型"的下拉列表中选择"线性"类型，如图 5-131 所示。

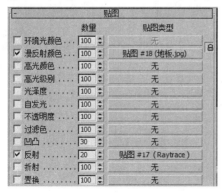

图5-130　贴图卷展栏设置　　　　　　图5-131　选择线性衰减

07 单击"转到父对象"按钮 ，返回到 1 号材质的编辑面板，设置地板材质的明暗方式和基本参数，如图 5-132 所示。

08 单击"转到父对象"按钮，返回到"混合"材质编辑面板，单击"材质2"右侧按钮，进入2号材质的控制面板，并在材质名称窗口中将材质命名为"纹理"。

09 展开"纹理"材质的"贴图"卷展栏，在"贴图"卷展栏中单击"漫反射颜色"通道侧的"无"按钮，在弹出的"材质/贴图浏览器"面板中选择"位图"，打开配套光盘提供的"源文件/材质和渲染输出/常见材质/tile501.tif"贴图文件。

10 进入"位图"编辑面板，展开"坐标"卷展栏设置UV值，如图5-133所示。

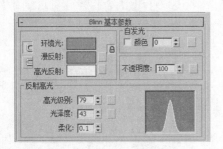
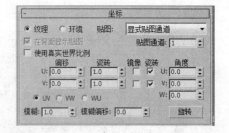

图5-132 地板材质的基本参数　　　　图5-133 设置位图的UV值

11 单击"返回到父对象"按钮，返回到"纹理"材质编辑面板，运用前面给地板材质添加反射的方法给纹理材质增加反射效果，设置反射衰减类型为"线性"，设置反射值为52，如图5-134所示。

12 设置"纹理"材质的明暗方式和基本参数，如图5-135所示。

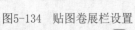
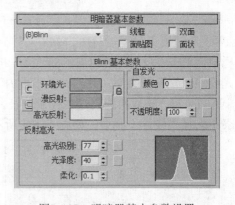

图5-134 贴图卷展栏设置　　　　图5-135 明暗器基本参数设置

13 单击"返回到父对象"按钮，返回到"混合"材质编辑面板，发现在材质样本窗口中显示的只有地板的材质，而不显示纹理材质。

14 单击"材质/贴图导航器"按钮打开"材质/贴图导航器"面板，在导航器材质贴图中选择纹理材质的Ti2R1024.tif贴图，如图5-136所示。

15 选择贴图后，按住它不放用鼠标拖拽到"混合"材质编辑面板"遮罩"后面的"无"按钮中。这时，弹出"关联与复制"对话框，选择"实例"选项。这时，在材质样本窗口中已显示出纹理材质，如图5-137所示。

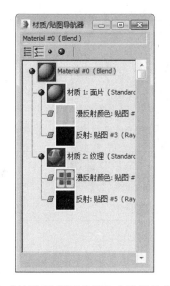

图5-136　在"材质/贴图导航器"中选择纹理材质的贴图

图5-137　Plane材质效果

 注意

　　遮罩贴图的透明度数值决定了两个材质的显示效果，在纯黑的图案中显示2号材质，在纯白的图案中显示1号材质，介于黑白之间的图案时，将以两个材质同时混合显示，如果想得到清晰的效果，最好用 Photoshop CS6 软件处理图片，再将图片保存为单个通道的图片。

16 为了使"面片"材质的纹理更加清晰，进入遮罩贴图编辑面板，展开"输出"卷展栏中，勾选"启用颜色贴图"复选框，激活输出编辑框，如图 5-138 所示。在编辑框中，把直线的左侧头部向下拖动，越往下拖，贴图的颜色明度越暗；反之，则明度越亮。如果选择"反转"按钮，还可以反转贴图的明暗图案。调整后如图 5-139 所示纹理已经清晰了。

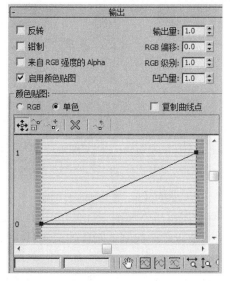

图5-138　调整"输出"卷展栏设置

图5-139　纹理效果

17 设置完"混合"材质，激活摄像机视图，进行快速渲染，效果如图 5-140 所示。

图5-140　地板渲染效果

5.6.2　反射材质制作

01 按下快捷键 M 键，打开材质编辑器面板，在材质样本窗口中选择一个空白的材质球，将当前材质球命名为"金属"。再确定选中场景中窗户的铁框和坐便器上方的金属架模型，单击控制栏上"将材质指定给选定对象"按钮，将材质赋予它们。

02 金属材质一般都有很强的高光和较少的反光范围，在明暗方式下拉列表中可以选择"各向异性"或"金属"两种方式，但"金属"方式比较常用，这里选择金属方式贴图，设置其基本参数，如图 5-141 所示。

03 展开"贴图"卷展栏，单击"反射"通道右侧的"无"按钮，打开"材质/贴图浏览器"面板，在浏览器中选择"光线跟踪"贴图类型，在数值文本框内输入数值为 40，如图 5-142 所示。

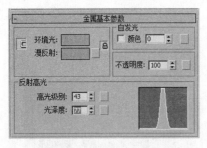

图5-141　金属材质基本参数

图5-142　贴图卷展栏设置

04 金属材质基本上已设置完毕了，观察金属材质，如图 5-143 所示。下面讲到的是另一种制作金属材质的方法，即金属材质贴图技巧，比起刚才制作的金属材质来说效果更好，而且渲染速度也相应加快一些。

05 在材质样本窗口中选择一个空白的材质球，将当前材质球命名为"金属 2"。再确定选中场景中架子上的两个瓶子等系列模型，单击控制栏上的"将材质指定给选定对象"按钮，将材质赋予它们。"黄色金属"的明暗方式和基本参数设置如图 5-144 所示。

06 给金属材质增加反射效果。展开"贴图"卷展栏，勾选"反射通道"前的复选框，在"数量"文本框内输入数值95，单击右侧的"无"按钮，打开"材质/贴图浏览器"面板。在浏览器中选择"位图"贴图类型，打开本书配套光盘提供的"源文件/材质和渲染输出/常见材质/ 反射.bmp"贴图文件。

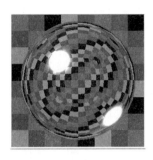

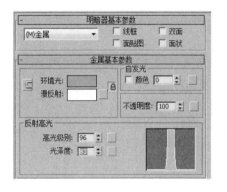

图5-143　金属材质效果　　　　　　　　图5-144　"金属2"材质设定

07 进入"位图"材质编辑面板，在"坐标"卷展栏中设置"贴图"方式以及"模糊"参数，如图 5-145 所示。

08 单击"转到父对象"按钮，回到上一级材质控制面板，发现材质样本窗口中的材质已经具有金属的质感，如图 5-146 所示。

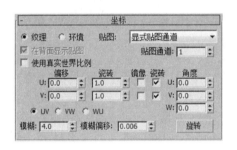

图5-145　坐标值参数设置　　　　　　　图5-146　金属材质效果

09 在"透视图中选中金属瓶进行细节缩放。然后，快速渲染立体视图，效果如图5-147 所示。

10 在材质样本窗口中选择一个空白的材质球，将当前材质球命名为玻璃材质。再确定选中场景中窗户的玻璃模型"矩形 5 "和"矩形 6"，单击控制栏上的"将材质指定给选定对象"按钮，将材质赋予它们。玻璃的明暗方式和基本参数设置如图 5-148 所示。注意作为玻璃透明材质，其中在"不透明度"数值设置为40。

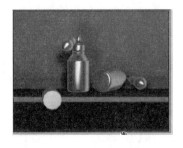
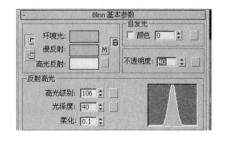

图5-147　金属瓶渲染效果　　　　　　　图5-148　"玻璃"的明暗方式和基本参数

11 展开"贴图"卷展栏，在"贴图"卷展栏中单击"漫反射颜色"通道右侧的"无"

按钮，在弹出的"材质/贴图浏览器"面板中选择"衰减"，在其数量文本框内输入数值为40。同样的方法，再设置"反射"通道的贴图类型为"光线跟踪"，在数量文本框内输入数值为30，如图5-149所示。

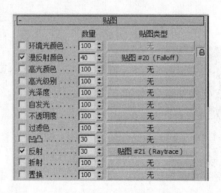

图5-149　贴图卷展栏设置

12 进入"衰减"贴图编辑面板，展开"衰减参数"卷展栏，调整它两种渐变的颜色，其余保持默认设置不变，如图5-150所示。单击工具栏上的"显示最终结果"按钮，观察当前层级材质/贴图的效果，如图5-151所示。

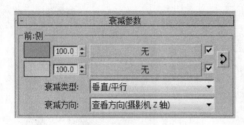

图5-150　Fall基本参数设置　　　　图5-151　衰减材质效果

13 按下工具栏上的"转到下一个同级项"按钮，进入同层级材质"光线跟踪"贴图的编辑面板，由于在本实例的室内图中，环境变化比较丰富，所以在"背景"栏目中，点选"使用环境设置"选项，如图5-152所示。

14 在材质样本窗口中，选中"玻璃"材质拖曳到另一个空白的材质球上，产生一个和"玻璃"材质一样的材质球。把新的材质球重命名为"绿色玻璃"，并把它赋予场景中金属瓶的架子模型。

15 在玻璃材质的基础上调节绿色玻璃材质，其明暗方式和基本参数设置如图5-153所示。

16 进入绿色玻璃材质的"衰减"贴图编辑面板，调整它两种渐变的颜色，其余保持默认设置不变，如图5-154所示。单击工具栏上的"显示最终结果"按钮，观察当前层级材质/贴图的效果，如图5-155所示。

17 设置墙壁的瓷砖效果，在材质样本窗口中选择一个空白的材质球，确定选中场景中墙壁模型Box01，单击控制栏上的"将材质指定给选定对象"按钮，将材质赋予它，其明暗方式和基本参数设置如图5-156所示。

18 展开"贴图"卷展栏，选择"凹凸"通道，单击通道右侧的"无"按钮，在弹出的"材质/贴图浏览器"面板中选择"位图"，打开本书配套光盘提供的"源文件/材质和渲染输出/ 常见材质/ TI2R1024.jpg"贴图文件。

19 进入位图编辑面板，在"坐标"卷展栏中设置贴图的 UV 值，选择"瓷砖"选项，如图 5-157 所示。

图5-152　光线追踪设置

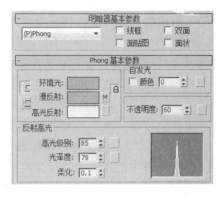

图5-153　Green Glass的基本参数设置

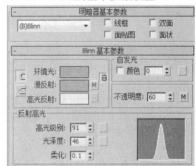

图5-154　Fall基本参数设置　　图5-155　Falloff材质效果　　图5-156　瓷砖材质的基本参数设置

20 单击"转到父对象"按钮，回到上一级材质控制面板，在瓷砖材质的"贴图"卷展栏中，设置"反射"通道的贴图类型为光线跟踪，反射值为20。

21 瓷砖材质已经设定完毕，在材质样本窗口中，选中其材质拖曳到另一个空白的材质球上，产生一个和瓷砖材质一样的材质球。把新的材质球重命名为"坐"，并把它赋予场景中的坐便器模型。

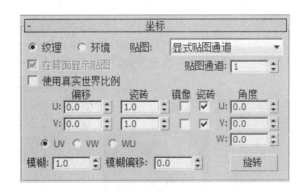

图5-157　坐标值设置

22 在瓷砖材质的基础上调节"坐"材质，设置基本参数，其余设置保持默认不变。至此整个场景的反射材质基本上已经设置完毕，接下来是自发光材质的制作。

5.6.3 自发光材质和木质制作

01 在材质样本窗口中选择一个空白的材质球,将当前材质球命名为Light(灯光)。再确定选中场景中吊灯模型"球体03",单击控制栏上的"将材质指定给选定对象"按钮,将材质赋予它。灯光的明暗方式和基本参数设置如图5-158所示。

02 单击自发光颜色选框后的空白按钮,或者是展开"贴图"卷展栏选择"自发光"通道,单击后面的"无"按钮,设置通道贴图为"衰减",在数量文本框内输入数值为80。

03 展开"衰减参数"卷展栏中调整它两种渐变的颜色,其余保持默认设置不变,如图5-159所示。这时,材质样本编辑窗口的材质球已有了自发光效果。

04 由于场景中的灯光为光度学灯光,所以最好结合高级灯光优先材质运用。回到上一层级"灯光"的控制面板中,单击"灯光"名称窗口右侧的"材质类型"按钮,在打开的"材质/贴图浏览器"面板中选择"高级照明覆盖"选项。在弹出的"替换材质"对话框中选择"将旧材质保存为子材质"选项,表示保留旧的材质。

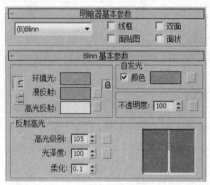
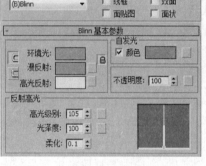

图5-158　自发光基本参数设置　　　　　　图5-159　"衰减参数"设置

05 展开"高级照明覆盖材质"卷展栏,在"亮度比"文本框内输入数值700.0,如图5-160所示。

06 自发光材质基本上已设置完毕。在材质样本窗口中,双击"自发光"材质,观察自发光材质效果,如图5-161所示。

07 调整场景中材质的效果,选择一个空白的材质球,制作一个木头质感的材质赋予木凳及木架模型。其明暗方式和基本参数设置如图5-162所示。

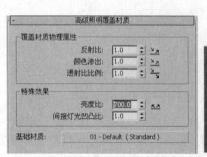

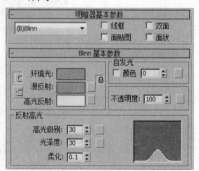

图5-160　设置"亮度"值　　　图5-161　自发光材质效果　　　图5-162　木质基本参数设置

08 展开"贴图"卷展栏，在"贴图"卷展栏中单击"漫反射颜色"通道右侧的"无"按钮，在浏览器中选择"位图"贴图类型，打开本书配套光盘提供的"源文件/材质和渲染输出/常见材质/ Wood1.jpg"贴图。其余参数保持系统缺省设置。

09 木纹材质基本上已设置完毕。在材质样本窗口中，双击木纹材质效果，如图 5-163 所示。

10 激活摄像机视图，进行快速渲染，效果如图 5-164 所示。

在室内效果图的制作中，经常会用到一些类型的材质，如金属材质、玻璃材质等。其中这些材质的应用讲究一定的技巧，才能渲染出较好的效果，并保证渲染的速度。

图5-163 木纹材质效果

图5-164 渲染效果

5.7 贴图技术

5.7.1 透明贴图处理

透明贴图是运用"透明"通道处理贴图的办法，该通道是根据贴图的图像或者程序贴图的灰度值来影响贴图的透明效果。灰度值为白色时不透明；灰度值为黑色时全透明；灰度值为灰色时，根据数值显示半透明。

01 选择菜单栏中的"3ds"→"打开"命令，打开本书配套光盘中提供的"源文件/材质和渲染输出/贴图技术/透明贴图/Opcity.Max"的场景文件。此文件的基本材质和灯光已经设定好了，使用光能传递系统渲染摄像机视图，效果如图 5-165 所示。

图5-165 "Opcity"渲染效果

02 现在需要给场景增加一个大窗户。这次用到的不是建模的方式，而是用材质制作窗户。实际上就是给所选定的物体赋予漫反射贴图和透明贴图。

首先，需要准备两张窗户的图片，其中一张就是你想要的窗户图片，只要是 Max 所支持的格式都可以，如 jpg、tiff、bmp、gif、png、tga 等；另外一张是同一张窗户的黑白图片。这需要在 Photoshop 中处理，只要黑白两色。因为在 Max 中黑色是透明的，白色是不透明的。如图 5-166 所示，黑白图片 Window.jpg 将用于 Opacity 通道贴图。

03 单击主工具栏上的"材质编辑器"按钮▣，打开材质编辑器，选择一个空白的材质球，将材质命名为窗。然后，确定选中场景中墙壁模型 Box03，将窗材质赋予它。

04 在"贴图"卷展栏中单击"漫反射颜色"通道右侧的"无"按钮，打开"材质/贴图浏览器"面板，在浏览器中选择"位图"贴图类型，打开本书配套光盘提供的"源文件/材质和渲染输出/贴图技术/透明贴图/Window1.tif"贴图。

05 进入位图编辑面板，展开"位图参数"卷展栏中，在"修剪/放置"栏中勾选"应用"复选框，然后单击"查看图像"按钮，打开位图文件的编辑区。用鼠标拖曳编辑区的选择框，直到如图 5-167 所示大小，表示此位图文件只应用选择框中部分。

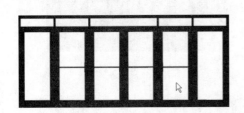

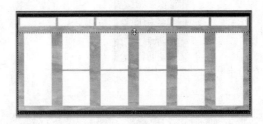

图5-166　窗户的黑白图片　　　　　　　　图5-167　选择图像应用部分

06 单击"转到父对象"按钮▣，回到上一级控制面板，观察指定窗户材质后的效果，渲染摄像机视图，发现并没有产生透明效果，如图 5-168 所示。

07 添加透明效果。展开"贴图"卷展栏，单击"不透明度"通道右侧的"无"按钮，打开"材质/贴图浏览器"面板，在浏览器中选择"位图"贴图类型，打开本书配套光盘提供的"源文件/材质和渲染输出/贴图技术/透明贴图/Window.jpg"贴图文件。并且，按照步骤 **05** 的方法编辑图像的应用区域。

08 渲染图像，观察添加透明贴图的效果，渲染摄像机视图，发现透明效果已经出来了，地板已经可以反射出窗户镂空区域的效果了。但是，认真观察发现，由于场景中设置的背景色为黑色，所以黑色的区域实际上才是透明的，如图 5-169 所示。

09 进入"位图"编辑面板，展开"输出"卷展栏，勾选"反转"复选框，表示将位图的黑白颜色反转过来，如图 5-170 所示。

图5-168　指定窗户材质后渲染效果　　　　图5-169　添加透明贴图后的渲染效果

图5-170 反转图像黑白

10 给场景加入背景。按下快捷键 F8 或者在选择菜单栏中的"渲染"→"环境"命令，弹出"环境和效果"对话框，在"公用参数"卷展栏中，勾选"使用贴图"复选框，并单击"无"按钮，进入"材质/贴图浏览器"选择"位图"的贴图方式。

11 按下环境编辑器中的材质贴图按钮（就是刚才所选择的"无"按钮），把它拖曳到材质编辑器中的一个空白材质样本窗口中，并选择"关联"的方式进行"复制"。然后，在材质编辑器中编辑背景贴图的参数，如图 5-171 所示。

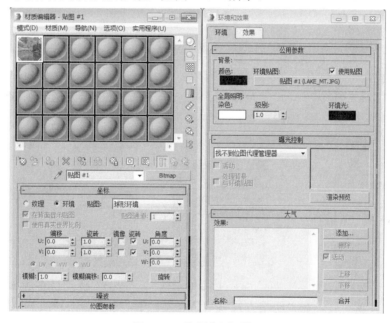

图5-171 编辑背景图像

12 单击"创建"按钮进入"创建"面板，然后单击"系统"按钮，在其"对象类型"卷展栏中，单击其中的"日光"按钮，在场景中创建一日光，如图 5-172 所示，使产生室外日光照射效果。

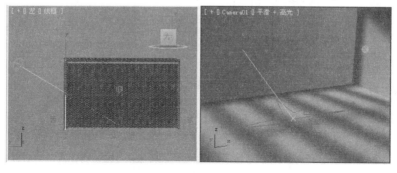

图5-172 加入日光照射效果

215

13 选中日光，单击"运动"按钮○进入"运动"面板，设置日光的位置和方向，使它从窗外朝内照射，如图 5-173 所示。

14 切换到日光的修改面板，设置日光的阴影属性。展开"阴影参数"卷展栏中在阴影密度文本框内输入数值为 0.8，如图 5-174 所示。

15 给模拟窗户加上玻璃。创建一个和窗户墙体一样大小的模型，和窗户重合在一起，并在材质编辑器中选择一个空白材质球，重命名为"玻璃"，把材质赋予刚创建的模型。

16 编辑"玻璃"材质，其明暗方式和基本参数设置如图 5-175 所示。再展开"贴图"卷展栏，为反射通道添加数值为 40 的"光线跟踪"的贴图类型，如图 5-176 所示，其余设置保持系统默认状态不变。

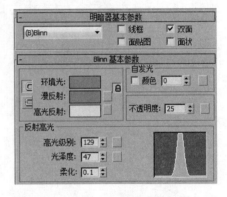

图5-173 日光位置方向设置　　图5-174 日光阴影属性　　图5-175 Glass基本参数设置

17 回到窗材质，在"明暗方式参数"卷展栏中，设置窗户材质为双面材质，如图 5-177 所示。

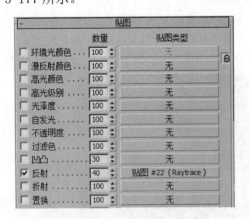

图5-176 贴图卷展栏通道设置　　　　图5-177 设置窗户材质双面材质

18 整体场景已经设置完毕，激活摄像机视图，进行快速渲染，效果如图 5-178 所示。

图5-178　最后渲染效果

5.7.2　置换贴图实例

置换贴图是一个特殊的贴图通道，它贴图产生的效果和"凹凸"贴图在视觉上相似。不同的是凹凸贴图是像平面软件一样通过明暗来模拟凹凸的纹理，产生视觉上虚幻的凹凸效果；而置换贴图是根据贴图的灰度值和精度在模型上进行真正的挤压或拉伸，产生新的几何体，改变模型的形状。

学习使用"置换贴图"制作真实的模型凹凸效果，实例完成了一个床垫表面凹凸材质的模拟。

01 选择菜单栏中的"3ds"→"打开"命令，打开本书配套光盘中提供的"源文件/材质和渲染输出/ 贴图技术/置换贴图/Displacement.Max"的场景文件。此文件的基本材质和灯光已经设定好了，快速渲染摄像机视图，效果如图 5-179 所示。

02 为床垫设置材质。打开材质编辑器，选择一个空白的材质球，将材质命名为床。然后，确定选中场景中床垫模型 Obj_000002，将床材质赋予它。

03 展开"贴图"卷展栏，单击"置换"通道右侧按钮，打开"材质/贴图浏览器"，双击"位图"类型，打开本书配套光盘提供的"源文件/材质和渲染输出/ 贴图技术/置换贴图/床-zt.jpg"贴图文件。

04 选定床垫模型，进入修改面板，单击"修改"按钮 进入"修改"面板，在"修改器列表"的下拉列表中选择"UVW 贴图"命令。在"参数"卷展栏中选择贴图方式为"平面"。如图 5-180 所示，调节坐标贴图的长宽，直到符合床垫的大小比例为止，在场景中如图 5-181 所示。

图5-179　原始场景渲染效果

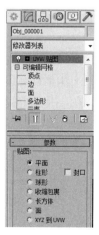

图5-180　添加"UVW 贴图"命令

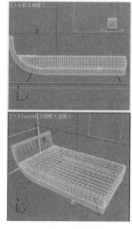

图5-181　使坐标符合床垫比例

05 观察指定置换材质后的效果。渲染摄像机视图，发现模型已经发生了变化，说明置换贴图已经起作用了，如图 5-182 所示。

06 从渲染效果看来，床垫的 6 个面都贴了一张图，而我们主要是为床垫的表面做贴图效果，因此需要为模型表面设定不同的 ID 号，从而指定不同的贴图。

07 单击"修改"按钮 进入"修改"面板，然后，在"可编辑网格"列表框中选择"多边形"选项，如图 5-183 所示。

08 在视图上选择床垫模型的上部表面，如图 5-184 所示。

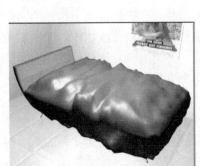

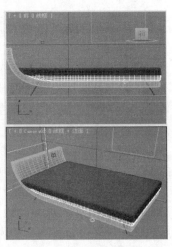

图5-182　添加置换贴图效果　　　图5-183　进入Polygon编辑　　　图5-184　选择模型表面

09 展开"曲面属性"卷展栏在的材质 ID 号文本框内输入数值为 1，如图 5-185 所示。然后选择菜单栏中的"编辑→"反选"命令，反选子物体的表面，材质 ID 号文本框内输入数值 2。

10 给床垫添加多维/子对象材质，单击"返到父对象"按钮 ，返回上一层级床材质控制面板，单击材质名称窗口右侧的材质类型按钮，在"材质/贴图浏览器"中，双击"多维/子对象"材质，如图 5-186 所示。

11 打开"替换材质"对话框，选择"将旧材质保存为子材质"选项时，表示保留原有的材质。

12 在"多维/子对象"多重材质编辑面板中，单击"设置数量"按钮，设置子物体层级数目为 2。

13 编辑"多维/子对象"的 1 号材质床。单击 1 号材质，进入床材质控制面板，展开"贴图"卷展栏在"置换"后面的数值文本框内输入数值为 25。

14 观察修改置换强度后的效果，渲染摄像机视图，发现置换已经变得缓和，如图 5-187 所示。

15 提高置换精度。在修改命令面板上添加"置换近似"命令，在其"细分预设"类中选择"高"级细分，如图 5-188 所示。

16 观察添加置换逼近修改命令后的效果，渲染摄像机视图，得到更加细腻的置换逼近效果，如图 5-189 所示。

17 给床垫指定布纹贴图。在"贴图"卷展栏单击"漫反射颜色"通道右侧的"无"按钮，在弹出的"材质/贴图浏览器"面板中单击"位图"，打开本节配套光盘所提供的相应目录下"源文件/材质/258692-B036-embed.jpg"贴图。

图5-185　设置ID号　　　图5-186　选择"多维/子对象"材质　　　图5-187　修改置换强度后的效果

18 进入多维/子对象的 2 号材质的编辑面板，给其漫反射通道同样的贴图。

19 设置床材质以及多维/子对象的 2 号材质的明暗方式和材质基本参数，如图5-190所示。

图5-188　选择高级细分　　　　　　　　图5-189　设置细分逼近效果

20 观察指定贴图后的效果，激活摄像机视图，进行快速渲染，效果如图 5-191 所示。

 注意

　　由于置换贴图是对模型的凹凸进行真正的修改，所以模型一定要先进行 Edit Mesh 之类命令，置换命令令才会起作用。另外，它是作用于对象表面的每一个三角面，如果对象表面的网格编辑过于复杂，会使渲染时占用更多的内存资源，使渲染时间加长。

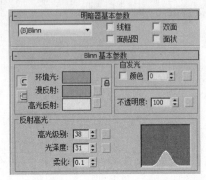

图5-190 设置明暗方式和材质基本参数　　　　　图5-191 最终渲染效果

5.8 贴图烘焙渲染实例

　　贴图烘焙的方法，能将渲染结果反贴回模型的表面，作为贴图实现最终的渲染效果。这种方式广泛地应用于建筑动画渲染、虚拟现实和游戏开发。尤其是在复杂的光能传递系统渲染中，能在视图上进行实时的贴图演示，加快渲染速度。

　　01 选择菜单栏中的"3ds"→"打开"命令，打开本书配套光盘中提供的"源文件/材质和渲染输出/贴图烘焙/Texture to render.Max"的场景文件。

　　02 在场景中，背景图像、窗户玻璃材质已经设置好了，渲染摄像机视图，效果如图5-192所示。

　　03 为墙体设置材质。打开材质编辑器，选择一个空白的材质球，将材质命名为墙。然后，确定选中场景中的墙体包括地面的模型，将墙材质赋予它们。

　　04 编辑墙材质。它的明暗方式和基本参数如图5-193所示。

　　05 按下快捷键M或者单击主工具栏上的"材质编辑器"按钮，打开材质编辑器。并单击"将材质指定给选定对象"按钮把材质赋予选中的模型。在"贴图"卷展栏中单击"漫反射颜色"通道右侧的"无"按钮，打开本书配套光盘提供的"源文件/材质和渲染输出/贴图烘焙/ GRYCON3.jpg"贴图。"贴图"卷展栏设置如图5-194所示，其余设置保持系统默认项。

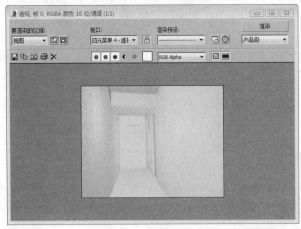

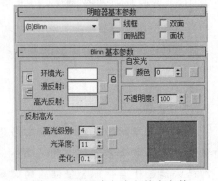

图5-192 原始文件渲染效果　　　　　图5-193 明暗方式和基本参数

06 按下快捷键 F8 或者在选择菜单栏中的"渲染"→"环境"命令，在打开的"环境和效果"面板中展开"曝光控制"卷展栏，在下拉列表中选择"对数曝光控制"类型。激活摄像机视图，在曝光控制面板中单击"渲染预览"按钮，观察当前的渲染效果。

图5-194　贴图卷展栏设置

07 根据当前的渲染效果调节曝光控制的参数，如图 5-195 所示。

08 按下快捷键 F10，或是选择菜单栏中的"渲染"→"渲染设置"命令，在打开的"渲染设置"面板中展开"高级照明"卷展栏在下拉菜单中选择"光跟踪器"，激活光线追踪选项，如图 5-196 所示。

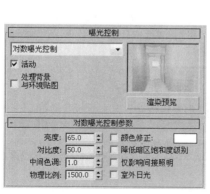

图5-195　曝光参数设置

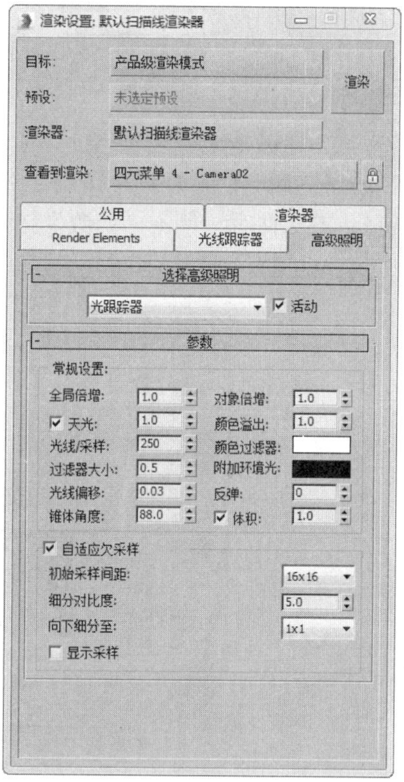

图5-196　激活光线追踪

09 展开"光能传递处理参数"卷展栏，然后单击"开始"按钮，进行光能计算。

10 计算完后，激活摄像机视图，进行快速渲染，效果如图 5-197 所示。

11 进行贴图烘焙设置。选择菜单栏中的"渲染"→"渲染到纹理"命令，打开"渲染到纹理"面板。

12 展开"常规设置"卷展栏中，保持默认的设置。展开"常规设置"卷展览、单击"设置"按钮，进入"渲染场景"控制面板，设置有关的渲染选项。

13 单击"路径"后的"空白"按钮，设置贴图输出的路径。最好是贴图和场景文件放在同一文件夹中，这样才不会出现材质丢失的现象。

14 选中场景中右墙模型 Box04，展开"输出"卷展栏。单击"添加"按钮，进入"添加纹理元素"面板，选择 CompleteMap 类型，表示产生完整的贴图，如图 5-198 所示。

15 设置生成贴图的大小尺寸，可以勾选"使用自动贴图大小"复选框使系统自动设定贴图大小。如果设置贴图的尺寸越大，渲染出的贴图精度越高，渲染速度也就越慢。取消掉自动贴图复选框的勾选，单击"768×768"按钮，如图 5-199 所示。

图5-197　渲染效果　　　　图5-198　选择贴图元素类型　　　图5-199　设定贴图文件的大小

16 设置完所有的选项后，单击"渲染"按钮，进行贴图渲染，效果如图 5-200 所示。渲染完贴图文件后，单击"修改"按钮 ⬚ 进入"修改"面板，如图 5-201 所示。

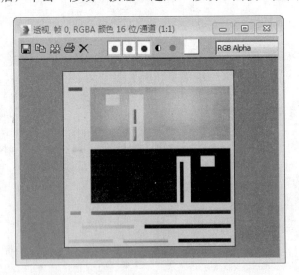

图5-200　渲染的贴图文件

17 展开"编辑 UV"卷展栏，单击"打开 UV 编辑器"按钮，进入"编辑 UVW"面板中。

18 在"编辑UVW"面板中，单击最右边的下拉选项的"拾取纹理"选项，打开"材质/贴图浏览器"，单击选择"位图"，找到刚渲染的贴图文件并打开。这时，发现贴图非常对应地贴在坐标上，如图5-202所示，系统就是通过这个展平贴图命令使贴图完好地反贴在模型上。在"编辑 UVW"面板中还可用其中的工具对坐标进行继续的编辑。

19 认可编辑坐标器的默认设置，关掉"编辑 UVW"面板，打开材质编辑器，选择墙材质球。单击工具栏上"从对象拾取材质"按钮 ，在场景中单击右墙，如图5-203所示。这时，右墙材质就赋到墙材质球上，并且还增加了一个外壳的材质，把原材质嵌套在里面。

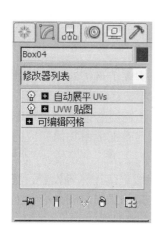

图5-201 自动展平坐标命令

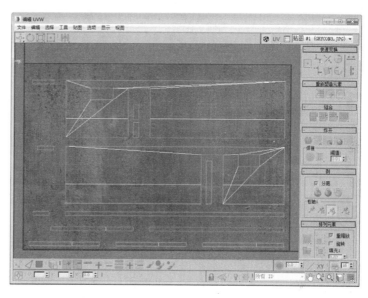

图5-202 Edit UVWs面板

20 烘焙其他贴图。选择右墙模型Box04，单击主工具栏中的"根据名字选择"按钮 ，打开"从场景选择"面板。这时在选择面板上选择的为 Box04，选择场景中其他的模型，如图5-204所示按照渲染右墙贴图的方法渲染其余贴图。然后，用吸管工具在场景中吸取烘焙贴图。

图5-203 吸取右墙材质

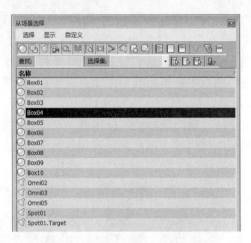

图5-204　选择场景中其他模型

 注意

很多模型都是同一个材质球墙,不用担心，一个材质球可以设置多个烘焙贴图，只要分别进行吸取和设置即可。

21 设置完所有的模型烘焙贴图后，如果要在渲染中起作用，还要必须关闭系统中设置的灯光、曝光控制以及光能传递。只要选中这些设置，在修改命令面板中关闭相应的On 复选框选项，使它们处于未激活状态即可。

22 激活摄像机视图，进行快速渲染。由于不用进行过去的光线追踪计算等设置，渲染速度会非常得快。如果发现渲染效果不如原来的效果，可提高渲染的烘焙贴图大小，提高它们的精度值。渲染效果如图 5-205 所示，和原来效果一样。

图5-205　贴图烘焙效果

第 **6** 章

建立大酒店 3ds Max 立体模型

本章讲解的是室内效果图制作流程中的建立 3ds Max 2016 立体模型的过程。通过介绍大酒店室内建模的制作方法和具体过程，读者将掌握怎样在 AutoCAD 的基础上准确建模和一些建模中重要的技巧等。

 学 习 要 点

◎ 掌握 AutoCAD 导入 3ds Max 的方法。
◎ 学习捕捉 AutoCAD 平面图和立面图的端点进行准确建模。
◎ 了解 3ds Max 2016 建模过程的基本流程。

6.1 建立大堂立体模型

📖6.1.1 导入AutoCAD模型并进行调整

01 运行3ds Max 2016。

02 选择菜单栏中的"自定义"→"单位设置"命令，在弹出的"单位设置"对话栏中设置计量单位为"毫米"，如图6-1所示。

03 选择菜单栏中的"3ds"→"导入"命令，在弹出的"选择要导入的文件"对话框的"文件类型"下拉列表中选择"原有AutoCAD(*.DWG)"选项，并选择本书配套光盘中"源文件/CAD/施工图/大堂.dwg"文件，再单击"打开"按钮，如图6-2所示。

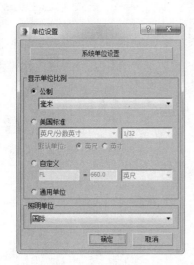

图6-1 设置计量单位   图6-2 导入AutoCAD文件

04 在弹出的"导入选项"对话框中的"层"选项卡和"几何体"选项卡中设置相关参数，将多余的选项的勾选取消，并把导入的计量单位和3ds Max的计量单位统一为"毫米"，如图6-3所示。在对话框中，如果勾选的参数过多，会增加导入的文件大小和导入的时间。

05 单击"确定"按钮，把DWG文件导入3ds Max中。

06 对导入的DWG文件进行分析，了解导入的DWG模型中的大堂平面图、顶棚图、立面图的结构。然后，检查DWG模型，把多余的线条信息删除只留下在3ds Max建模用到的线条信息，如墙体、窗、门柱、家具位置等，而尺寸标注、文字标注、图案、填充线、辅助线等可以选择后按下Delete键进行删除。进行简化后，大堂的平面图如图6-4所示。

07 单击主工具栏中的"按名称选择"按钮 🔯，分别框选DWG文件中的大堂平面图、顶棚图、立面图B、立面图C和立面图，然后选择菜单栏中的"组"→"组"命令把它们分别进行群组。

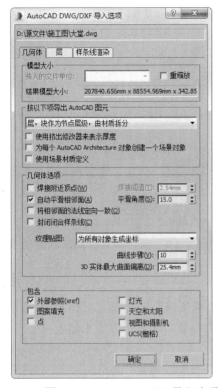

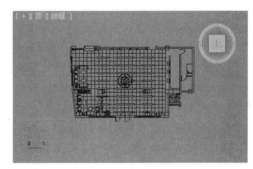

图6-3　AutoCAD DWG/DXF导入选项　　　　图6-4　简化后的大堂平面图

08 为了利于在 3ds Max 中准确建模，为群组后的 DWG 文件选择一种醒目的颜色。在修改面板单击该组的颜色属性框，如图 6-5 所示，打开"物体颜色"对话框。然后，在对话框中选择相应的颜色单击"确定"按钮，如图 6-6 所示。

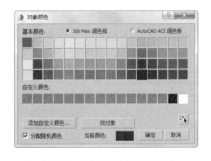

图6-5　选择颜色属性框　　　　图6-6　选择组的颜色属性

6.1.2　建立完整的大堂模型

01 建立大堂基本墙面。

❶单击"视口导航控件"工具栏中的"缩放"按钮，把大堂的平面图放大到整个视图。然后，鼠标右键单击主工具栏的"捕捉开关"按钮，在弹出的"栅格和捕捉设置"对话框中按照如图 6-7 所示进行设置。然后关闭对话框，并用鼠标左键单击主工具栏中的"捕捉开关"按钮，打开捕捉设置。

❷在顶视图中，单击"创建"按钮进入"创建"面板，单击"图形"按钮，在"对

象类型"卷展栏中单击"线"按钮，如图 6-8 所示。然后，捕捉 DWG 文件中的墙体边缘线，绘制一条连续的线条，如图 6-9 所示。

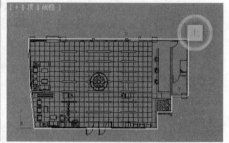

图6-7　设置捕捉选项　　　　图6-8　选择线命令　　　　图6-9　绘制墙体线条

❸选择绘制的线条，单击"修改"按钮 进入"修改"面板。在"Line"列表框中选择"样条线"选项；或者在"选择"卷展栏中单击"样条线"按钮，如图 6-10 所示。

❹单击"几何体"卷展栏中"轮廓"按钮，在"数量"文本框中输入数值-250.0mm，然后按 Enter 键确定，使墙壁线条成为封闭的双线。

❺单击"修改"按钮 进入"修改"面板，在"修改器列表"的下拉列表中选择"挤出"选项，在其"参数"卷展栏中的"数量"文本框中输入数值 3400.0mm，拉伸的墙壁效果在透视图中如图 6-11 所示。

图6-10　选择线条编辑命令　　　　图6-11　墙壁拉伸效果

❻单击"创建"按钮 进入"创建"面板，然后单击 "几何体"按钮 在其"对象类型"卷展栏中，单击其中的"长方体"按钮，在顶视图中创建一个"长度""宽度"和"高度"分别为 7600.0mm、250.0mm 和 3400.0mm 的墙壁 2，为大堂和休息室及储藏室之间的墙壁，其在顶视图中的具体位置如图 6-12 所示。

02 建立大堂 B 立面的门窗。

❶在前视图内选择 DWG 文件中的 B 立面图。单击主工具栏中的"选择并旋转"按钮，在弹出的 "旋转变换输入"对话框中输入如图 6-13 所示的数值，再按 Enter 键进行确定，继续对墙壁 2 进行旋转设置，结果如图 6-13 所示。这时，B 立面图会按 X 轴方向旋转 90º。

❷调整 B 立面图的坐标位置，使它如图 6-14 所示。选择其他的 DWG 文件图，在视图中单击鼠标右键，在弹出的右键菜单中选择"冻结当前选择"命令把它们分别进行锁定。

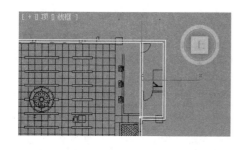

图6-12　墙壁2的位置　　　　　　　　　　图6-13　输入X轴旋转数值

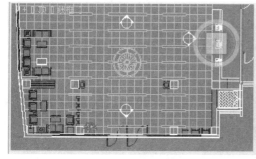
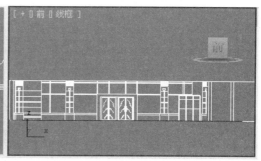

图6-14　B立面图的坐标位置

❸由于选择B立面图墙面上大部分面积为铝合金窗，以给大堂带来大面积采光，所以需要删除创建的大堂的B面墙壁。选择墙壁，在视图中单击鼠标右键，在弹出的右键菜单中选择"转换为/转换到为编辑网格"命令。

❹单击"修改"按钮 进入"修改"面板，在"可编辑网格"列表框中选择"多边形"选项，如图6-15所示；或者在"选择"卷展栏中单击"多边形"按钮■，被选中的面显示为红色，如图6-16所示。

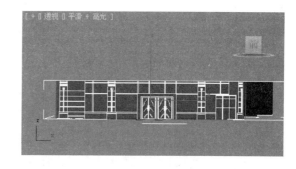

图6-15　选择Polygon编辑命令　　　　　图6-16　选择B面立面墙壁

❺在"编辑几何体"卷展栏中单击"删除"按钮，把B立面墙壁进行删除。

❻建立挂黑金砂花岗石板装饰的大门门框。鼠标右键单击主工具栏的"捕捉开关"按钮 ³ᵐ ，打开捕捉设置，然后单击"创建"按钮■进入"创建"面板，然后单击"图形"按钮 ，在其"对象类型"卷展栏中单击其中的"线"按钮。在前视图中捕捉B立面图花岗石门框的线条绘制一条连续的线段，如图6-17所示。

❼单击"修改"按钮 进入"修改"面板，在"修改器列表"的下拉列表中选择"挤出"选项，并在其"参数"卷展栏中的"数量"文本框中输入数值 250.0mm，按下 Enter

键进行确定，这样花岗石大门就被拉伸出来了。

❽建立不锈钢大门门框。在前视图中单击"创建"按钮 进入"创建"面板，然后单击"图形"按钮 ，在其"对象类型"卷展栏中单击其中的"矩形"按钮。结合主工具栏中的"捕捉开关"按钮 绘制不锈钢门框的线段。

❾选择绘制的线条，然后，单击"修改"按钮 ，进入"修改"面板，在"可编辑样条线"列表框中选择"样条线"选项；或者在"选择"卷展栏中单击"样条线"按钮 ，进入线编辑模式。

❿在其"参数"卷展栏的"轮廓"文本框中输入数值 60mm，并按 Enter 键进行确定，使门框线条成为封闭的双线。

⓫按住 Shift 键拖动线条"门"，在弹出的"克隆选项"对话框中点选"关联"选项，并在"复制数量"的文本框中输入数值 3，单击"确定"按钮进行复制。这样，就复制出另三个门框线条。"克隆选项"对话框的具体设置如图 6-18 所示。

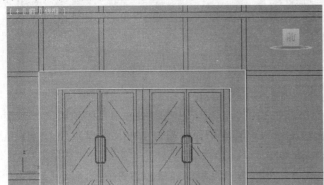

图6-17　绘制花岗石门框线条　　　　　图6-18　"克隆选项"对话框

⓬调整三个复制的不锈钢门框的位置，使它们和 DWG 文件的 B 立面图的门框位置相一致，如图 6-19 所示。

⓭选择其中任意一个不锈钢门框，单击"修改"按钮 进入"修改"面板，在"修改器列表"的下拉列表中选择"挤出"命令，并在其"参数"卷展栏中的"数量"文本框中输入数值 20.0mm，按下 Enter 键进行确定，4 个不锈钢门框就被拉伸出来了。

⓮创建大门门框的不锈钢边框。单击"创建"按钮 进入"创建"面板，然后单击"几何体"按钮 ，在其"对象类型"卷展栏中，单击其中的"长方体"按钮，单击主工具栏的"捕捉设置"按钮 ，在前视图创建一个和 DWG 文件的 B 立面图的不锈钢边框位置相一致的长方体，然后按住 Shift 键拖动它关联复制出三个同样的长方体边框，放在视图中适当的位置。这时大门在透视图中的门框效果如图 6-20 所示。

⓯制作大门的钛金拉手。单击"视口导航空间"工具栏中的"缩放"按钮 ，在前视图中框选 DWG 文件中的大门拉手线段，使其放大到整个视图以便操作。然后，单击"创建"按钮 进入"创建"面板，然后单击"图形"按钮 ，在其"对象类型"卷展栏中单击其中的"线"按钮，根据拉手立面图绘制一条线段。

⓰单击"创建"按钮 进入"创建"面板，然后单击"图形"按钮 在其"对象类型"卷展栏中，单击其中的"圆"按钮，在前视图绘制一个圆形。大门拉手线段和圆形如图 6-21 所示。

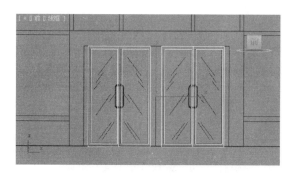

图6-19 调整不锈钢门框的位置

图6-20 大门的门框效果

⑰单击"创建"按钮 进入"创建"面板，单击"几何体"按钮○，在其下拉列表中选择"复合对象"类型。在其"对象类型"卷展栏中单击"放样"按钮。选择在前视图中绘制的大门拉手线段后，如图 6-22 所示。

⑱单击"创建方法"卷展栏中的"获取路径"按钮，然后在前视图中单击绘制的圆形创建一个以大门拉手为基本路径、圆形为半径的形体。

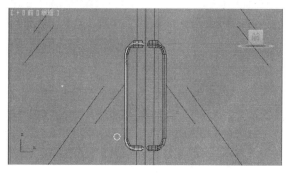

图6-21 绘制大门拉手线段和圆形

图6-22 选择放样命令

⑲选择调整后的大门拉手，单击主工具栏的"镜像"按钮，在弹出的"镜像：屏幕坐标"对话框中设置按 X 轴关联复制，如图 6-23 所示。

⑳把镜像后得到的另一个大门拉手放在适当的位置，再复制出另一对大门拉手。最后，大门拉手在前视图中如图 6-24 所示。

㉑创建大堂 B 立面的窗框。单击"创建"按钮 进入"创建"面板，然后单击"图形"按钮，在其"对象类型"卷展栏中，单击其中的"矩形"按钮，在前视图中单击主工具中的"捕捉开关"按钮，根据 B 立面图结合绘制窗框形状，如图 6-25 所示。

 注意

窗框是由多个矩形组成的，当绘制完一个矩形时，取消"开始新图形"前的勾选，再进行下一个矩形的绘制。这样，绘制的矩形就会相互关联成一组。另外，在绘制的过程中，使窗框的矩形线段相交。

㉒选择绘制的窗框矩形单击"修改"按钮 进入"修改"面板，在"可编辑样条线"列表框中选择"样条线"选项；或者在"选择"卷展栏中单击"样条线"按钮，进入线编辑模式。然后，单击"几何体"卷展栏中的"修剪"按钮，在前视图把矩形相交部分的线段进行剪切，如图 6-26 所示。

图6-23　设置镜像对话框

图6-24　大门拉手的效果

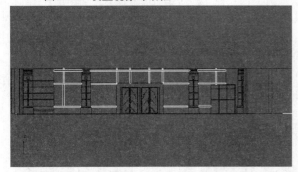

图6-25　绘制窗框矩形

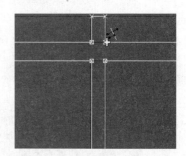

图6-26　剪切相交的矩形线段

㉓剪切完相交的矩形线段后，在"选择"卷展栏中单击"顶点"按钮 ，进入点编辑模式。然后，在前视图中框选矩形所有的点，单击"几何体"卷展栏中的"焊接"按钮，对这些点进行焊接。

㉔单击"修改"按钮 进入"修改"面板，在"修改器列表"的下拉列表中选择"挤出"选项，拉伸矩形线段，在其"参数"弹出菜单的"数量"文本框中输入数值30.0mm，这时窗框就被拉伸成形了。

㉕单击"创建"按钮 进入"创建"面板，然后单击"图形"按钮 在其"对象类型"卷展栏中，单击其中的"线"按钮，结合主工具栏中的"捕捉开关"按钮 ，在前视图中根据B立面图绘制窗玻璃整体形状，如图6-27所示。

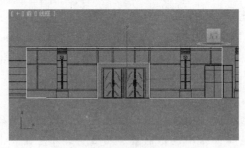

图6-27　绘制窗玻璃整体线段

 注意

　　为了节省模型的面数，以便于以后导入V-RAY中进行渲染设置，所以没有分别为每一个窗框单独创建窗户玻璃，而是整体地创建一个大的形体。

单击其中的"线"按钮，在左视图中曲线。单击"修改"按钮进入"修改"面板，"修改器列表"的下拉列表中选择"挤出"选项，拉伸窗玻璃线段，在其"参数"弹出菜单的"数量"文本框中输入数值 10.0mm。

把拉伸出来的窗玻璃位置调整到窗框的中央。大堂 B 立面的门窗效果最后如图 6-28 所示。

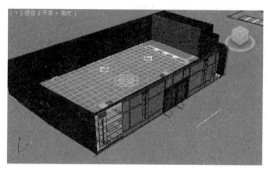

图6-28　大堂B立面门窗效果

03 创建大堂 B 立面的墙体。

❶创建 B 立面玻璃窗户左面的墙体。单击"创建"按钮进入"创建"面板，然后单击"几何体"按钮在其"对象类型"卷展栏中，单击其中的"长方体"按钮在前视图中结合主工具栏中的"捕捉开关"按钮，创建一个长方体在"长度""宽度"和"高度""长度段数"后面的数量文本框内分别输入数值 3400.0mm、2560.0mm、250.0mm 和 9 的墙体，调整它放在适当的位置。

❷选择刚创建的墙体，单击鼠标右键，在弹出的右键菜单中选择"转换为/转换为可编辑网格"。

❸单击"修改"按钮，进入"修改"面板，在"可编辑样条线"列表框中选择"顶点"选项；或者，在"选择"卷展栏中单击"顶点"按钮，进入点编辑模式。框选图 6-29 所示的两个点，单击主工具栏的"选择并移动"按钮，在弹出的"移动变换输入"对话框中设置点向 Y 轴移动 350.0mm，如图 6-30 所示。

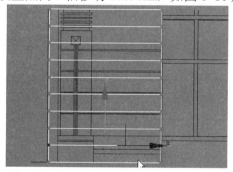

图6-29　选择节点

图6-30　设置移动数值

❹按下 Enter 键进行确定，这时选择的节点和线段向上移动 350.0mm。依次选择其他的节点，用同样的方法移动它们的位置，最后使它们和立面图墙体线的位置相一致，如图 6-31 所示。

❺单击"修改"按钮，进入"修改"面板，在"可编辑样条线"列表框中选择"多

边形"选项；或者在"选择"卷展栏中单击"多边形"按钮◾。选择如图 6-32 所示的面，被选中的面显示为红色。

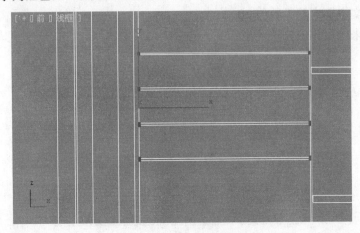

图6-31　调整节点的位置

❻展开"编辑多边形"卷展栏，单击"挤出"按钮，在挤出多边形高度文本框中输入数值-40.0mm，然后按 Enter 键进行确定，这样就制作出墙面的分缝。依次选择其余 3 个面，用同样的方法做出墙面的分缝。

❼制作大堂柱体。单击"创建"按钮✳进入"创建"面板，然后单击"图形"按钮🔲在其"对象类型"卷展栏中，单击其中的"线"按钮，在前视图中结合主工具栏中的"捕捉开关"按钮³ₘ，绘制柱体底部的侧面曲线，如图 6-33 所示。

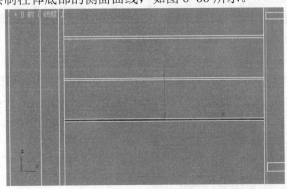

图6-32　选择面

❽单击"创建"按钮✳进入"创建"面板，然后单击"图形"按钮🔲，在其"对象类型"卷展栏中，单击其中的"矩形"按钮，在顶视图中创建一个"长度"和"宽度"都为820.0mm 的矩形。

❾单击"修改"按钮✏进入"修改"面板，在"修改器列表"的下拉列表中选择"倒角剖面"选项，在"参数"卷展栏中单击"拾取剖面"按钮，拾取在前视图中的柱体侧面曲线，完成柱体底部的创建，如图 6-34 所示。

❿使用和制作柱体基座同样的方法，制作柱头和基本的柱身。如果"斜面"命令创建的形体的宽度出现误差时，可以在修改面板中展开倒角剖面的子列表，使 Pro3ds Gizmo 选项被激活。这时在前视图上通过移动 X 轴能灵活调整形体的宽度，如图 6-35 所示。

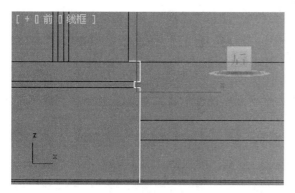

图6-33　绘制柱体底部曲线　　　　　　　图6-34　创建的柱体基座

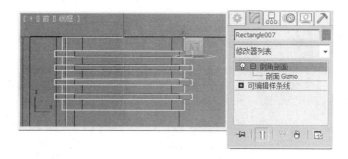

图6-35　调整形体的宽度

⓫单击"创建"按钮进入"创建"面板，然后单击"几何体"按钮，在其"对象类型"卷展栏中，单击其中的"长方体"按钮，结合主工具栏中的"捕捉开关"按钮，创建一个"长度""宽度"和"高度"分别为180.0mm、200.0mm和250.0 mm长方体。

⓬选择刚创建的长方体，单击鼠标右键，在弹出的右键菜单中选择"转换为/转换为可编辑网格"命令。

⓭单击"修改"按钮进入"修改"面板，在"可编辑样条线"列表框中选择"顶点"选项；或者，在"选择"卷展栏中单击"顶点"按钮。移动编辑长方体的点，使长方体其中一个面的4个节点都移动到该面的中心位置使完成菱形的制作，如图6-36所示。

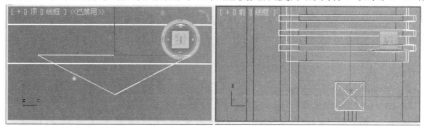

图6-36　编辑长方体的4个节点

⓮单击主工具栏中的"镜像"按钮，把菱形装饰复制出另外3个，放在柱身另外3个面的适当位置。框选创建的柱础、柱身和柱头，选择菜单栏中的"组"→"成组"命令，把它们成组。然后，按住Shift键关联复制出另三个柱体放在图中对应的位置。

⓯建立IC电话亭基本框架。单击"创建"按钮进入"创建"面板，然后单击"图形"按钮，绘制电话亭身的曲线。单击"修改"按钮，进入"修改"面板，在"可编

辑样条线"列表框中选择"样条线"选项；或者在"选择"卷展栏中单击"样条线"按钮✓。在其"参数"卷展栏的"轮廓"文本框中输入数值50.0mm，然后按Enter键进行确定，使电话亭曲线成为封闭的双线，如图6-37所示。

⓰单击"修改"按钮✎进入"修改"面板，在"修改器列表"的下拉列表中选择"挤出"选项，并在其"参数"卷展栏中的"数量"文本框中输入数值2184.0mm，完成亭身的制作。

⓱单击"创建"按钮✦进入"创建"面板，然后单击"几何体"按钮◎，在其"对象类型"卷展栏中，单击其中的"长方体"按钮，在前视图中结合主工具栏中的"捕捉开关"按钮³▥，创建电话亭的顶部长方体，选择菜单栏中的"组"→"组"命令，把它和电话亭身组合在一起。最后，按住Shift键关联复制出另两个电话亭放在图中对应的位置，如图6-38所示。

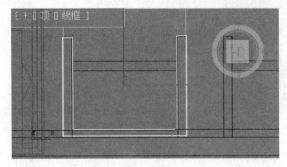

图6-37 电话亭身的曲线 　　　　　　　　图6-38 电话亭效果

⓲基本完成B立面图的制作后，选择DWG文件的B立面图按下鼠标右键，在键菜单中选择"冻结当前选择"命令把B立面图进行冻结。

04 创建摄像机。

❶单击"创建"按钮✦进入"创建"面板，然后单击"摄像机"按钮▣，在其"对象类型"卷展栏中，单击"目标"按钮，在顶视图创建一台摄像机。

❷在透视图中，按下C键。这时透视图转为摄像机视图，可以通过在其他视图移动摄像机的位置来调整摄像机视图的视点角度。

❸调整摄像机的位置，如图6-39所示。

❹选择摄像机单击鼠标右键，在弹出的右键菜单中选择"隐藏选定对象"命令把它进行隐藏。

注意

在基本确立空间的大体框架结构后，应创建摄像机以确定空间表现的视角，从而确定效果图要表现的重点。另外，为了突出重点和快速建模，视角范围以外的模型可以忽略不进行建立；近视点范围的模型需要建立较精细的模型；远视点的模型则可以精简建模。

05 建立大堂A立面。

❶在顶视图中选择大堂B立面的任意一个柱体模型，按住Shift键，移动它进行"关联"复制，把复制的柱体模型置于大堂A立面相应的位置。

❷为了便于大堂A立面的创建，在弹出的右键菜单中选择"隐藏当前选择"命令，把

大堂 B 立面模型进行隐藏。

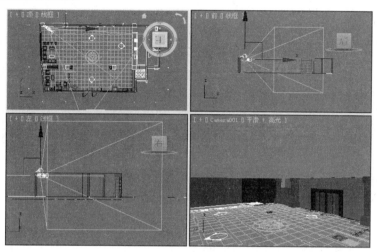

图6-39 调整摄像机的位置

❸解除对 DWG 文件中大堂 A 立面图的冻结设置。单击"显示"按钮▣进入"显示"面板在其"工具"卷展栏中，单击"根据名称解除冻结"按钮，在弹出的"解除冻结物体"对话框中选择 A 面图文件（导入 DWG 文件时就应及时为各立面图用"组"命令组合并重命名以便随时方便提取），按下解冻键进行解除冻结确定，如图 6-40 所示。

图6-40 解除冻结

❹在前视图内选择 DWG 文件中的 A 立面图。单击主工具栏中的"选择并旋转"按钮▢，然后单击"提示行与状态栏"工具栏中的"绝对模式变换输入"按钮▣，在 X 文本框内输入数值 90，再按 Enter 键进行确定，A 立面图这时就会按 X 轴方向旋转 90°。调整 A 立面图的位置，使它在前视图中如图 6-41 所示。

❺制作过道入口。单击"创建"按钮✛进入"创建"面板，单击"几何体"按钮▢在其"对象类型"卷展栏中，单击其中的"长方体"按钮，在前视图中结合主工具栏中的"捕捉开关"设置▣创建一个长方体，使它的"高度"数值大于墙壁的厚度而穿过墙壁，它的

位置如图 6-42 所示。

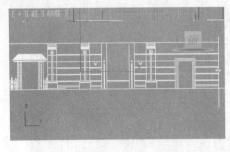

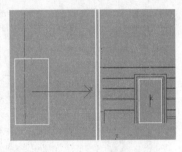

图6-41　调整大堂A立面图的位置　　　　　图6-42　长方体的位置

❻单击"创建"按钮 进入"创建"面板，单击"几何体"按钮 ，在其下拉列表中选择"复合对象"类型。在其"对象类型"卷展栏中单击"布尔"按钮，如图 6-43 所示。然后，选择墙体模型，单击"拾取布尔"卷展栏中的"拾取操作对象 B"按钮，在视图中拾取刚创建的长方体完成过道入口的制作，效果如图 6-44 所示。

❼用同样的方法制作出茶室入口的门洞。

❽制作过道入口的门框。单击"创建"按钮 进入"创建"面板，然后单击"图形"按钮 ，在其"对象类型"卷展栏中，单击其中的"线"按钮，在前视图中结合主工具栏中的"捕捉开关"设置 ，绘制门框的曲线。然后，单击"修改"按钮 ，进入"修改"面板，在"可编辑样条线"列表框中选择"样条线"选项；或者在"选择"卷展栏中单击"样条线"按钮 ，在其"参数"卷展栏的"轮廓"文本框中输入 50.0mm，然后按 Enter键进行确定，使门框成为封闭的双线，如图 6-45 所示。

图6-43　选择"布尔"、"运算按钮　　　　　图6-44　过道入口效果

❾单击"修改"按钮 进入"修改"面板，从"修改器列表"的下拉列表中选择"挤出"选项，并在其"参数"卷展栏中的"数量"文本框中输入 100.0mm，完成门框的制作。

❿用同样的方法制作茶室入口的门框。

⓫制作茶室入口的顶。单击"创建"按钮 进入"创建"面板，单击"几何体"按钮 ，在其"对象类型"卷展栏中，单击其中的"长方体"按钮，单击主工具栏的"捕捉设置"按钮 ，创建一个长方体。选择刚创建的长方体，单击鼠标右键在弹出的右键快捷菜单中选择"转换为/转换为可编辑网格"命令。进入点编辑模式，如图 6-46 所示。

⓬移动节点的位置完成茶室入口顶的制作，节点的位置如图 6-47 所示。

⓭制作茶室入口的栅栏。在前视图中，单击"创建"按钮 进入"创建"面板，然后单击"图形"按钮 ，在其"对象类型"卷展栏中单击其中的"线"按钮。结合主工具栏

中的"捕捉开关"按钮 ³ 👆，绘制栅栏的曲线，使如图 6-48 所示。

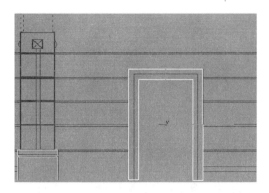

图6-45　过道门框的曲线

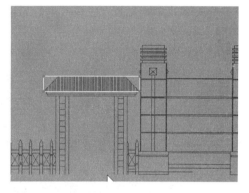

图6-46　茶室入口的顶面长方体

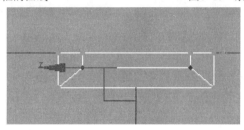

图6-47　节点的位置

⓮选择栅栏曲线。单击"修改"按钮 ☑ 进入"修改"面板，在"修改器列表"的下拉列表中选择"车削"选项，然后，选择修改面板中"车削"子列表的"轴"选项，这样就能通过在视图中移动 X 轴调整用"车削"命令成型的形体形状，如图 6-49 所示。

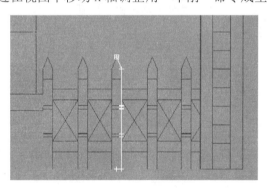

图6-48　绘制栅栏曲线

图6-49　用车削命令制作栅栏

⓯单击"创建"按钮 ⁂ 进入"创建"面板，然后单击"几何体"按钮 ◯ 在其"对象类型"卷展栏中，单击其中的"长方体"按钮，在前视图中结合主工具栏中的"捕捉开关"按钮 ³ 👆，创建栅栏的长方体，并复制出另一个栅栏长方体置于图中相应的位置。

⓰制作栅栏的斜棍。单击"创建"按钮 ⁂ 进入"创建"面板，然后单击"图形"按钮 ◷ 在其"对象类型"卷展栏中，单击其中的"线"按钮，绘制栅栏的斜线。然后，单击"创建"按钮 ⁂ 进入"创建"面板，然后单击 "图形"按钮 ◷ 在其"对象类型"卷展栏中，单击其中的"圆"按钮，在斜线的旁边绘制一个圆形，如图 6-50 所示。

⓱选择斜线，单击"创建"按钮 ⁂ 进入"创建"面板，单击"几何体"按钮 ◯，在其

239

下拉列表中选择"复合对象"类型。在其"对象类型"卷展栏中单击"放样"按钮,在视图中拾取刚创建的圆形完成栅栏斜棍的制作。

⓲一组栅栏的效果如图 6-51 所示。复制出其余栅栏,放在图中对应的位置。然后,选择所有的栅栏,选择菜单栏中"组→组"命令,把它们成组。

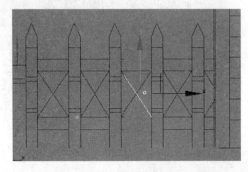
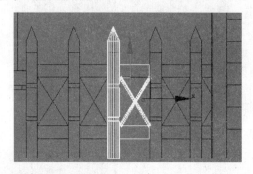

图6-50　绘制栅栏的斜线和圆形　　　　　　图6-51　一组栅栏的效果

⓳创建 A 立面有分缝的墙体。单击"创建"按钮 进入"创建"面板,然后单击"几何体"按钮 在其"对象类型"卷展栏中,单击其中的"长方体"按钮,在前视图中创建过道入口一个"高度""长度段数"和"宽度段数"分别为 80.0mm、11.0mm 和 3.0mm 墙体的长方体,如图 6-52 所示。

⓴选择刚创建的墙体,右键单击长方体,在弹出的快捷菜单中选择"转换为/转换为可编辑网格"命令。进入点编辑模式,移动编辑长方体的点,使和立面图上的墙体分缝线段的位置相一致,如图 6-53 所示。

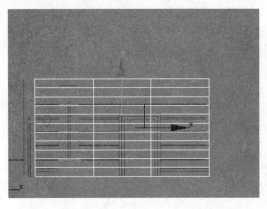
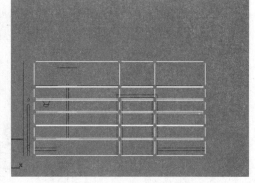

图6-52　创建过道入口的墙体　　　　　　图6-53　编辑墙体的节点

㉑单击"选择"卷展栏中的"多边形"按钮 ,进入多边形网格编辑模式,按住 Ctrl 键选择墙体中过道入口位置的面,如图 6-54 所示被选中的面显示为红色。然后,单击"编辑几何体"卷展栏中的"删除"按钮,将选择面删除。

㉒按住 Ctrl 键选择墙体的分缝的面,如图 6-55 所示单击"修改"按钮 进入"修改"面板,单击"编辑几何体"卷展栏中的"挤出"按钮,在其后的文本框中填入-50.0mm,然后按 Enter 键进行确定,这样就制作出过道入口墙面的分缝。调整入口墙面的位置,把它在视图中置于大堂墙壁的侧面覆盖住大堂墙壁。

㉓用同样的方法制作出茶室入口边的分缝墙体,置于适当的位置。

❷选择 Dwg 文件的大堂 A 立面图单击鼠标右键，在弹出的右键菜单中选择"隐藏选择"命令把图形进行隐藏。同时，选择 A 立面图的模型单击鼠标右键在弹出的右键菜单中选择"冻结当前选择"对选择图形进行冻结。

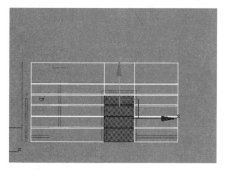

图6-54　选择对应过道入口的面

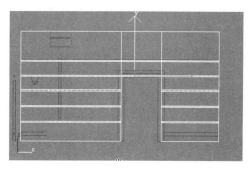

图6-55　选择对应墙体分缝的面

06 制作大堂 C 立面。

❶解除对 DWG 文件中大堂 C 立面图的冻结设置。单击"显示"按钮进入"显示"面板，在"冻结"卷展栏中单击其中的"按名称解冻"按钮，在弹出的"解冻对象"对话框中选择大堂 C 立面图文件和服务台立面图文件，单击"解冻"按钮，进行解除冻结确定。

❷在前视图内选择 DWG 文件中的 C 立面图。单击主工具栏中的"选择并旋转"按钮，然后单击"提示行与状态栏"工具栏中的"绝对模式变换输入"按钮，在 X 文本框内输入数值 90，再按 Enter 键进行确定，如图 6-56 所示。这时 C 立面图就会按 X 轴方向旋转 90º。然后，在 Z 文本框内输入数值-90，使它按 Z 轴逆时针旋转 90º。调整 C 立面图的位置，使它在前视图中如图 6-57 所示。

❸制作服务台的基本形体。选择服务台立面图文件按上一步骤同样的方法使它在前视图中按 X 轴旋

图6-56　输入旋转数值

转 90º。单击"创建"按钮进入"创建"面板，单击"图形"按钮，在"对象类型"卷展栏中，单击"线"按钮。在前视图中结合主工具栏中的"捕捉开关"按钮，绘制服务台内部的曲线，如图 6-58 所示。

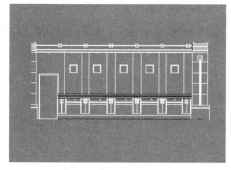

图6-57　调整C立面图的位置

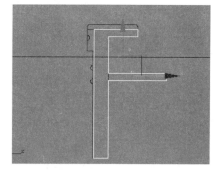

图6-58　绘制服务台内部曲线

❹单击"修改"按钮进入"修改"面板。在"修改器列表"的下拉列表中选择"挤出"选项，在其"参数"卷展栏的"数量"文本框中输入数值 6080.0mm，完成服务台基本形体的制作。用同样的方法制作服务台基本形体的剩余部分。

❺制作服务台的花岗石装饰块。单击"创建"按钮进入"创建"面板，然后单击"几

何体"按钮◯，在其"对象类型"卷展栏中，单击其中的"长方体"按钮，在左视图中结合主工具栏中的"捕捉开关"按钮 ³ 碰，绘制装饰块"高度"和"宽度段数"分别为10.0mm和3。长方体选择刚创建的长方体，单击鼠标右键，在弹出的右键菜单中选择"转换为/转换为可编辑网格"命令。单击"修改"按钮◢进入"修改"面板，在"可编辑样网格"列表框中选择"顶点"选项，或者在"选择"卷展栏中单击"顶点"按钮 ⠿ ，移动编辑长方体的点，如图6-59所示。

❺使用本节同样的方法制作装饰块上的菱形装饰。

❼完成花岗石装饰块后，选择菜单栏中的"组"→"成组"命令，把花岗石装饰块群组，并复制出另外5个置于相应的位置。

❽创建服务台后的墙面的门洞。单击"创建"按钮 ▦ 进入"创建"面板，然后单击"几何体"按钮◯，在其"对象类型"卷展栏中，单击其中的"长方体"按钮，在左视图中结合主工具栏中的"捕捉开关"按钮 ³ 碰 创建一个长方体，并使它的"高度"数值大于大堂和储藏间、休息室之间的墙壁厚度。选择大堂和储藏间、休息室之间的墙壁，单击"几何体"按钮◯，在其下拉列表中选择"复合对象"类型。在其"对象类型"卷展栏中单击"布尔"按钮，在"拾取布尔"卷展栏中单击"拾取操作对象 B"按钮，在视图中拾取刚创建的长方体完成门洞的制作（更详细的讲解见本节第 **05** 第❺步骤立面过道入口的制作）。

❾使用本节第 **05** 第⓮步骤制作过道入口分缝墙体的同样方法制作出服务台后带竖条分缝的墙面和墙面顶部的横向装饰。

❿复制柱体模型到服务台边相应的位置；复制服务台的花岗石装饰块上的菱形方块到墙面横向装饰相应的位置。这时服务台立面模型效果如图6-60所示。

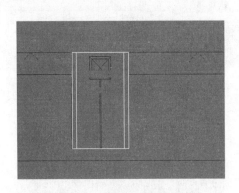

图6-59 编辑装饰块的节点

图6-60 服务台立面模型效果

⓫选择DWG文件的大堂C立面图按下鼠标右键，在键菜单中选择"隐藏选择"命令把它进行隐藏。同时，把C立面图的模型用键命令"冻结当前选择"进行冻结。

07 制作大堂顶棚。

❶解除对DWG文件中大堂顶棚图的冻结设置，并把它在顶视图中移动到和模型相对应的位置，如图6-61所示。

❷制作一块整体的顶棚。单击"创建"按钮 ▦ 进入"创建"面板，然后单击"图形"按钮 ◲ 在其"对象类型"卷展栏中，单击其中的"线"按钮，在顶视图中结合主工具栏中的"捕捉开关"按钮 ³ 碰 ，绘制顶棚的线段，如图6-62所示。

❸单击"修改"按钮◢进入"修改"面板，在"修改器列表"的下拉列表中选择"挤

出"选项，拉伸顶棚线段，并在其"参数"卷展栏中的"数量"文本框中输入数值10.0mm，然后把拉伸出来的顶棚置于相应的位置。

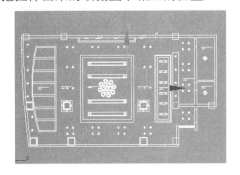

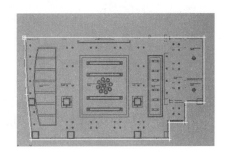

图6-61　调整大堂顶棚图的位置　　　　　图6-62　绘制整体顶棚的线条

❹制作顶棚中部的吊顶。单击"创建"按钮■进入"创建"面板，然后单击"几何体"按钮■，在其"对象类型"卷展栏中，单击其中的"长方体"按钮，在其"参数"卷展栏的"高度""长度段数"和"宽度段数"文本框中输入为80.0mm、9和3。

❺选择刚创建的长方体，单击鼠标右键，在弹出的右键菜单中选择"转换为/转换为可编辑网格"命令。单击"修改"按钮■，进入"修改"面板，在"可编辑样条线"列表框中选择"顶点"选项；或者在"选择"卷展栏中单击"顶点"按钮■，进入点编辑模式移动编辑长方体的点，使如图6-63所示。

❻在"选择"卷展栏中单击"多边形"按钮■，进入"多边形"编辑模式，按住Ctrl键选择如图6-64所示的面。然后，单击"编辑几何"卷展栏中的"删除"按钮，把这些面进行删除。

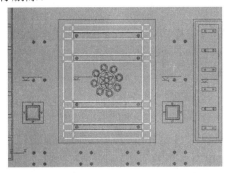

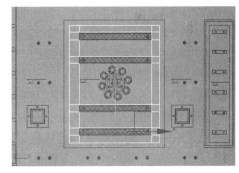

图6-63　编辑移动长方体的点　　　　　　图6-64　删除选中的面

❼创建吊顶的发光片。单击"创建"按钮■进入"创建"面板，然后单击"几何体"按钮■，在其"对象类型"卷展栏中，单击其中的"长方体"按钮。在顶视图中结合主工具栏中的"捕捉开关"按钮■创建发光片。单击鼠标右键，在弹出的右键菜单中选择"转换为/转换为可编辑网格"选项。单击"修改"按钮■进入"修改"面板，在"可编辑样条线"列表框中选择"顶点"选项，选择如图6-65所示的点，按Delete键进行删除使发光片成为一块单片。

❽在顶视图中选择刚创建的发光片，按住Shift键复制其他的发光片，并调整放在相应的位置。单击"实用程序"按钮■进入"实用程序"面板，单击"实用程序"卷展栏中的"塌陷"按钮，如图6-66所示。

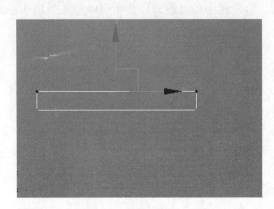

图6-65　选择点进行删除　　　　　　　　　　图6-66　选择"塌陷"命令

❾选择一块发光片，在"塌陷"弹出的展卷栏中单击"塌陷选定对象"按钮，按住 Ctrl 键依次选择其余的发光片，把它们塌陷为一个整体。

对于同一种材质的模型，应该把它们塌陷为一个整体，这样在操作时能方便进行选择和赋予材质。

❿制作吊顶的框。单击"创建"按钮█进入"创建"面板，然后单击"图形"按钮█，在其"对象类型"卷展栏中，单击其中的"矩形"按钮，在顶视图中结合主工具栏中的"捕捉开关"按钮█绘制一个矩形。

⓫选择矩形，单击"修改"按钮█进入"修改"面板，在"可编辑样条线"列表框中选择"样条线"选项；或者，在"选择"卷展栏中单击"样条线"按钮█进入线条编辑模式。单击"几何体"卷展栏中的"轮廓"按钮，在数值文本框中输入参数 300.0mm，然后按 Enter 键进行确定，使矩形成为封闭的双线。

⓬单击"修改"按钮█进入"修改"面板，在"修改器列表"的下拉列表中选择"挤出"选项，并在其"参数"卷展栏中的"数量"文本框中输入数值 100.0mm 完成吊顶框的制作，并把其调整到相应的位置。

⓭使用同样的方法制作顶棚面的吊顶。

⓮制作顶棚左面的吊顶发光片。单击"创建"按钮█进入"创建"面板，然后单击"图形"按钮█，在其"对象类型"卷展栏中，单击其中的"线"按钮，在顶视图中结合主工具栏中"捕捉开关"按钮█绘制左面吊顶的线段。单击"修改"按钮█进入"修改"面板，在"修改器列表"的下拉列表中选择"挤出"选项，并在其"参数"卷展栏中设置数量，使拉伸出来的大发光片成为没有厚度的单片。

⓯制作顶棚左面的吊顶的框架。单击"创建"按钮█进入"创建"面板，然后单击"图形"按钮█，在其"对象类型"卷展栏中，单击其中的"矩形"按钮，在顶视图中结合主工具栏中的"捕捉开关"按钮█，绘制框架内部的矩形。

⓰单击"创建"按钮█进入"创建"面板，然后单击"图形"按钮█，在其"对象类型"卷展栏中，单击其中的"矩形"按钮，绘制外框的形状。然后，单击"修改"按钮█进入"修改"面板，在"可编辑样条线"列表框中选择"样条线"选项；或者在"选择"卷展栏中单击"样条线"按钮█，进入样条线编辑模式，在数值文本框中输入参数 150.0mm 并按 Enter 键进行确定，使其成为封闭的双线。

⓫在线编辑模式下，单击"几何"卷展栏中的"连接"按钮，按住 Ctrl 键依次选择其余的吊顶架矩形，把它们关联为一个整体，如图 6-67 所示。

⓭选择矩形框架，单击"修改"按钮 ![修改按钮] 进入"修改"面板，在"修改器列表"的下拉列表中选择"挤出"选项，并在其"参数"卷展栏中的"数量"文本框中输入数值 80.0mm 把线条拉伸为吊顶框。

⓮在顶视图复制柱子模型到大堂内部，并移动到相应的位置上。复制顶棚模型，在前视图中移动到地面作为地面模型。这时大堂基本模型如图 6-68 所示。

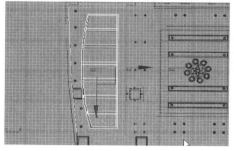

图6-67　左面吊顶的框架

图6-68　大堂基本模型

08 创建灯具模型。

❶制作筒灯。单击"创建"按钮 ![创建按钮] 进入"创建"面板，然后单击"几何体"按钮 ![几何体按钮]，在其"对象类型"卷展栏中，单击其中的"圆柱体"按钮，在顶视图中创建一个"半径"和"高度"分别为 80.0mm 和 30.0mm 的圆柱体作为筒灯的灯架。然后，再创建一个"半径"和"高度"分别为 80.0 mm 和 0.0mm 的圆柱体单片作为筒灯的灯片置于灯架下方，如图 6-69 所示。

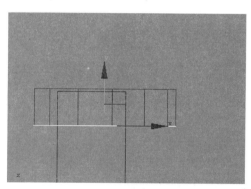

图6-69　筒灯发光片位置

❷分别选择筒灯的灯架和灯片，单击"修改"按钮 ![修改按钮] 进入"修改"面板，在面板中分别为它们重新命名，以便之后进行选择和管理，如图 6-70 所示。

❸在顶视图选择筒灯模型按住 Shift 键进行复制，并把它们放在相应的位置。

❹用创建筒灯灯片的方法制作吸顶灯和冷光灯，并把它们重命名后关联复制到相应的位置。

❺导入艺术吊灯模型。选择菜单栏中的"3ds"→"导入"命令，在弹出的"选择文件导入"对话框中选择光盘相应路径下的"源文件/导入模型/大堂/吊灯.3ds"，单击"打开"按钮进行确定。

❺在弹出的"3ds 导入"对话框中选择"合并对象到当前场景",单击"确定"按钮导入模型,如图 6-71 所示。

图6-70　为模型重命名

图6-71　大堂模型

❼在顶视图选择导入的吊灯模型,单击主工具栏中的"选择并均匀缩放"按钮，把吊顶模型缩放到顶棚图中吊灯的大小比例。然后,把吊灯置于相应的位置。

❽用同样的方法导入壁灯模型,使用"移动""缩放""旋转"和"复制"命令把它置于大堂 A 立面相应的位置。这时,大堂模型如图 6-71 所示。

❾选择 DWG 文件的大堂顶棚图按下鼠标右键,在右键菜单中选择"隐藏选定对象"命令把它进行隐藏。同时,解除对 DWG 文件的大堂平面图的冻结。

09 导入其他家具模型。

❶导入电脑模型。选择菜单栏中的"3ds"→"导入"命令,在弹出的"选择文件导入"对话框中选择光盘相应路径下的"源文件/模型/大堂/显示器.3ds"文件,单击"打开"按钮进行确定。

❷在弹出的"合并-显示器.Max"对话框中单击"全部"按钮,再单击"确定"按钮把文件中所有模型进行导入。

❸在顶视图中单击"视口导航控件"工具栏中的"最大化适口切换"按钮，使顶视图中的模型居中显示,使能很快找到视图中刚合并的显示器模型的位置并进行操作。然后,根据大堂平面图,通过使用"移动""缩放""旋转"和"复制"命令把它置于大堂相应的位置。

❹用同样的方法,依次导入大堂的沙发、茶几等模型置于大堂相应的位置。

最后,大堂模型在视图中如图 6-72 所示。

 注意

这时,可以调整并确定"Camera01"视图的视点。在视点以外的模型可以不进行导入甚至对建立的模型进行删除,便于节省操作和以后的渲染时间。

注意

为了方便选择场景中的模型,可以单击主工具栏的"根据名字选择"按钮，在弹出的"选择物体"对话框中选择相应的模型,按下"选择"按钮即可。在对话框中选择时按住 Ctrl 键可以选择多个模型。

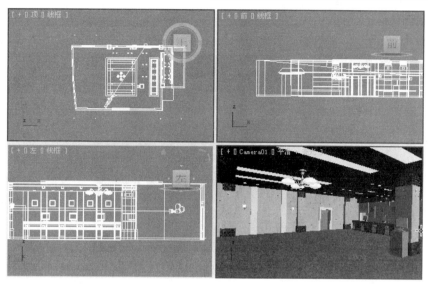

图6-72　大堂模型

6.1.3　添加灯光

01 单击"创建"按钮 进入"创建"面板，然后单击"灯光"按钮 ，如图 6-73 所示。这样，在场景中能针对性地选择灯光模型。

02 单击"创建"按钮 进入"创建"面板，然后单击"灯光"按钮 ，在其"对象类型"卷展栏中如图 6-74 所示，单击其中的"泛光"按钮，然后，在顶视图中单击创建 1 盏泛光灯作为主要的室内照明。

图6-73　选择过滤

图6-74　选择泛光灯

03 单击"创建"按钮 进入"创建"面板，然后单击"灯光"按钮 ，在其"对象类型"卷展栏中，单击其中的"目标聚光灯"，在顶视图中单击创建 1 盏目标面光在吊灯下方。

04 单击"创建"按钮 进入"创建"面板，然后单击"灯光"按钮 ，在其"对象类型"卷展栏中，单击其中的"目标聚光灯"，在前视图创建一盏目标聚光灯，并调整它的位置，使它和筒灯模型对齐。

05 选择刚创建的目标聚光灯，按住 Shift 键进行"关联"方式的复制，使复制出和场景中的筒灯模型相对应的灯光。

06 单击"创建"按钮 进入"创建"面板，然后单击"灯光"按钮 ，在其"对象类型"卷展栏中，单击其中的"目标聚光灯"，为壁灯和服务台墙面的筒灯创建目标聚光灯，并关联复制到相应的位置。

07 调整灯光的位置，最终场景效果如图6-75所示。

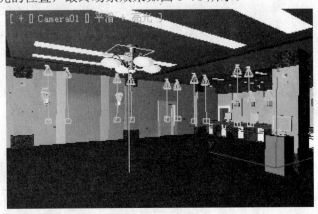

图6-75　场景效果

6.2　建立标准间的立体模型

6.2.1　导入 AutoCAD 模型并进行调整

01 运行 3ds Max 2016。

02 选择菜单栏中的"自定义"→"单位设置"命令，在弹出的"单位设置"对话栏中设置计量单位为"毫米"。

03 选择菜单栏中的"3ds"→"导入"命令，在弹出的"选择要导入的文件"对话框的"文件类型"下拉列表中选择"原有 AutoCAD(*.DWG)"选项，并选择本书配套光盘中"源文件/CAD/施工图/标准间平面.dwg"文件，再单击"打开"按钮。

04 在弹出的"导入选项"对话框中设置参数，将多余的选项的勾选取消，并把导入的计量单位和 3ds Max 的计量单位统一为"毫米"。将文件导入 3ds Max 中。

05 单击主工具栏中的"按名称选择"按钮，框选标准间平面 DWG 文件，选择菜单中的"组→组"命令把它们进行群组。

06 在修改面板单击该组的颜色属性框，打开"物体颜色"对话框，如图6-76所示。然后，在颜色对话框中选择相应的颜色单击"确定"按钮。这时标准间平面图在顶视图中如图6-77所示。

图6-76　单击颜色属性显示框

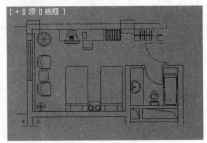

图6-77　标准间平面图

6.2.2　建立完整的标准间模型

01　建立标准间的基本墙面。

❶右键单击主工具栏中的"捕捉开关"按钮 3ᵃ，对弹出的"栅格和捕捉设置"对话框进行设置如图 6-78 所示。关闭对话框并用左键单击"捕捉开关"按钮 3ᵃ进入捕捉状态。

❷在顶视图中单击"创建"按钮 进入"创建"面板，然后单击"图形"按钮 在其"对象类型"卷展栏中，单击其中的"线"按钮，捕捉 DWG 平面图的墙体边缘线，绘制一条连续的线条，如图 6-79 所示。

图6-78　设置捕捉选项

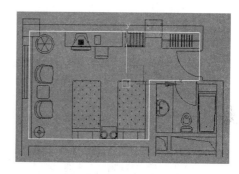

图6-79　绘制墙体线条

❸选择绘制的线条，单击"修改"按钮 进入"修改"面板，为它重命名为墙，如图 6-80 所示。

在"可编辑样条线"列表框中选择"样条线"选项；或者在"选择"卷展栏中单击"样条线"按钮 ，再单击"几何体"卷展栏中的"轮廓"按钮，在数值文本框中输入参数 245.0mm，并按 Enter 键进行确定，使墙壁线条成为封闭的双线。由于标准间墙体的厚薄不同，进入编辑模式，移动视图中的线段，使它和平面图的墙体内壁线段相一致，如图 6-81 所示。

图6-80　为线条重命名

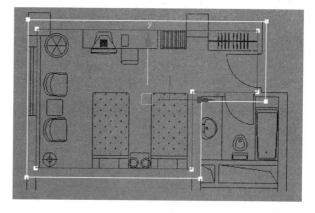

图6-81　编辑墙体线段

❹单击"修改"按钮 进入"修改"面板，"修改器列表"的下拉列表中选择"挤出"选项，并在其"参数"卷展栏中的"数量"文本框中输入数值 3000.0mm，把线条拉伸为墙体。

❺右键单击导入的标准间平面图，在弹出的快捷菜单中选择"冻结当前选择"命令把平面图进行冻结。

❻单击"创建"按钮进入"创建"面板，然后单击"几何体"按钮，在其"对象类型"卷展栏中，单击其中的"平面"按钮，在顶视图中创建标准间地面。这时标准间模型在透视图中如图 6-82 所示。

❼用导入标准间平面图的方法导入光盘路径下的"标准间立面 2.DWG"文件。用工具栏中的选择工具框选立面图 DWG 文件，选择菜单中的"组"→"组"命令，把它们进行群组并在修改面板中重新设置其颜色。

❽调整标准间立面图的坐标位置，使它在前视图中如图 6-83 所示。

❾制作卫生间门洞。单击"创建"按钮进入"创建"面板，然后单击"几何体"按钮，在其"对象类型"卷展栏中，单击其中的"长方体"按钮，在前视图中结合主工具栏中的"捕捉开关"按钮，捕捉立面图门洞线条创建一个长方体，它的高度数值大于墙壁的厚度而穿过墙壁，它在视图中的位置如图 6-84 所示。

图6-82 标准间模型

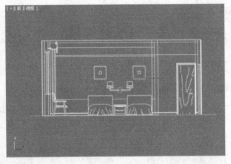

图6-83 标准间立面图的坐标位置

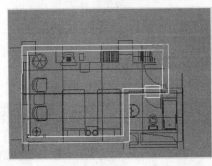

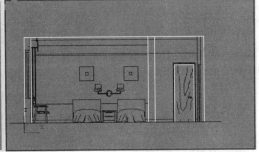

图6-84 长方体的位置

❿选择墙壁，单击"创建"按钮进入"创建"面板，单击"几何体"按钮，在其下拉列表中选择"复合对象"类型。在其"对象类型"卷展栏中单击"布尔"按钮，如图 6-85 所示。然后，在"拾取布尔"卷展栏中单击"拾取操作对象 B"按钮，在视图中拾取刚创建的长方体完成卫生间门洞的制作，效果如图 6-86 所示。

⓫制作窗户洞口。单击"创建"按钮进入"创建"面板，然后单击"几何体"按钮，在其"对象类型"卷展栏中，单击其中的"长方体"按钮，结合捕捉设置捕捉立面图窗户线条创建一个长方体，并设置它的宽度数值大于墙壁的厚度而穿过墙壁。然后，在顶视图中调整它的位置，使如图 6-87 所示。

⓬使用同第⓫步骤制作卫生间门洞的同样方法布尔运算出窗户的洞口。

⓭建立顶棚。单击"创建"按钮进入"创建"面板，然后单击"几何体"按钮，

在其"对象类型"卷展栏中，单击其中的"长方体"按钮，创建一个长方体，如图 6-88 所示。选择刚创建的长方体，单击鼠标右键，在弹出的右键菜单中选择"转换为/转换为可编辑网格"命令。单击"修改"按钮，进入"修改"面板，在"可编辑样条线"列表框中选择"顶点"选项；或者在"选择"卷展栏中单击"顶点"按钮，进入点编辑模式。

图6-85　单击布尔按钮

图6-86　卫生间门洞效果

⓮在视图中框选长方体上方的 4 个点，如图 6-89 所示。然后，按下 Delete 键把这 4 个节点进行删除，长方体成为单面模型。

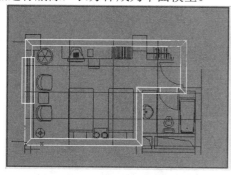

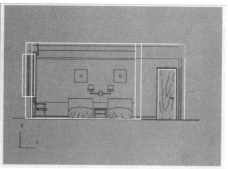

图6-87　长方体的位置

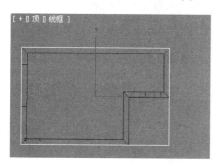

图6-88　创建顶棚长方体

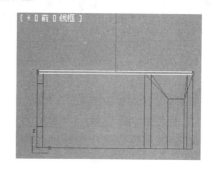

图6-89　框选节点

⓯创建摄像机。单击"创建"按钮进入"创建"面板，然后单击"摄像机"按钮，在其"对象类型"卷展栏中，单击其中的"目标"按钮，在前视图中创建一台摄像机，如图 6-90 所示。

⓰选择透视视图，按下 C 键。这时透视图转为 Camera01 摄像机视图，通过在其他视图移动摄像机的位置来调整摄像机视图的视点角度，使摄像机视图如图 6-91 所示。

02 建立标准间室内模型。

❶建立窗户模型。在右视图中，单击"创建"按钮进入"创建"面板，然后单击"图

形"按钮⬚，在其"对象类型"卷展栏中，单击其中的"矩形"按钮，结合主工具栏中捕捉设置⬚捕捉窗户洞口线条创建一个矩形。单击"修改"按钮⬚进入"修改"面板，在下拉菜单中选择"编辑线条"选项。

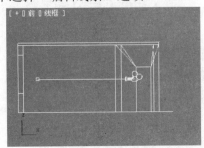

图6-90 创建摄像机

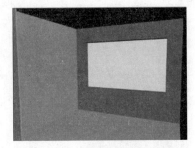

图6-91 摄像机视图效果

❷单击"修改"按钮⬚，进入"修改"面板，在"可编辑样条线"列表框中选择"样条线"选项；或者，在"选择"卷展栏中单击"样条线"按钮⬚进入线条编辑模式。单击"几何体"卷展栏中的"轮廓"按钮，在数值文本框中输入参数 80.0mm 并按 Enter 键进行确定，使矩形成为封闭的双线，如图 6-92 所示。

❸单击"修改"按钮⬚进入"修改"面板，在"修改器列表"的下拉列表中选择"挤出"选项，并在其"参数"卷展栏中的"数量"文本框中输入数值，拉伸二维线段，在其"参数"弹出菜单的"数量"文本框中输入数值 245.0mm 把线条拉伸为窗户外框，并在顶视图中放置于适当的位置，如图 6-93 所示。

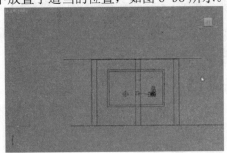

图6-92 创建矩形双线

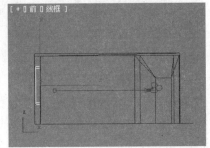

图6-93 窗框的位置

❹制作窗户内框。单击"创建"按钮⬚进入"创建"面板，然后单击"图形"按钮⬚，在其"对象类型"卷展栏中，单击其中的"矩形"按钮，结合主工具栏中的"捕捉开关"按钮³⬚，捕捉窗框创建一个矩形，如图 6-94 所示。然后，使用制作窗户外框同样的方法把矩形转化为封闭的双线并拉伸成形，拉伸的数值为100。

❺制作窗玻璃。单击"创建"按钮⬚进入"创建"面板，然后单击"几何体"按钮⬚，在其"对象类型"卷展栏中，单击其中的"长方体"按钮，结合主工具栏中的"捕捉开关"按钮³⬚捕捉窗内框创建一个长方体，单击"修改"按钮⬚进入"修改"面板，在"参数"卷展栏中的在"高度"文本框中输入数值为 0.01mm 并把它放置于窗框中间。

❻单击主工具栏的"选择并移动"按钮⬚，在左视图中按住 Ctrl 键依次选中窗户内框和窗玻璃，再按住 Shift 键把它们往移动进行关联复制。在顶视图中调整窗框的位置，如图 6-95 所示。

❼按住 Ctrl 键单击选择所有完成的窗框模型，单击"工具"按钮⬚，进入"工具"

面板，单击"工具"卷展栏中的"塌陷"按钮。然后，展开"塌陷"卷展栏单击"塌陷选定对象"按钮，把它们合并为一个物体，以方便管理和修改，如图6-96所示。

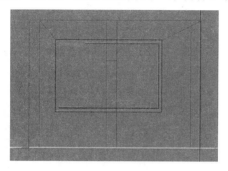

图6-94　制作窗户内框矩形

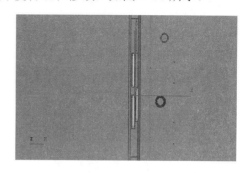

图6-95　窗框的位置

❽选择合并后的窗框单击鼠标右键，在弹出的右键菜单中选择"转换为/转换为可编辑网格"，自动转化为"可编辑网格"的编辑模式。在"选择"卷展栏中单击"多边形"按钮■。在右视图上选择渲染时窗框看不到的面，按Delete键进行删除，如图6-97所示。

图6-96　选择"塌陷"命令

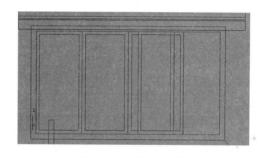

图6-97　删除看不到的面

❾制作窗帘框。在前视图中，单击"创建"按钮❋进入"创建"面板，单击"图形"按钮❑，在"对象类型"卷展栏中，单击"线"按钮。结合主工具栏中的"捕捉开关"按钮³⌐，捕捉窗帘框绘制连续的线条，如图6-98所示。然后，单击"修改"按钮☑进入"修改"面板。在"修改器列表"的下拉列表中选择"挤出"选项，用于拉伸二维线段，在其"参数"卷展栏的"数量"文本框中输入数值3660.0mm把线条拉伸为窗帘框。

❿制作踢脚。在顶视图中，单击"创建"按钮❋进入"创建"面板，然后单击"图形"按钮❑，在其"对象类型"卷展栏中单击其中的"线"按钮，捕捉墙体内壁边缘线，绘制一条连续的线条，如图6-99所示。选择绘制的线条，单击"修改"按钮☑进入"修改"面板，在"可编辑样条线"列表框中选择"顶点"选项；或者在"选择"卷展栏中单击"样条线"按钮❮，进入线编辑模式。

⓫单击"几何体"卷展栏中的"轮廓"按钮，在数值文本框中输入参数50.0mm并按Enter键进行确定，使踢脚线条成为封闭的双线。然后，再单击"修改"按钮☑进入"修改"面板，在"修改器列表"的下拉列表中选择"挤出"选项，用于拉伸二维线段，在其"参数"卷展栏的"数量"文本框中输入数值100.0mm，把线条拉伸为踢脚。

⓪③ 制作标准间基本家具。

❶制作镜子。在前视图中，单击"创建"按钮❋进入"创建"面板，然后单击"图形"

按钮 ，在其"对象类型"卷展栏中，单击其中的"矩形"按钮，结合主工具栏中的"捕捉开关"按钮 ，捕捉平面图镜框线条创建一个矩形。

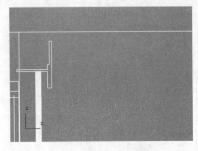
图6-98　绘制窗帘框线条

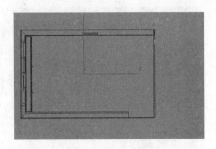
图6-99　绘制踢脚线条

❷单击"创建"按钮 进入"创建"面板，然后单击"图形"按钮 ，在其"对象类型"卷展栏中，单击其中的"矩形"按钮，绘制一个矩形。进入修改 面板，在"参数"卷展栏中"长度""宽度"文本框中输入数值 30.0mm，选择此矩形，单击"修改"按钮 进入"修改"面板，在"修改列表"的下拉菜单中选择"编辑样条线"命令，在"选择"卷展栏中单击"顶点"按钮 ，进入点编辑模式。

❸进入"选择"弹出菜单中，在"显示"栏中勾选"显示节点"复选框。这时在矩形的 4 个节点上会出现相应的数字。单击主工具栏中的"选择并移动"按钮 ，移动 2 号节点，使矩形如图 6-100 所示。

❹在前视图选取较大的矩形，单击"创建"按钮 进入"创建"面板，单击"几何体"按钮 ，在其下拉列表中选择"复合对象"类型。在其"对象类型"卷展栏中单击"放样"按钮，再单击"创建方法"卷展栏中的"获取路径"按钮，然后，在视图上点选小的矩形。这时，大的矩形就被放样为镜框模型，如图 6-101 所示。

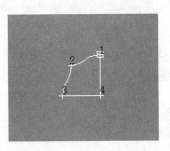
图6-100　编辑后的矩形形状

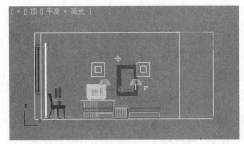
图6-101　放样成形的镜框模型

❺制作镜面。单击"创建"按钮 进入"创建"面板，然后单击"几何体"按钮 ，在其"对象类型"卷展栏中，单击其中的"长方体"按钮，在前视图结合主工具栏中的"捕捉开关"按钮 ，捕捉镜框创建一个长方体。选择长方体，在快捷菜单中选择"转换为/转换到为编辑网格"命令，单击"修改"按钮 进入"修改"面板，在"可编辑样条线"列表框中选择"顶点"选项；或者在"选择"卷展栏中单击"顶点"按钮 进入顶点编辑模式。

❻在视图中选择如图 6-102 所示的点，单击"编辑几何体"卷展栏中的"删除"按钮，把选中的点进行删除使长方体成为单面。

❼制作镜前灯。单击"创建"按钮 进入"创建"面板，单击"几何体"按钮 ，在其"对象类型"卷展栏中，单击其中的"长方体"按钮，结合主工具栏中的"捕捉开关"

按钮 ，捕捉镜前灯平面线条创建一个长方体，在"参数"卷展栏中的"高度"文本框中输入数值为 1mm。

❽制作窗帘。在顶视图中，单击"创建"按钮 进入"创建"面板，然后单击"图形"按钮 ，在其"对象类型"卷展栏中，单击其中的"线"按钮，绘制一条连续的线条。然后，单击"修改"按钮 ，进入"修改"面板，在"可编辑样条线"列表框中选择"样条线"选项；或者在"选择"卷展栏中单击"样条线"按钮 ，再单击"几何体"卷展栏中的"轮廓"按钮，输入数值为 8.0mm 使其成为封闭的双线，如图 6-103 所示。

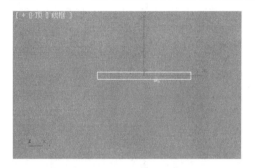
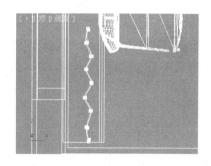

图6-102　选择节点　　　　　　　　　　图6-103　绘制连续的线条

再单击"修改"按钮 进入"修改"面板，"修改器列表"的下拉列表中选择"挤出"选项，并在"数量"文本框中输入数值 2600.0mm 把线条拉伸为窗帘，放在相应的位置。

❾使用同样的方法制作另一块窗帘，放在窗户的另一边，并使其和前一块窗帘的形状有一定的区别。

❿选择标准间立面 DWG 文件，单击鼠标右键，在弹出的右键菜单中选择"隐藏选定对象"命令隐藏标准间立面 2。然后，打开"源文件/CAD/ 施工图/标准立面图.dwg"标准间立面 1.DWG"文件，选择菜单中的"组→组"命令，把它们进行群组并在修改面板中重新设置其颜色和调整坐标位置，如图 6-104 所示。

⓫使用制作镜子同样的方法制作标准间立面 1 的装饰画框，并置于相应的位置。这时摄像机视图如图 6-105 所示。

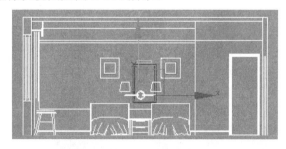

图6-104　标准间立面　　　　　　　　　图6-105　摄像机视图效果

04 导入其他家具模型。

❶单击"显示"按钮 进入"显示"面板，展开"冻结"卷展栏，单击其中的"按名称解冻"按钮，然后在顶视图中点选冻结的标准间平面图，把平面图解除锁定。

❷导入书柜模型。选择菜单栏中的"3ds"→"导入"→"合并"命令，在弹出的"合并文件"对话框中选择相应路径下的"源文件/3D/模型/标准间/书柜.Max"文件，单击"打

开"按钮。

❸在弹出的"合并-书柜.Max"对话框中单击"全部"按钮,再单击"确定"按钮进行确定导入文件所有模型。导入模型文件后,单击"视口导航控件"工具栏中的"所有视图最大化"按钮⊞,使所有视图中的模型居中显示,这样就能很快找到视图中刚合并的窗帘模型并进行操作。

❹单击主工具栏中的"选择并移动"按钮✥、"选择并缩放"按钮⬛和"选择并旋转"按钮↻,把书柜模型放在标准间中相应的位置,如图6-106所示。

❺使用同样的方法在相应路径下依次导入标准间中其他家具模型。最后,标准间的摄像机视图效果如图6-107所示。

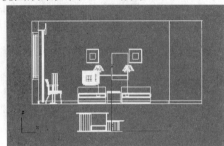

图6-106 合并书柜模型

图6-107 摄像机视图效果

⚠ 注意

导入家具模型时应根据摄像机视图进行调整,如果是在摄像机以外的看不到的模型,就不需要进行导入,以节省操作时间和以后的渲染速度。

📖 6.2.3 添加灯光

01 单击主工具栏的"选择过滤器"在其下拉列表框中选择"L-灯光",使在场景中能针对性地选择灯光模型。

02 单击"创建"按钮✱进入"创建"面板,然后单击"灯光"按钮⬚,在其"对象类型"卷展栏中,单击其中的"泛光"按钮,如图6-108所示。然后,在顶视图中单击创建1盏泛光灯作为主要的室内照明。

03 单击"创建"按钮✱进入"创建"面板,然后单击 "灯光"按钮⬚,在其"对象类型"卷展栏中,单击其中的"目标聚光灯",为床头的壁灯创建目标聚光灯,并关联复制另一盏到相应的位置,如图6-109所示。

图6-108 选择Omni灯光

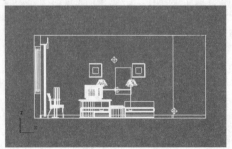

图6-109 灯光的位置

04 调整灯光的位置后，摄像机视图的效果如图 6-110 所示。检查场景中的模型文件，把导入的 DWG 平面图文件和视图之外的模型文件全部删除。

图6-110 摄像机视图效果

6.3 建立卫生间的立体模型

本节主要介绍宾馆卫生间的立体模型的具体制作过程一些模型制作技巧。

6.3.1 导入 AutoCAD 模型并进行调整

01 运行 3ds Max 2016。

02 选择菜单栏中的"自定义"→"单位设置"命令，在弹出的"单位设置"对话栏中设置计量单位为"毫米"。

03 选择菜单栏中的"3ds"→"导入"命令，然后在弹出的"选择文件导入"的对话框中选择配套光盘中相应路径下的光盘中"源文件/CAD/ 施工图/卫生间.dwg"文件，再单击"打开"按钮确定。

04 在弹出的"导入选项"对话框中设置参数，将多余的选项的勾选取消，并把导入的计量单位和 3ds Max 的计量单位统一为"毫米"。然后，单击"确定"按钮进行确定把 DWG 文件导入 3ds Max 中。

05 用主工具栏中的"按名称选择"按钮 分别框选卫生间 DWG 文件的 4 个立面图和平面图，选择菜单栏中的"组"→"组"命令，分别把它们进行群组、重命名和设定颜色属性，使在顶视图中如图 6-111 所示。

06 选择卫生间的 5 个立面图，单击鼠标右键，在弹出的右键快捷菜单中选择"冻结当前选择"把立面图进行锁定。

07 单击"所有视图最大化显示"工具栏中的"缩放区域"按钮 ，框选卫生间的平面图，使其放大到整个视图以便进行操作，如图 6-112 所示。

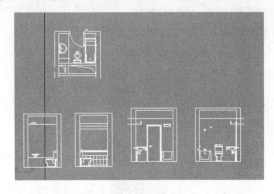

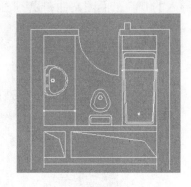

图6-111　调整DWG文件　　　　　　　图6-112　放大卫生间平面图

6.3.2　建立完整的卫生间模型

01 建立卫生间的基本墙面。

❶打开捕捉设置，在顶视图中，单击"创建"按钮 进入"创建"面板，然后单击"图形"按钮 在其"对象类型"卷展栏中，单击其中的"线"按钮，捕捉卫生间平面图的墙体边缘线，绘制一条连续的线条。

❷选择绘制的线条，单击"修改"按钮 进入"修改"面板，在"可编辑样条线"列表框中选择"样条线"选项；或者在"选择"卷展栏中单击"样条线"按钮 。然后单击"几何体"卷展栏中的"轮廓"按钮，在数值文本框中输入参数 240.0mm 并按 Enter 键进行确定，使墙壁线条成为封闭的双线，如图 6-113 所示。

❸单击"修改"按钮 进入"修改"面板，在"修改器列表"的下拉列表中选择"挤出"选项，并在其"参数"卷展栏中的"数量"文本框中输入数值 3000.0mm 把线条拉伸为墙体。

❹创建摄像机。单击"创建"按钮 进入"创建"面板，然后单击 "摄像机"按钮 ，在其"对象类型"卷展栏中，单击其中的"目标"按钮，在顶视图中创建一台摄像机，如图 6-114 所示。

❺选择透视图，按下 C 键。这时"透视"视图转为 Camera01 摄像机视图，通过在其他视图移动摄像机的位置来调整摄像机视图的视点角度，使摄像机视图如图 6-115 所示。

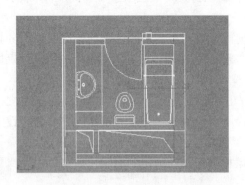

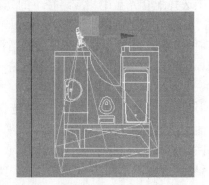

图6-113　墙壁的线条　　　　　　　　图6-114　创建摄像机

❻建立顶面。单击"创建"按钮 进入"创建"面板，然后单击"几何体"按钮 在

其"对象类型"卷展栏中，单击其中的"长方体"按钮，创建一个长方体，如图 6-116 所示。在视图上选择刚创建的长方体，单击"修改"按钮进入"修改"面板，在"可编辑网格"列表框中选择"顶点"选项；在"前视图"中选择如图 6-117 所示的点，单击"编辑几何"体卷展栏中的"删除"按钮，把选中的点进行删除使长方体成为单面。

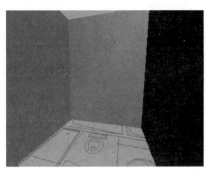

图6-115　摄像机视图　　　　　　　　图6-116　创建顶面长方体

❼建立地面。单击"创建"按钮进入"创建"面板，然后单击"几何体"按钮在其"对象类型"卷展栏中，单击其中的"面片"按钮，创建一个和顶面模型同样大小的平板，在前视图中调整到相应的位置。

❽单击"显示"按钮进入"显示"面板，展开"冻结"卷展栏中单击其中的"按名称解冻"按钮，在视图中单击如图 6-118 所示的立面图解除其锁定。

❾在前视图内选择立面图，选择主工具栏中的"选择并旋转"按钮，然后单击"提示行和状态栏控件"工具栏中的"绝对模式变换输入"按钮，在 X 文本框内输入数值 90，再按 Enter 键进行确定，如图 6-119 所示。这时立面图会按 X 轴方向旋转 90º，再调整立面图到相应的位置。

❿用同样的方法，在右视图中选择如图 6-120 所示的立面图，经过解除锁定、旋转和移动，把其调整到相对应的位置。

⓫在前视图选择顶面模型，按住 Shift 键向下移动进行复制，在弹出的"克隆选项"对话框按照 6-121 进行设置，然后把复制的顶面模型放在和标准间立面图的吊顶线条相对应的位置，如图 6-121 所示。

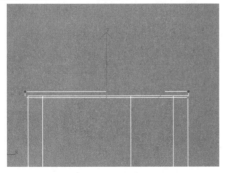
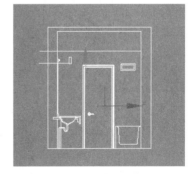

图6-117　选择节点　　　　　　　　图6-118　选择立面图

X: 90.0　Y: -0.0　Z: -0.0

图6-119　设置旋转数值

259

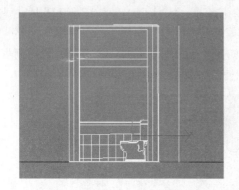

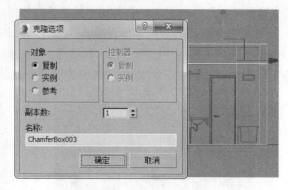

图6-120　调整立面图位置　　　　　　　　　　图6-121　复制吊顶

02 建立卫生间室内模型。

❶建立灯盒。单击"创建"按钮 ❖ 进入"创建"面板，然后单击"几何体"按钮 �‍○ 在其"对象类型"卷展栏中，单击其中的"长方体"按钮，在前视图中结合主工具栏中的"捕捉开关" ³⚲，捕捉灯盒创建一个长方体，在"参数"卷展栏中的"高度"文本框输入数值1680.0mm，如图 6-122 所示。然后，在左视图中调整到相应的位置。

❷使用同样的方法在前视图中捕捉立面图相应的线条创建有机灯片、镜子和日光灯，并设置其长方体的"高度"数值为 1680.0mm，调整到对应的位置。这时摄像机视图的效果如图 6-123 所示。

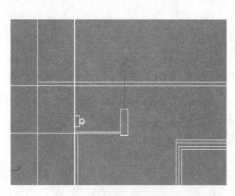

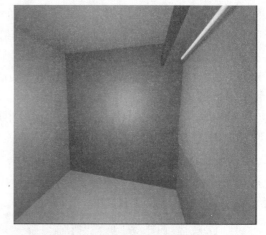

图6-122　创建灯盒　　　　　　　　　　　图6-123　摄像机视图效果

❸创建浴缸扶手。在前视图中选择立面图按下 Delete 键进行删除，把如图 6-124 所示的立面图经过解除锁定、旋转和移动，调整到相对应的位置。

❹在顶视图中，单击"创建"按钮 ❖ 进入"创建"面板，然后单击"图形"按钮 ◌ 在其"对象类型"卷展栏中，单击其中的"线"按钮，绘制一条连续的线条，如图 6-125 所示。然后，在视图中把线段移动到和立面图的扶手线条相对应的位置。

❺单击"创建"按钮 ❖ 进入"创建"面板，然后单击"图形"按钮 ◌，在其"对象类型"卷展栏中，单击其中的"圆"按钮，在顶视图中创建一个半径为 15.0mm 的圆形。单击"创建"按钮 ❖ 进入"创建"面板，单击"几何体"按钮 ◯，在其下拉列表中选择"复合对象"类型。在其"对象类型"卷展栏中单击"放样"按钮，如图 6-126 所示。再单击"创

建方法"卷展栏中的"获取路径"按钮，在顶视图中单击绘制的圆形创建一个以扶手线段为基本路径、圆形为半径的形体。

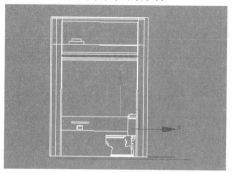

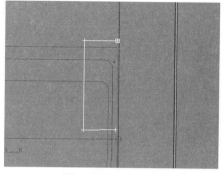

图6-124　调整立面图　　　　　　　图6-125　绘制扶手线段

❻创建皂盒。在左视图中，单击"创建"按钮 进入"创建"面板，然后单击"图形"按钮 在其"对象类型"卷展栏中，单击其中的"线"按钮，捕捉立面图的皂盒线条绘制一条连续的线条。单击"修改"按钮 ，进入"修改"面板，在"可编辑样条线"列表框中选择"顶点"选项；或者在"选择"卷展栏中单击"顶点"按钮 ，进入点编辑模式。展开"选择"卷展栏，勾选"显示节点"复选框。这时在矩形的4个节点上会出现相应的数字，如图6-127所示。

❼选择3号节点，单击"修改"按钮 进入"修改"面板，单击"几何体"卷展栏中的"圆角"按钮，并在其"参数"卷展栏中的"数量"文本框中输入数值15.0mm，按Enter键进行确定。这时3号节点被进行倒角。用同样的方法，对4号节点进行的倒角。

❽单击"修改"按钮 进入"修改"面板，在"修改器列表"的下拉列表中选择"挤出"选项，并在其"参数"卷展栏中的"数量"文本框中输入数值80.0mm，把线条拉伸长方体。在前视图中调整长方体的位置，使其插入墙壁模型，如图6-128所示。

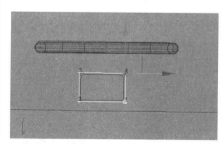

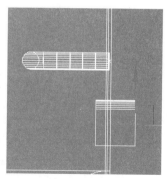

图6-126　选择放样命令　　　图6-127　显示线条节点　　　图6-128　调整长方体的位置

❾单击"创建"按钮 进入"创建"面板，单击"几何体"按钮 ，在其下拉列表中选择"复合对象"类型。在其"对象类型"卷展栏中单击"布尔"按钮。然后选择墙壁模型，单击"拾取布尔"卷展栏中的"拾取操作对象B"按钮，在视图上拾取创建的长方体。这时，长方体在墙壁上布尔运算出一个洞口作为皂盒。

❿创建浴缸。单击"创建"按钮 进入"创建"面板，单击"几何体"按钮 ，在其类型下拉列表中选择切角长方体，其"对象类型"卷展栏中单击其中的"切角长方体"按

钮，单击"修改"按钮，进入"修改"面板，在"参数"卷展栏中的"长度""宽度""高度"和"圆角"文本框中输入数值为 1680.0mm、660.0mm、550.0mm 和 50.0mm。然后，把长方体移动到相应的位置。

⓫创建一个较小的倒角长方体，单击"修改"按钮进入"修改"面板，在"参数"卷展栏中的"长度""宽度""高度"和"圆角"文本框中输入数值为 1200.0mm、550.0mm、600.0mm 和 20.0mm。

⓬选择刚创建的倒角长方体，单击鼠标右键，在弹出的右键菜单中选择"转换为/转换为可编辑网格"命令。进入点编辑模式，框选长方体下方两个角的节点，单击主工具栏的"选择并均匀缩放"按钮，把选中的节点沿 X 轴（X 轴为显示为黄色，而 Y 轴显示为绿色）往中间移动，如图 6-129 所示。

⓭在左视图中，移动下角节点，如图 6-130 所示。然后，退出点编辑模式，调整两个倒角长方体的位置，如图 6-131 所示。

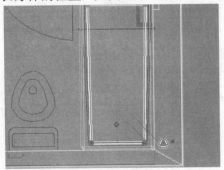

图6-129　缩放节点

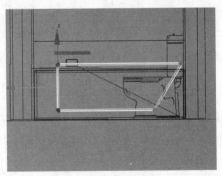

图6-130　移动节点

⓮单击"创建"按钮进入"创建"面板，单击"几何体"按钮，在其下拉列表中选择"复合对象"类型。在其"对象类型"卷展栏中单击"布尔"按钮，然后选择较大的导角长方体模型，在"拾取布尔"卷展栏中单击"拾取操作对象 B"按钮，在视图上拾取较小的倒角长方体。这时布尔运算完成，剩下的形体如图 6-132 所示。

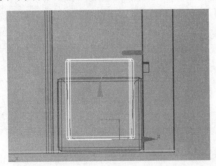

图6-131　调整长方体位置

图6-132　浴缸形体

03 导入其他模型。

❶合并洗手池模型。选择菜单栏中的"3ds"→"导入"命令，在弹出的"合并文件"对话框中选择光盘相应路径下的"源文件/模型/卫生间/洗手池.3ds"文件，单击"打开"按钮。

❷在弹出的"合并-洗手池.Max"对话框中勾选"全部"选项，再单击"确定"按钮。

导入模型文件后，单击"视口导航控件"工具栏中的"所有视图最大化显示"按钮，使所有视图中的模型居中显示，这样就能很快找到视图中刚合并的洗手池模型并进行操作。

❸结合主工具栏中的"选择并移动"按钮、"选择并均匀缩放"按钮和"选择并旋转"按钮，把洗手池模型放在卫生间中相应的位置，如图 6-133 所示。

❹使用同样的方法在相应路径下依次合并坐便器和浴缸水龙头模型，并调整到相应的位置。

❺导入挂钩模型。选择菜单栏中的"3ds"→"导入"命令，在弹出的"合并文件"对话框中选择光盘相应路径下的"源文件/模型/卫生间/挂钩.3ds"文件，单击"打开"按钮。

❻在弹出的"合并-挂钩"对话框中勾选"全部"选项，把模型导入场景，并通过主工具栏中的"选择并移动""选择并旋转"和"选择并均匀缩放"命令把其放置在浴缸头部。

❼按住 Shift 键移动洗手盆的水龙头，把其关联复制到浴缸上方的墙壁上作为淋浴喷头。最后，卫生间的摄像机视图效果如图 6-134 所示。

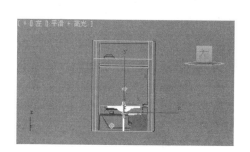

图6-133　洗手池的位置

图6-134　摄像机视图效果

6.3.3　添加灯光

01 在工具栏的（选择过滤）的下拉列表框中选择灯光，使在场景中能针对性地选择灯光模型。

02 单击"创建"按钮进入"创建"面板，如图 6-135 所示。然后单击"灯光"按钮，在其"对象类型"卷展栏中，单击其中的"泛光灯"按钮，在顶视图中单击鼠标创建 1 盏泛光灯"Omni01"，然后，在顶视图中创建 1 盏泛光灯作为主要的室内照明。再创建另一盏泛光灯，放置在卫生间下部作为辅助照明。两盏泛光灯的位置如图 6-136 所示。

图6-135　选择Omni灯光

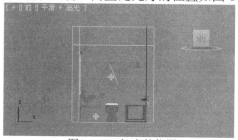

图6-136　灯光的位置

6.4 建立会议室的立体模型

本节主要介绍宾馆会议室的室内建模方法和基本的材质灯光设置。

6.4.1 导入 AutoCAD 模型并进行调整

01 运行 3ds Max 2016。

02 选择菜单栏中的"自定义"→"单位设置"命令，在弹出的"单位设置"对话框设置计量单位为"毫米"。

03 选择菜单栏中的"3ds"→"导入"命令，在弹出的"选择要导入的文件"对话框的"文件类型"下拉列表中选择"原有 AutoCAD(*.DWG)"选项，并选择本书配套光盘中"源文件/CAD/ 施工图/会议室.dwg"文件，再单击"打开"按钮。

04 在弹出的"导入选项"对话框中的，将多余的选项的勾选取消，并把导入的计量单位和计量单位统一为毫米。然后，单击"确定"按钮把 DWG 文件导入 3ds Max 中。

05 调整 DWG 文件，把标注、纹理等无用的线条进行删除。然后，用工具栏中的选择工具[图]分别框选会议室 DWG 文件的 4 个立面图和两个平面图，选择菜单栏中的"组"→"组"命令。分别把它们进行群组、重命名和设定颜色属性，使顶视图如图 6-137 所示。

06 选择会议室的 4 个立面图和顶棚平面图，单击鼠标右键，在弹出的右键菜单中选择"冻结当前选择"命令将图形锁定。

07 单击"视口导航控件"工具栏中的"缩放区域"按钮[图]，框选会议室的平面图，使其放大到整个视图以便进行操作，如图 6-138 所示。

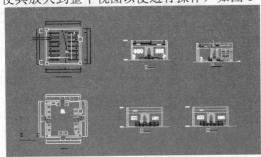

图6-137 调整DWG文件

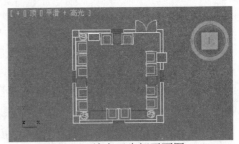

图6-138 放大卫生间平面图

6.4.2 建立完整的会议室模型

01 建立会议室的基本墙面。

❶打开捕捉设置，单击主工具栏的"捕捉开关"按钮[图]，打开捕捉设置。在前视图中，单击"创建"按钮[图]进入"创建"面板，然后单击"图形"按钮[图]，在其"对象类型"卷展栏中单击其中的"线"按钮。捕捉会议室平面图的墙体边缘线，绘制一条连续的线条。

❷选择绘制的线条，单击"修改"按钮[图]进入"修改"面板，将其重命名为"墙"。然后，在"可编辑样条线"列表框中选择"样条线"选项；或者在"可编辑样条线"卷展栏中单击"样条线"按钮[图]。单击"几何体"卷展栏中的"轮廓"按钮，在数值文本框中

输入参数-250.0mm并按Enter键进行确定，使墙壁线条成为封闭的双线，如图6-139所示。

❸单击"修改"按钮 进入"修改"面板。在"修改器列表"的下拉列表中选择"挤出"选项，用于拉伸二维线段，在其"参数"卷展栏的"数量"文本框中输入数值3400.0mm，把线条拉伸为墙体。

❹建立顶面。进入几何体创建 面板，单击"创建"按钮 进入"创建"面板，然后单击"几何体"按钮 ，在其"对象类型"卷展栏中，单击其中的"长方体"按钮，捕捉墙体边缘线创建一个长方体。在视图上选择刚创建的长方体，单击鼠标右键，在弹出的右键菜单中选择"转换为/转换为可编辑网格"命令。

❺在"选择"卷展栏中单击"顶点"按钮 ，在前视图中选择如图6-140所示的点，单击"编辑几何体"卷展栏中的"删除"按钮，把选中的点进行删除使长方体成为单面，然后退出点编辑模式。

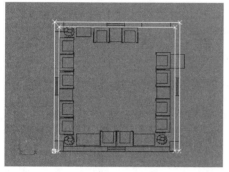
图6-139 墙体线条

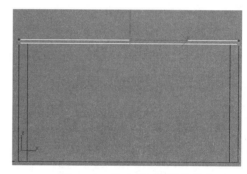
图6-140 选中需要删除的节点

❻建立地面。单击"创建"按钮 进入"创建"面板，然后单击"几何体"按钮 ，在其"对象类型"卷展栏中，单击其中的"平面"按钮，在顶视图捕捉墙体线条创建平板，在前视图中调整到相应的位置。单击"修改"按钮 进入"修改"面板，在其"参数"卷展栏的"数量"文本框中输入"长度"和"高度"数值为1.0mm。

❼创建摄像机。单击"创建"按钮 进入"创建"面板，然后单击"摄像机"按钮 ，在其"对象类型"卷展栏中，单击"目标"按钮，在顶视图中拖动鼠标创建一台摄像机，如图6-141所示。

❽在透视图中，按下C键。这时透视图转为Camera01摄像机视图，通过在其他视图移动摄像机的位置来调整摄像机视图的视点角度，使摄像机视图效果如图6-142所示。

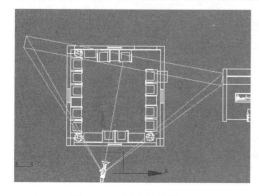
图6-141 创建摄像机

图6-142 摄像机视图效果

注意

　　会议室只建立了3个立面的模型，第4个面由于在摄像机视图外，可以不建立。这样，适合调整摄像机的位置和视图的效果，也节约了操作时间和以后的渲染速度。

　　❾单击"显示"按钮◻进入"显示"面板，在"冻结"卷展栏中单击其中的"按名称解冻"按钮，在视图中单击7立面图解除其锁定。在前视图中选择7立面图，单击主工具栏中的"选择并旋转"工具◯，然后在3ds Max下方单击位置图标◻，在X文本框内输入数值90，再按Enter键进行确定，如图6-143所示。这时7立面图会按X轴方向旋转90º，再单击主工具栏的"选择并移动"按钮✛把其调整到相应的位置，如图6-144所示。

図6-143　设置旋转数值

　　❿用同样的方法，在前视图中选择8立面图，经过解除锁定、旋转和移动，把其调整到相对应的位置，如图6-145所示。由于10立面图和8立面图基本相似，选择10立面图按下Delete键进行删除。同时，把9立面图也进行删除。

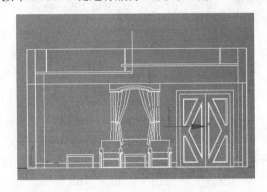
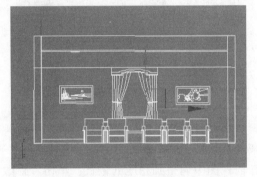

図6-144　7立面图（前视图）　　　　　　　　　图6-145　8立面图（右视图）

　　⓫创建窗口。然后单击"几何体"按钮◻在其"对象类型"卷展栏中，单击其中的"长方体"按钮，在前视图中创建一个长方体，如图6-146所示。

　　⓬按住Shift键移动或旋转刚创建的长方体，复制两个长方体分别放在另两扇窗户相应的位置，并使墙体穿过这些长方体，如图6-147所示。

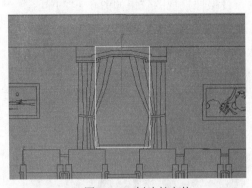
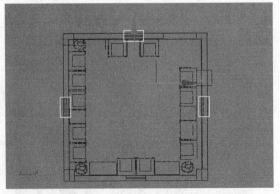

图6-146　创建长方体　　　　　　　　　　　图6-147　长方体的位置

　　⓭单击"创建"按钮▦进入"创建"面板，单击"几何体"按钮◻，在其下拉列表中

选择"复合对象"类型。然后，选择墙体模型，在"拾取布尔"卷展栏中单击"拾取操作对象 B"按钮，在视图上拾取创建的长方体。这时长方体在墙壁上布尔运算出一个洞口作为窗洞。

⓫用同样的方法布尔运算出另两个窗洞和门洞，这时摄像机视图的效果如图6-148所示。

图6-148　摄像机视图效果

02 建立会议室的室内模型。

❶建立窗户模型。在左视图中单击"创建"按钮 进入"创建"面板，然后单击"图形"按钮 在其"对象类型"卷展栏中，单击其中的"矩形"按钮，捕捉窗户洞口线条创建一个矩形。

❷选择刚绘制的曲线，单击"修改"按钮 进入"修改"面板，在"可编辑样条线"列表框中选择"样条线"选项；或者在"选择"卷展栏中单击"样条线"按钮 进入线条编辑模式。单击"几何体"卷展栏中的"轮廓"按钮，在数值文本框中输入参数40.0mm，并按 Enter 键进行确定，使矩形成为封闭的双线，如图6-149所示。

❸在单击"修改"按钮 进入"修改"面板，在"修改器列表"的下拉列表中选择"挤出"选项，用于拉伸二维线段，在其"参数"卷展栏的"数量"文本框中输入数值200.0mm，把线条拉伸为窗户外框，并在顶视图中放置于适当的位置，如图6-150所示。

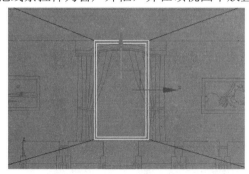

图6-149　窗户矩形

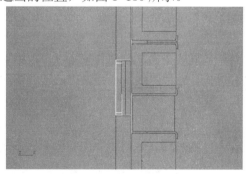

图6-150　窗户外框的位置

❹单击"创建"按钮 进入"创建"面板，然后单击"几何体"按钮 ，在其"对象类型"卷展栏中，捕捉窗户外框创建一个平板。单击"修改"按钮 进入"修改"面板，并在其"参数"卷展栏中的"宽度段数"文本框中输入数值为2，如图6-151所示。

❺制作窗户内框。在前视图中，单击"创建"按钮 进入"创建"面板，然后单击"图形"按钮 ，在其"对象类型"卷展栏中，单击其中的"矩形"按钮，根据刚创建的"平

板"的中心参考线,捕捉窗户外框线条创建一个矩形。然后,使用制作窗户外框同样的方法把矩形转化为封闭的双线并拉伸成形,单击"修改"按钮 进入"修改"面板,在"修改器列表"的下拉列表中选择"挤出"选项,在其"参数"卷展栏的"数量"文本框中输入数值50.0mm,如图6-152所示。这时可以把平板模型删除。

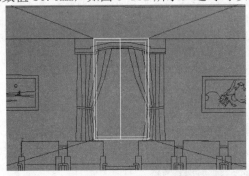

图6-151 创建的平板　　　　　　　图6-152 窗户内框

❻制作窗玻璃。单击"创建"按钮 进入"创建"面板,然后单击"几何体"按钮 ,在其"对象类型"卷展栏中,单击其中的"长方体"按钮,捕捉窗内框创建一个长方体,在其"参数"卷展栏的"高度"文本框中输入数值0.01mm,并把它放置于窗内框中间。

❼单击主工具栏的"选择并移动"按钮 ,在右视图中按住 Ctrl 键依次选中窗户内框和窗玻璃,再按住 Shift 键把它们往移动进行"关联复制"。在顶视图中调整窗框的位置,如图6-153所示。

❽按住 Ctrl 键单击选择所有完成的窗框模型,单击"工具"按钮 进入"工具"面板,在"工具"卷展栏中单击"塌陷"按钮。单击"塌陷选定对象"按钮,把它们合并为一个物体,以方便管理和修改。用同样的方法把两块窗玻璃塌陷为一个物体。

❾把创建的窗框和窗玻璃模型关联复制到另两个窗户洞口相应的位置。

❿创建门框。在"前视图"中,单击"创建"按钮 进入"创建"面板,然后单击"图形"按钮 ,在其"对象类型"卷展栏中,单击其中的"线"按钮,捕捉门洞的边缘线,绘制一条连续的线条。单击"修改"按钮 ,进入"修改"面板,在"可编辑样条线"列表框中选择"样条线"选项;或者在"选择"卷展栏中单击"样条线"按钮 ,再单击"几何体"卷展栏中的"轮廓"按钮,在按钮后面的文本框中输入数值100.0mm并按 Enter 键进行确定,使门框线条成为封闭的双线,如图6-154所示。

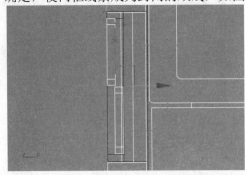
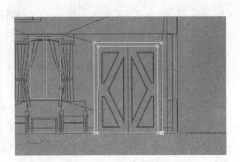

图6-153 窗框的位置　　　　　　　图6-154 门框线条

⓫单击"修改"按钮 进入"修改"面板,"修改器列表"的下拉列表中选择"挤出"

选项，并在其"参数"卷展栏中的"数量"文本框中输入数值250.0mm，拉伸出门框。

⑫制作门板。单击"创建"按钮 进入"创建"面板，然后单击"几何体"按钮 ，在其"对象类型"卷展栏中，单击其中的"长方体"按钮，在右视图中捕捉立面图的门板线条创建一个长方体作为门板，在"参数"卷展栏"高度"本框中输入数值100.0mm并在右视图中把它放置于门框中间。

⑬单击"创建"按钮 进入"创建"面板，然后单击"图形"按钮 ，在其"对象类型"卷展栏中，单击其中的"线"按钮，捕捉门板上其中一条装饰线，绘制一条连续的线条，如图 6-155 所示。单击"修改"按钮 进入"修改"面板，"修改器列表"的下拉列表中选择"挤出"选项，并在其"参数"卷展栏中的"数量"文本框中输入数值100.0mm。

⑭在视图中调整长方体的位置，使三分之一嵌入门板模型。单击"创建"按钮 进入"创建"面板，单击"几何体"按钮 ，在其下拉列表中选择"复合对象"类型。在其"对象类型"卷展栏中单击"布尔"按钮，然后，选择门板模型，单击"拾取布尔"卷展栏中的"拾取操作对象 B"按钮，在视图上拾取创建的长方体。这时长方体在门板上就被剪为一个凹陷的装饰面。

⑮用同样的方法制作出另 2 个装饰面，然后单击主工具栏的"镜像"按钮 ，把创建的门板以"关联"的方式镜像复制，并调整到相应的位置。这时，大门的模型效果如图 6-156 所示。

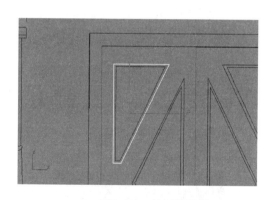
图6-155　绘制装饰线

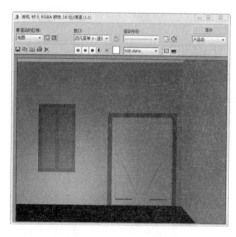
图6-156　大门的模型

⑯按住 Ctrl 键选择门框和门板模型，单击"工具"按钮 进入"工具"面板，在"工具"卷展栏中单击"塌陷"按钮。然后，在"塌陷"卷展栏中单击"塌陷选定对象"按钮，把它们合并为一个物体。

03 建立会议室顶棚模型。

❶在顶视图中选择会议室平面图，单击鼠标右键，在弹出的右键菜单中选择"隐藏选定对象"进行隐藏。同时，把顶棚图解除锁定，调整到相应的位置。

❷单击"创建"按钮 进入"创建"面板，然后单击"几何体"按钮 ，在其"对象类型"卷展栏中，单击其中的"长方体"按钮，在顶视图中捕捉顶棚图的线条创建一个长方体，在"参数"卷展栏中的"长度分段""宽度分段"和"高度"文本框中输入数值15.0mm、4.0mm 和 100.0mm，如图 6-157 所示。

❸在视图上选择刚创建的长方体，单击鼠标右键，在弹出的右键菜单中选择"转化为/转化为可编辑网格"选项，单击"修改"按钮 进入"修改"面板。在"可编辑网格"列表框中选择"顶点"选项，进入点编辑模式。根据顶棚图移动长方体的节点，如图 6-158 所示。

❹激活顶视图，按下 B 键使顶视图切换为底视图。单击"修改"按钮 进入"修改"面板，在"可编辑样条线"列表框中选择"多边形"选项；或者在"选择"卷展栏中单击"多边形"按钮 ，按住 Ctrl 键选择如图 6-159 所示的面，被选中的面显示为红色。

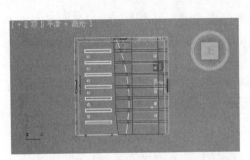

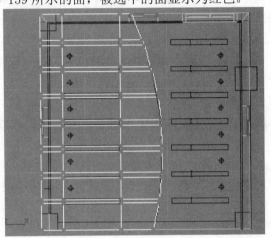

图6-157　创建顶棚长方体　　　　　　　　　图6-158　编辑节点

❺单击"修改"按钮 进入"修改"面板，在"修改器列表"的下拉列表中选择"挤出"选项，在其"参数"卷展栏的"数量"文本框中输入数值-80.0mm，然后按 Enter 键进行确定，这样就制作出吊顶的灯槽，如图 6-160 所示。

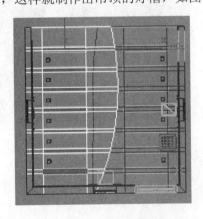

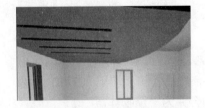

图6-159　选择编辑面　　　　　　　　　图6-160　吊顶灯槽效果

❻单击"创建"按钮 进入"创建"面板，然后单击 "几何体"按钮 ，在其"对象类型"卷展栏中，单击其中的"长方体"按钮。捕捉一个吊顶灯槽的线条创建一个长方体作为发光片，并设置其高度文本框内数值为 0.0mm，使之成为没有高度的单面长方体。

❼在右视图中调整发光片的位置，使它在灯槽的中间。按住 Shift 键移动发光片进行关联复制，把复制出的其他发光片调整到相应的位置。然后，按住 Ctrl 键依次选择所有的发光片，单击"工具"按钮 进入"工具"面板，在"工具"卷展栏下单击"塌陷"按钮。

在其"工具"卷展栏中单击"塌陷选定对象"按钮，把它们合并为一个物体，如图 6-161 所示。

❽用同样的方法制作另一块吊顶和发光片，在前视图中调整到相应的位置，如图 6-162 所示。

❾制作筒灯。单击"创建"按钮✳进入"创建"面板，然后单击"几何体"按钮◯，在其"对象类型"卷展栏中，单击其中的"圆柱体"按钮，在顶视图中绘制一个圆柱单击修改按钮◿进入修改面板，在"参数"卷展栏中"半径""高度"文本框中输入数值为 40.0mm 和 1.0mm 的圆柱体，作为灯片。

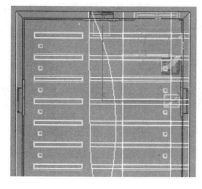

图6-161　创建的发光片

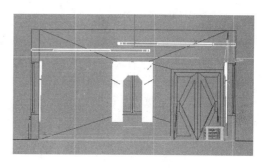

图6-162　调整吊顶的位置

❿单击"创建"按钮✳进入"创建"面板，然后单击"几何体"按钮◯，在其"对象类型"卷展栏中，单击其中的"管状体"按钮，在顶视图创建一个圆管，半径 1、半径 2 和高度文本框内输入数值 40.0mm、50.0mm、6.0mm。

⓫把刚创建的灯片和圆管中心对齐。选中灯片模型，单击主工具栏的"对齐"按钮▤，在视图上单击圆管模型，在弹出的"对齐当前选择"对话框进行如图 6-163 所示设置。这时筒灯模型如图 6-164 所示。

图6-163　对齐参数设置

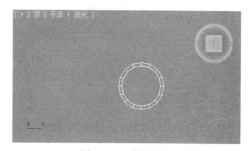

图6-164　筒灯模型

⓬单击主工具栏中的"对齐"按钮▤，把筒灯对齐在吊顶的下方。然后，单击 Shift 键复制其余的筒灯，并在弹出的"复制选项"对话框中设置复制方式为"关联"。这时场景效果如图 6-165 所示。

04 导入家具模型。

❶合并茶几模型。选择菜单栏中的"3ds"→"导入"→"合并"命令,在弹出的"合并文件"对话框中选择相应路径下的"源文件/3D/模型/会议室/窗帘.Max"文件,单击"打开"按钮。

❷在弹出的"合并-窗帘.Max"对话框中单击"全部"按钮,再单击"确定"按钮导入文件所有的模型。

❸导入模型文件后,单击"视口导航控件"工具栏中的"所有视图最大化"按钮▣,使所有视图中的模型居中显示,这样就能很快找到视图中刚合并的窗帘模型并进行操作。

图6-165 场景效果

❹单击主工具栏中的"选择并移动按钮❖、"选择并缩放"按钮❑和"选择并旋转"按钮◯把茶几模型放在会议室中相应的位置。

❺使用同样的方法在相应路径下依次合并窗帘、沙发和装饰画模型,并进行位置、大小的调整和关联复制,放在各自相应的位置。最后,激活会议室摄像机视图,按下F9键进行快速渲染,效果如图6-166所示。

图6-166 摄像机视图效果

📖6.4.3 添加灯光

01 在工具栏的"选择过滤器"的下拉列表框中选择"L-灯光",使在场景中能针对性地选择灯光模型。

02 单击"创建"按钮❖进入"创建"面板,然后单击"灯光"按钮◁,在其"对象类型"卷展栏中,单击其中的"目标灯光"在前视图中单击创建 1 个目标面光源,如图6-167 所示。然后,单击"修改"按钮☑进入"修改"面板,调整面光源的具体参数如图6-168 所示。

03 单击主工具栏的"选择并移动"按钮，按住 Shift 键关联复制面光源，如图 6-169 所示。然后，把复制的面光源在顶视图中调整到和筒灯相对应的位置，如图 6-170 所示。

04 单击"创建"按钮进入"创建"面板，单击 "灯光"按钮，在其"对象类型"卷展栏中，单击其中的"泛光"按钮，在视图中创建一个点光源，如图 6-171 所示。

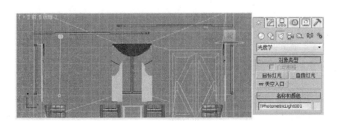

图6-167　创建目标灯光　　　　　　　　　图6-168　光源的参数

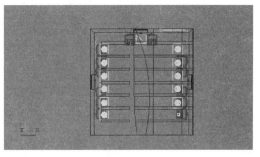

图6-169　关联复制面光源　　　　　　　　图6-170　光源位置布置

05 单击"创建"按钮进入"创建"面板，单击"灯光"按钮，在其"对象类型"卷展栏中单击其中的"目标聚光灯"，在视图中创建一个目标聚光灯，如图 6-172 所示。

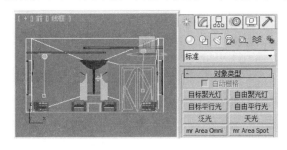

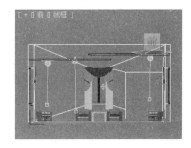

图6-171　创建点光源　　　　　　　　　　图6-172　创建目标聚光灯

06 选择目标聚光灯 Spot01，单击"修改"按钮进入"修改"面板，在"聚光灯参数"卷展栏中设置灯光倍增参数，如图 6-173 所示。

07 单击主工具栏的"选择并移动"按钮，按住 Shift 键关联复制聚光灯，并把在顶视图中调整到如图 6-174 所示的位置。

08 检查场景中的模型文件，把导入的 DWG 平面图文件、视图之外的模型文件和模型中不必要的面全部进行删除。这时会议室场景的灯光布置如图 6-175 所示。

图6-173　调整聚光灯参数

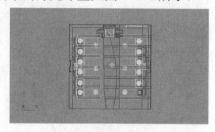

图6-174　调整聚光灯的位置

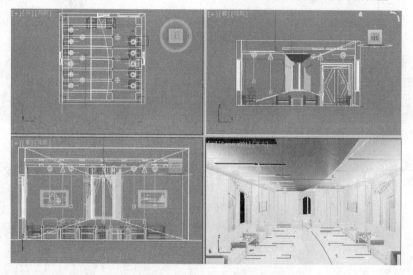

图6-175　会议室灯光布置

6.5 建立公共走道的立体模型

本节主要介绍创建宾馆标准层和公共走道立体模型，巩固 3ds Max 2016 的建模方法。

6.5.1 导入 AutoCAD 模型并进行调整

01 运行 3ds Max 2016。

02 选择菜单栏中的"自定义"→"单位设置"命令，在弹出的"单位设置"对话框设置计量单位为"毫米"。

03 选择菜单栏中的"3ds"→"导入"命令，在弹出的"选择文件导入"的对话框中选择本相应路径下的"源文件/CAD/施工图/公共走道.dwg"文件，文件，再单击"打开"按钮确定。

04 在弹出的"DWG 导入"对话框中选择"合并对象和当前场景"，并单击"确定"按钮。这时弹出"导入 AutoCAD DWG 文件"对话框，在该对话框中设置各选项。然后，单击"确定"按钮把 DWG 文件导入场景中。

05 调整 DWG 文件，把标注、纹理等无用的线条进行删除。然后，单击主工具栏中的"按名称选择"按钮，分别框选标准层 DWG 文件的两个立面图和 3 个平面图，选择菜单栏中的"组"→"组"命令分别把它们进行群组、重命名和设定颜色属性，使在顶视图中如图 6-176 所示。

06 选择标准层的顶棚平面图，单击鼠标右键，在弹出的右键菜单中选择"隐藏未选定对象"把其余 DWG 文件进行隐藏。

07 单击"视口导航控件"工具栏中的"所有视图最大化显示"按钮，使顶棚平面图在各视图以居中进行显示，如图 6-177 所示。

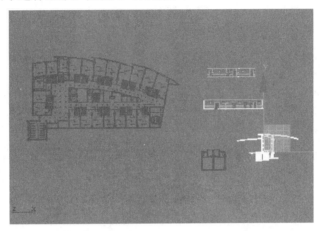

图6-176　调整DWG文件

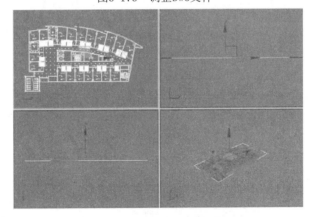

图6-177　居中显示标准层顶棚图

6.5.2　建立标准层基本模型

01 建立标准层外墙模型。

❶打开捕捉设置，在顶视图中，单击"创建"按钮进入"创建"面板，然后单击"图形"按钮，在其"对象类型"卷展栏中，单击其中的"线"按钮，捕捉标准层顶棚图的墙体外边缘线，绘制一条连续的线条。

❷选择绘制的线条，单击"修改"按钮进入"修改"面板，在"可编辑样网格"列表框中选择"顶点"选项，或者在"选择"卷展栏中单击"顶点"按钮。选择弧形边缘线上的节点，在弹出的右键菜单中选择"赛贝尔角点"。这时在节点上会出现调杆，通过移

动调杆来调节线段的弧度，使和顶棚图的弧形边缘线相一致，如图 6-178 所示。

❸调整完曲线后，退出点编辑模式。单击主工具栏的"选择并移动"按钮 ✛，按住 Shift 键移动曲线进行复制，并把复制的曲线重命名为组，放到顶棚图边进行备用。

❹单击"创建"按钮 ✳ 进入"创建"面板，然后单击"图形"按钮 ⊙，在其"对象类型"卷展栏中，单击其中的"线"按钮，然后，单击"修改"按钮 ⬜ 进入"修改"面板，在"可编辑样条线"列表框中选择"样条线"选项；或者在"选择"卷展栏中单击"样条线"按钮 ⌒。在"几何体"卷展栏中单击"轮廓"按钮，在"数量"文本框中输入数值 −250.0mm 并按 Enter 键进行确定，使墙壁线条成为封闭的双线，如图 6-179 所示。

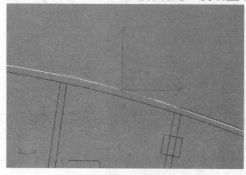

图6-178　调节线段弧度　　　　　　　　　　　图6-179　墙壁线条

❺单击"修改"按钮 ⬜ 进入"修改"面板，"修改器列表"的下拉列表中选择"挤出"选项，并在其"参数"卷展栏中的"数量"文本框中输入数值 3000.0mm，把线条拉伸为墙体，如图 6-180 所示。

❻建立地面。利用前面的方法绘制地面线条，然后单击"修改"按钮 ⬜ 进入"修改"面板，在"修改器列表"的下拉列表中选择"挤出"选项，并在其"参数"卷展栏中的"数量"文本框中输入数值 1.0mm，把线条拉伸为单面形体。

❼选择地面模型，单击主工具栏的"对齐"按钮 🔲，然后在顶视图上单击墙壁模型，在弹出的"对齐选择"对话框中设置参数如图 6-181 所示，单击"确定"按钮进行模型对齐。

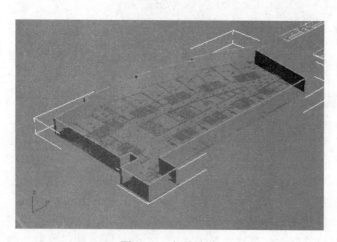

图6-180　拉伸墙壁　　　　　　　　　　　　图6-181　对齐选择设置

02 建立标准层内部墙体模型。

❶单击鼠标右键，在弹出的右键菜单中选择"按名称取消隐藏"命令，在弹出的"取消隐藏"对话框中选择标准间平面图，单击"取消隐藏"按钮打开标准间平面图。

❷打开捕捉设置，在顶视图中，单击"创建"按钮 进入"创建"面板，然后单击"图形"按钮 在其"对象类型"卷展栏中，单击其中的"矩形"按钮，捕捉标准间平面图的墙体外边缘线，绘制一个矩形；再次绘制一个较小的矩形，如图 6-182 所示。

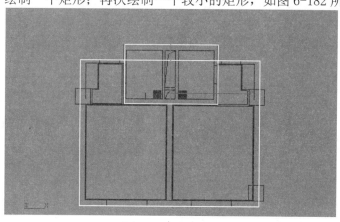

图6-182 绘制线条

❸选择矩形右击，在弹出的快捷菜单中选择"转换为可编辑样条线"命令，然后单击"修改"按钮 进入"修改"面板，在"可编辑样条线"列表框中选择"样条线"选项；或者在"选择"卷展栏中单击"样条线"按钮 ，进入样条线编辑模式，单击"几何体"卷展栏中的"轮廓"按钮，在数值文本框中输入参数-250.0mm，并按 Enter 键进行确定，使墙壁线条成为封闭的双线。

❹单击"几何体"卷展栏中的"修剪"按钮，在顶视图上依次单击两个矩形相交的线段进行修剪，如图 6-183 所示。

❺由于修剪后的线段都是断开的，进入点编辑模式，在顶视图中框选矩形所有的节点。然后，单击"几何体"卷展栏中的"焊接"按钮，焊接所有的点。这时修剪后的矩形线段如图 6-184 所示。

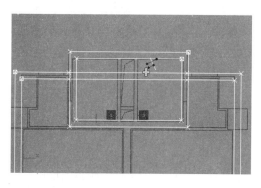

图6-183 修剪相交线段

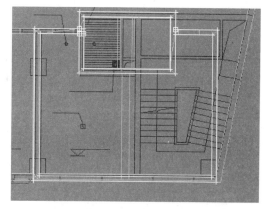

图6-184 修剪后的矩形线段

❻单击"创建"按钮 进入"创建"面板，在其"对象类型"卷展栏中，单击其中的

"矩形"按钮，结合捕捉工具绘制 3 个矩形，如图 6-185 所示。

❼退出点编辑模式，单击"修改"按钮✐进入"修改"面板，在"修改器列表"的下拉列表中选择"挤出"选项，并在其"参数"卷展栏中的"数量"文本框中输入数值 2800.0mm，使矩形拉伸为标准间的基本墙体，如图 6-186 所示。

❽建立门洞。单击"几何体"按钮○，在其"对象类型"卷展栏中，单击其中的"长方体"按钮，在顶视图中结合捕捉设置创建一个长方体，在其"参数"卷展栏的"长度""宽度"和"高度"文本框内输入数值分别为 500.0mm、900.0mm 和 2100.0mm。然后，单击主工具栏的"选择并移动"按钮✛，按住 Shift 键在视图上移动长方体复制另一个长方体。调整两个长方体的位置，如图 6-187 所示。

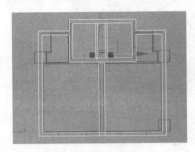

图6-185　墙体矩形

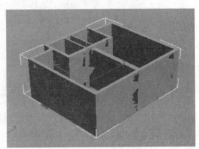

图6-186　基本墙体

❾单击"创建"按钮✸进入"创建"面板，单击"几何体"按钮○，在其下拉列表中选择"复合对象"类型。在其"对象类型"卷展栏中单击"布尔"按钮。然后，选择墙壁模型，单击"拾取布尔"卷展栏的"拾取操作对象 B"按钮，在视图上拾取刚创建的长方体。这时长方体在墙壁上布尔运算出门洞。重复这一操作，用另一个长方体运算出第 2 个门洞。这时墙体模型如图 6-188 所示。

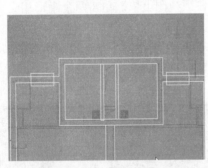

图6-187　长方体的位置

图6-188　墙体模型

❿在顶视图中选择标准间墙体模型，按住 Shift 键结合主工具栏中的"选择并移动"按钮✛和"选择并旋转"按钮↻进行关联复制，并调整墙体模型的位置和标准层顶棚图的标准间线条相一致，如图 6-189 所示。

⓫创建标准层北部的标准间墙体。使用本小节步骤❷~❼同样的方法和参数创建一个墙体，如图 6-190 所示。

⓬选择刚创建的墙体模型，按住 Shift 键结合柱工具栏中的"选择并移动"按钮✛，根据标准层顶棚图关联复制另一个墙体模型，并单击"选择并旋转"按钮↻，在顶视图中调整位置，如图 6-191 所示。

⓭由于标准层北部的标准间是呈弧形走向，所以每个标准间的墙体都不一样，需要逐一进行具体调整。选择刚复制的墙体模型，在单击"修改"按钮 进入"修改"面板，在"可编辑样条线"列表框中选择"顶点"选项；或者在"选择"卷展栏中单击"顶点"按钮 ，使模型在视图上显示出编辑节点，如图 6-192 所示。

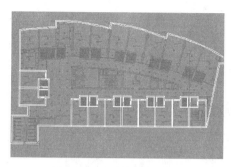

图6-189　调整墙体的位置

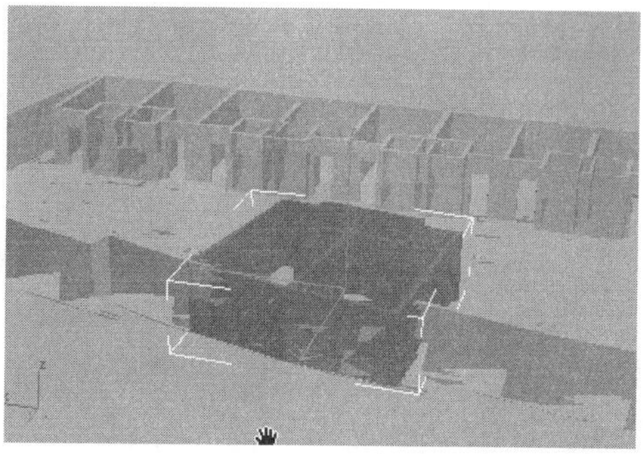

图6-190　创建的墙体

⓮单击工具栏的移动 工具，在顶视图上移动墙体模型上的节点，使墙体模型的线条和标准层顶棚图的标准间线条相一致。然后，单击"修改"按钮 进入"修改"面板，单击"几何体"卷展栏中的"优化"按钮，选择需要增加节点的线条插入节点，如图 6-193 所示。最后，调整节点如图 6-194 所示，退出点编辑模式。

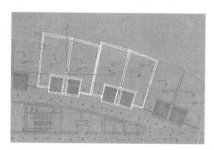

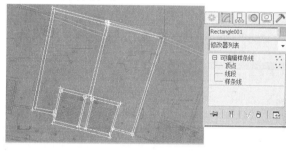

图6-191　复制墙体模型

图6-192　进入顶点编辑模式

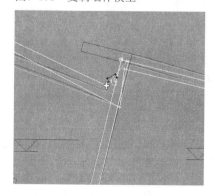

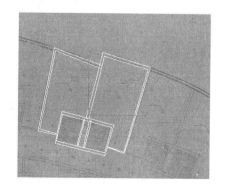

图6-193　插入节点

图6-194　调整节点后的墙体线条

⓯使用本小节步骤⓬～⓮同样的方法复制和调整其余的标准间模型。然后，使用本小节步骤❽和❾同样的方法建立标准层北部的标准间门洞。

⓰创建摄像机。单击"创建"按钮 进入"创建"面板，然后单击"摄像机"按钮 ，在其"对象类型"卷展栏中，单击其中的"目标"按钮，在顶视图中创建一台摄像机。如

图 6-195 所示。选择透视图，按下 C 键。这时透视图转为 Camera01 摄像机视图，通过在其他视图移动摄像机的位置来调整摄像机视图的视点角度。

⓫使用创建标准间同样的方法制作标准层内部的其他墙体基本模型。最后，标准层基本模型如图 6-196 所示。然后，单击主工具栏的"选择并移动"按钮⊞，在右视图选择地面模型，按住 Shift 键沿 Y 轴向上移动 2800.0mm，复制为顶棚模型。

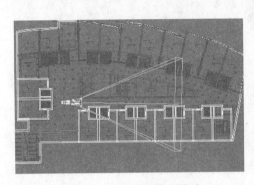

图6-195　标准层基本模型

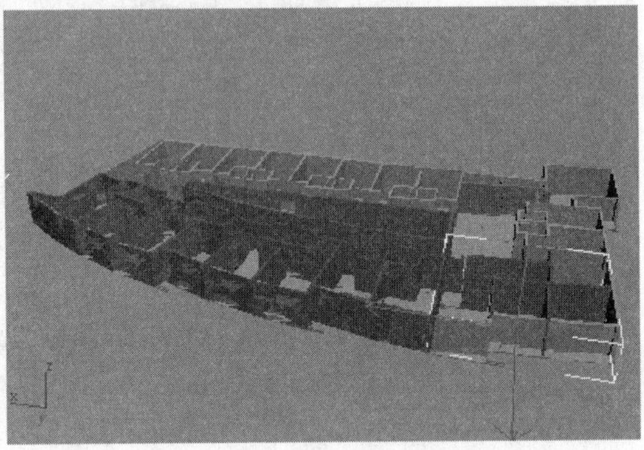

图6-196　创建摄像机

03 建立公共过道基本模型。

❶制作走道踢脚。打开捕捉设置，在顶视图中，单击"创建"按钮 进入"创建"面板，然后单击"图形"按钮 ，在其"对象类型"卷展栏中，单击其中的"线"按钮，捕捉一个标准间的墙体边缘线，绘制一条连续的线条。其中，线条包括 8 个节点，在门洞两边各有一个节点。

❷单击"修改"按钮 ，进入"修改"面板，在"可编辑样条线"列表框中选择"样条线"选项；或者在"选择"卷展栏中单击"样条线"按钮 ，选择门洞两边的节点中间的线段，按下 Delete 键进行删除，如图 6-197 所示。

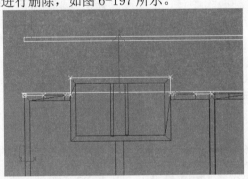

图6-197　选择线段

❸在其"参数"卷展栏的"轮廓"文本框中输入数值 80.0mm，并按 Enter 键进行确定，使踢脚线条成为封闭的双线，如图 6-198 所示。

❹退出线编辑模式，单击"修改"按钮 进入"修改"面板，在"修改器列表"的下拉列表中选择"挤出"选项，在其"参数"卷展栏的"数量"文本框中输入数值 150.0mm，使线条拉伸为踢脚模型。然后，在顶视图选择该模型，按住 Shift 键结合主工具栏中的"选择并移动"按钮 ，关联复制 3 个踢脚模型到相应的位置，如图 6-199 所示。

❺在前视图中选择 4 个踢脚模型，按住 Shift 键单击主工具栏中的"选择并移动"按

钮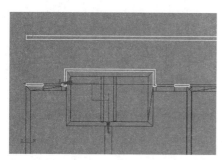，向上移动到和立面图的腰线相对应的位置，复制为走道的腰线模型。

❻使用制作公共走道踢脚模型同样的方法制作墙裙模型线条拉伸的数值为600.0mm和标准间对面墙壁的踢脚等模型。完成后，公共走道的摄像机视图效果如图 6-200 所示。

❼选择走道面的一个踢脚模型，单击鼠标右键，在弹出的右键菜单中选择 "转换为/转换为可编辑网格"选项。在"选择"卷展栏中单击"多边形"按钮■，进入面编辑模式。按住 Ctrl 键依次选择如图 6-201 所示的面，按下 Delete 键进行删除，使模型成为单面的形体，以减少渲染面的运算时间。

图6-198　踢脚线条

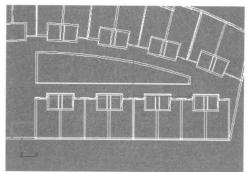

图6-199　复制到相应的位置

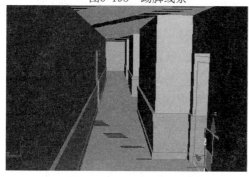

图6-200　摄像机视图效果

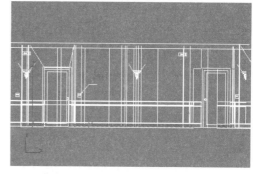

图6-201　选择面

❽使用同上个步骤一样的方法把公共走道其余的踢脚、腰线和墙裙隐藏的内面删除。在删除走道左面的踢脚内面时，在前视图左上角上单击鼠标右键，在快捷菜单中选择背面命令，把前视图切换为背视图。这样，才能正确地选择其隐藏的内面，避免选错。

❾删除所有模型的隐藏内面后，选择这些踢脚、腰线和墙裙模型，单击"工具"按钮⚒进入"工具"面板，在其"工具"卷展栏中，单击 "塌陷"按钮。然后，在"塌陷"弹出卷展栏中单击"塌陷选定对象"按钮，把它们塌陷为一个网格类型模型，以方便管理和进行修改。

04 建立完整的公共走道。

❶创建门框。打开捕捉设置，在顶视图中，单击"创建"按钮❋进入"创建"面板，然后单击"图形"按钮❑，在其"对象类型"卷展栏中，单击其中的"线"按钮，捕捉立面图门框线条，绘制一条连续的线条，如图 6-202 所示。

❷单击"修改"按钮❑进入"修改"面板，在"修改器列表"的下拉列表中选择"挤出"选项，并在其"参数"卷展栏中的"数量"文本框中输入数值 250.0mm，把线条拉伸为门框模型，并调整到相应的位置。

❸在背视图中按下 F 键，把视图切换回前视图。选择门框模型，单击鼠标右键，在弹出的右键菜单中选择转化为/"转化为可编辑网格"选项，单击"修改"按钮 进入"修改"面板，在"可编辑样网格"列表框中选择"多边形"选项，或者在"选择"卷展栏中单击"多边形"按钮 进入面编辑模式。在前视图选择如图 6-203 所示的面，按下 Delete 键进行删除，使门框成为单面的形体。

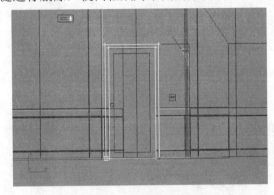

图6-202　绘制门框线条　　　　　　　　　　图6-203　选择门框的面

❹创建门板。单击"创建"按钮 进入"创建"面板，然后单击"几何体"按钮 ，在其"对象类型"卷展栏中，单击其中的"长方体"按钮，在前视图中结合捕捉设置创建一个长方体，在"参数"卷展栏中的"长度""宽度""高度""长度段数"和"宽度段数"文本框输入数值 2100.0mm、900.0mm、100.0mm、3 和 3，结果如图 6-204 所示。

❺选择长方体，在弹出的右键菜单中选择"转换为/转换为可编辑网格"命令。单击"修改"按钮 进入"修改"面板，在"可编辑样网格"列表框中选择"顶点"选项，或者在"选择"卷展栏中单击"顶点"按钮 。移动长方体的编辑节点，如图 6-205 所示。

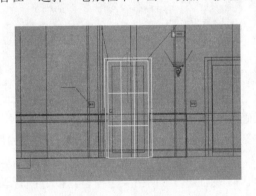
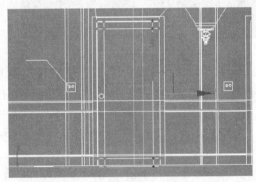

图6-204　创建长方体　　　　　　　　　　图6-205　编辑长方体节点

❻单击"选择"卷展栏中的"多边形"按钮 切换到面编辑模式，选择如图 6-206 所示的面，单击"几何体"卷展栏中的"拉伸"按钮，在后面的文本框中输入-15.0mm 并按下 Enter 键进行确定。

❼按下 F 键，把视图切换回前视图。选择如图 6-207 所示的面，按下 Delete 键进行删除，使门板成为单面形体。然后，按住 Shift 键结合主工具栏中的"选择并移动"按钮 和"选择并旋转"按钮 ，复制 4 个门板模型到相应的位置。

❽创建疏散标志。单击"创建"按钮 进入"创建"面板，然后单击"几何体"按钮

，在其"对象类型"卷展栏中，单击其中的"长方体"按钮，在前视图中捕捉立面图的疏散标志创建一个长方体，并在其"参数"卷展栏中的"高度"文本框中输入数值 20.0mm，结果如图 6-208 所示。然后，复制 3 个长方体并在顶视图把它们调整到相应的位置。用同样的方法创建公共走道的开关器模型并调整到相应位置。

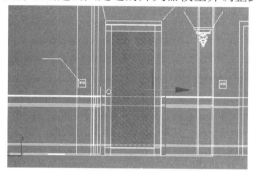 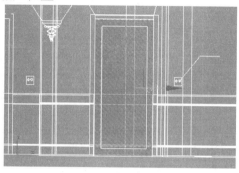

图6-206 选择面进行拉伸 　　　　　　　 图6-207 选择面进行删除

❾创建筒灯。单击"创建"按钮 进入"创建"面板，然后单击"图形"按钮 ，在其"对象类型"卷展栏中，单击其中的"线"按钮，在前视图绘制一条连续的线条。然后，单击"修改"按钮 ，进入"修改"面板，在"可编辑样条线"列表框中选择"样条线"选项；或者在"选择"卷展栏中单击"样条线"按钮 ，在其"参数"卷展栏的"轮廓"文本框中输入数值并按 Enter 键进行确定，使线条如图 6-209 所示。

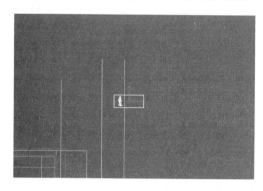 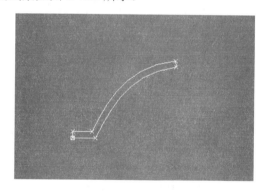

图6-208 创建疏散长方体 　　　　　　　 图6-209 绘制线条

❿选择线条，单击"修改"按钮 进入"修改"面板，在"修改器列表"的下拉列表中选择"车削"选项。然后在"车削"列表框中选择"轴"选项；在前视图中沿 X 轴移动形体，使如图 6-210 所示。

⓫创建灯片。单击"创建"按钮 进入"创建"面板，然后单击"几何体"按钮 ，在其"对象类型"卷展栏中，单击其中的"圆柱体"按钮，在顶视图中创建一个圆柱体，在"参数"卷展栏中的"半径""高度"处输入数值为 54.0mm 和 10.0mm。

⓬选择圆柱体，单击主工具栏的"对齐"按钮 ，再在视图上单击拾取筒灯模型。在弹出的"对齐选择"对话框中设置参数如图 6-211 所示，单击"确定"按钮对齐灯片和筒灯模型。然后，为灯片模型重命名为"灯片"。

⓭选择筒灯和灯片，在视图中调整其位置。然后，在顶视图按住 Shift 键结合主工具栏中的"选择并移动"按钮 进行关联复制，使如图 6-212 所示。

⓮合并壁灯模型。选择菜单栏中的"3ds"→"导入"命令，在弹出的"选择要导入的文件"对话框中选择光盘相应路径下的"壁灯.3ds"模型文件，单击"打开"按钮进行确定。

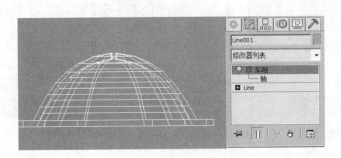

图6-210　筒灯模型　　　　　　　　　　　图6-211　设置对齐参数

⓯在弹出的"合并-壁灯.Max"对话框中单击全部按钮，再按"确定"按钮进行确定导入所有的模型。

⓰导入模型文件后，单击"视口导航控件"中的"所有视图最大化显示"按钮，使所有视图中的模型居中显示，这样就能很快找到视图中刚合并的壁灯模型并进行操作。单击主工具栏中的"选择并移动"按钮、"选择并缩放"按钮和"选择并旋转"按钮，把壁灯模型放在公共走道相应的位置。这时公共走道的摄像机视图效果如图6-213所示。

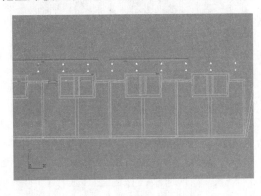

图6-212　复制筒灯模型　　　　　　　　　图6-213　摄像机视图效果

⓱选择立面图文件，按下 Delete 键进行删除。检查视图，删除摄像机视图以外的所有模型，以便进行快速操作。

6.5.3　添加灯光

01 工具栏的"选择过滤器"的下拉列表框中选择"L-灯光"，使在场景中能针对性地选择灯光模型。

02 单击"创建"按钮进入"创建"面板，然后单击"灯光"按钮，在其"对象类型"卷展栏中，单击其中的"目标灯光"按钮，在前视图中单击创建1个目标面光源，如图 6-214 所示。

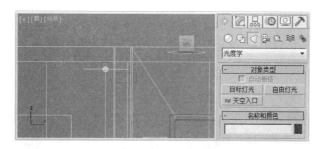

图6-214　创建目标灯光

03 单击主工具栏的"选择并移动"按钮，按住 Shift 键移动面光源，以关联的方式复制另外 6 个矩形光源。然后把复制的面光源在顶视图中调整到如图 6-215 所示的位置。

04 检查场景中的模型文件，把导入的 DWG 平面图文件、视图之外的模型文件和模型中不必要的面全部进行删除。这时公共走道场景的灯光布置如图 6-216 所示。

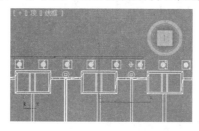

图6-215　面光源位置布置

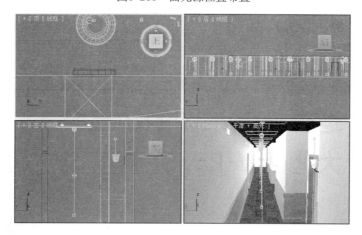

图6-216　公共走道灯光布置

第 3 篇

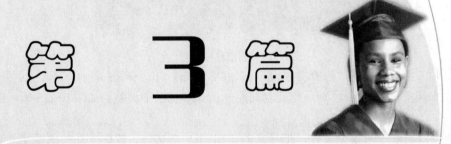

V-Ray 效果图渲染篇

▶▶▶ 主要内容

- V-Ray 简介

- 材质、灯光等参数的设置

- 运算与效果图的输出

- 大酒店 V-Ray 完整渲染过程

第 **7** 章

V-Ray 简介

V-Ray 作为 3D 软件镶嵌的渲染插件，目前能够支持常用的几款 3D 动画制作软件。大家应该对 3ds Max 比较熟悉，插件是作为辅助 3ds Max 提高性能的附加工具而出现的。应用于 3ds Max 里进行 CG 制作的插件种类繁多，最常用也是大家比较感兴趣的就是有关图像渲染方面的插件。本章主要对 V-Ray 的操作面板、渲染常识以及材质进行介绍。

学 习 要 点

- V-Ray 的基本知识。
- V-Ray 渲染器的渲染常识。
- V-Ray 材质的简单介绍。

7.1 V-Ray 的操作界面介绍

图 7-1 所示为 V-Ray 的工作界面。

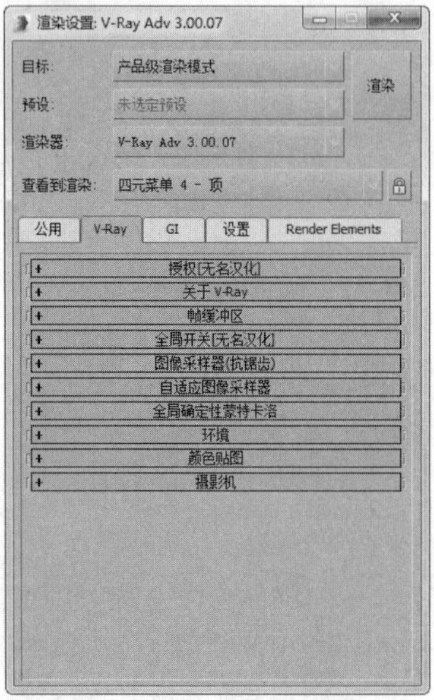

图7-1　V-Ray的工作界面

在 V-Ray Adv 3.00.07 渲染面板中共有 10 个卷展栏，它们在调节和使用的过程中有不同的需要和选择。

"授权[无名汉化]"卷展栏：显示 V-Ray 的安装路径以及注册和破解，如图 7-2 所示。

"关于 V-Ray"卷展栏：显示所安装的 V-Ray 版本，如图 7-3 所示。

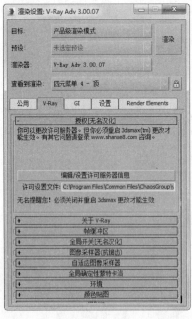

图7-2　"授权[无名汉化]"卷展栏

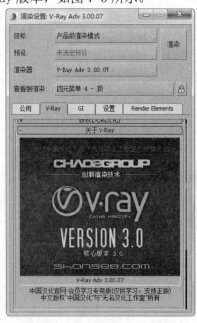

图7-3　"关于V-Ray"卷展栏

"帧缓冲区"卷展栏：此卷展栏为用户提供了多种功能，根据效果的大小，可自动选择尺寸或自定义尺寸；提供了效果图的保存路径和两种渲染通道，如图7-4所示。

图7-4 "帧缓冲区"卷展栏

"全局开关[无名汉化]"卷展栏：此卷展栏中为用户提供了三种模式，分别为基本模式、高级模式和专家模式，可根据需求来设置渲染中的一系列参数，如图7-5所示。

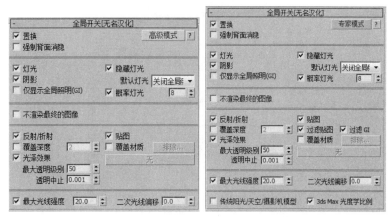

图7-5 "全局开关[无名汉化]"卷展栏

"图像采样器（抗锯齿）"卷展栏：在此卷展栏中有两个选项，分别是图像采样器和抗锯齿过滤器，主要应用于效果图的品质采样和消除锯齿，如图7-6所示。

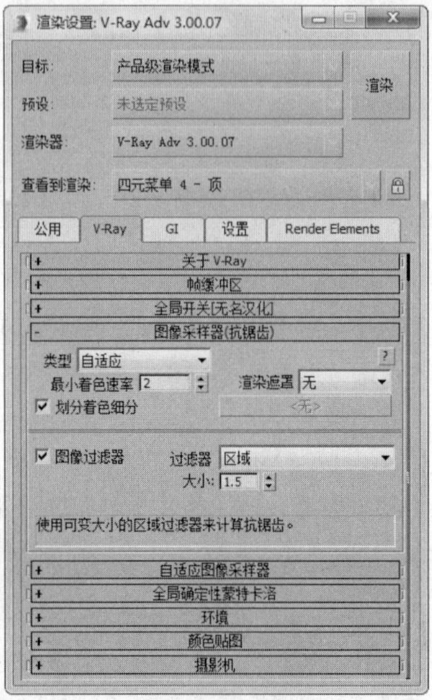

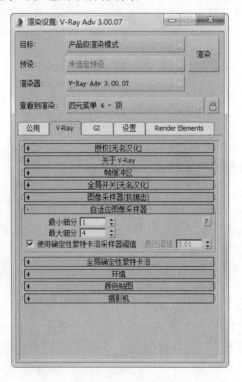

图7-6　"图像采样器/（抗锯齿）"卷展栏

　　"自适应图像采样器"（Adaptive DM,C）卷展栏：如图7-7所示。它是用得最多的采样器，对于模糊和细节要求不太高的场景，它可以得到速度和质量的平衡。在室内效果图的制作中，这个采样器几乎可以适用于所有场景。

图7-7　"自适应图像采样器"卷展栏

"全局确定性蒙特卡洛"卷展栏：通过调整自适应数量、噪波阈值、全局细分倍增和最小采样的参数，使渲染效果图更加清晰完美，如图7-8所示。

图7-8　"全局确定性蒙特卡洛"卷展栏

"环境"卷展栏：勾选"全局照明（GZ）环境"选项卡前的复选框，开启场景环境光，通过倍增器可以调节和控制场景光的颜色及亮度，如图7-9所示。

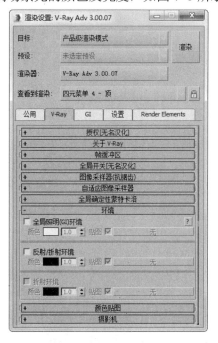

图7-9　"环境"卷展栏

"颜色贴图"卷展栏：在此卷展栏中为用户提供了7种颜色曝光控制，通过下面的明暗倍增器来调节效果图的明暗数值，如图 7-10 所示。

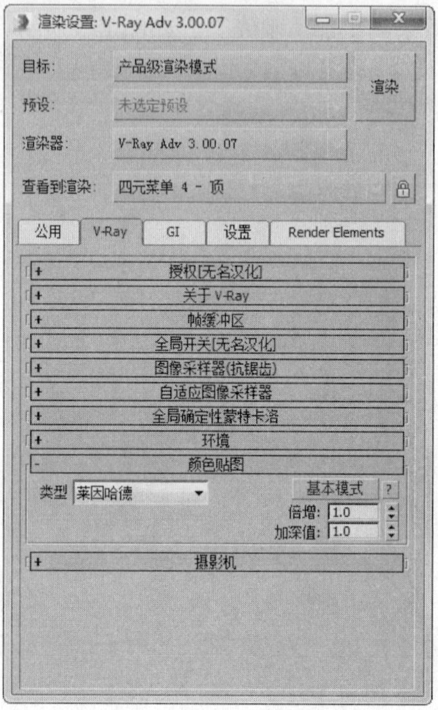

图7-10　"颜色贴图"卷展栏

　　"摄像机"卷展栏：在场景中设置摄像机后，在"摄像机"卷展栏中会显示摄像机的类型、摄像机参数及景深功能，可以和真实摄像机一样为用户提供专业的镜头参数，如快门、光圈和焦距等数值的调节，如图 7-11 所示。

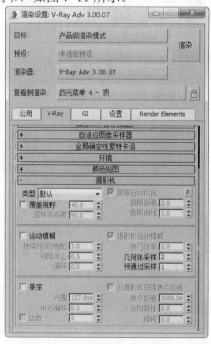

图7-11　"摄像机"卷展栏

7.2 V-Ray 渲染器的渲染常识

7.2.1 V-Ray 渲染器的特点

（1）已达到照片级别和电影级别的渲染质量，像电影《指环王》中的某些场景就是利用它渲染的。

（2）应用广泛。因为 V-Ray 支持 3ds Max、Maya、Sketchup、Rhino 等诸多的三维软件，因此深受广大设计师的喜爱，也因此应用到了室内、室外、产品、景观设计表现及影视动画、建筑环游等诸多领域。

（3）V-Ray 自身有很多的参数可供使用者进行调节，可根据实际情况，控制渲染的时间（渲染的速度），从而得出不同效果与质量的图片。

7.2.2 V-Ray 渲染器灯光类型及特点

V-Ray 渲染器自带的灯光类型分为 3 种，即平面的、穹顶的和球形的。在 V-Ray 渲染器专用的材质和贴图配合使用时，效果会比 Max 的灯光类型要柔和、真实，且阴影效果更为逼真。但也存在一些缺点，如当使用 V-Ray 的全局照明系统时，如果渲染质量过低（或参数设置不当）会产生噪点和黑斑，且渲染的速度会比 Max 的灯光类型要慢一些。而对于 V-Ray Sun（V-Ray 阳光），它与 V-Ray Sky(V-Ray 天光）或 V-Ray 的环境光一起使用时能模拟出自然环境的天空照明系统，并且操作简单，参数设置少，方便运用，但是没有办法控制其颜色变化、阴影类型等因素。

7.3 V-Ray 材质

V-RayMtl（V-Ray 材质）是 V-Ray 渲染系统的专用材质。V-Ray 材质能在场景中得到更好和正确的照明(能量分布)，更快的渲染，更方便控制的反射和折射参数，如图 7-12 所示。

在 V-RayMtl 里能够应用不同的纹理贴图，更好地控制反射和折射。

添加"凹凸贴图"和"位移贴图"，促使"直接 GI 计算"，对于材质的着色方式可以选择 "毕奥定向反射分配函数"。

7.3.1 V-RayMtl

V-RayMtl "基本参数" 卷展栏如图 7-13 所示。

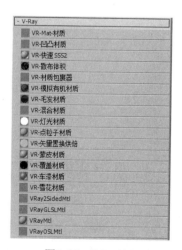

图7-12 V-RayMtl

- 漫反射(Diffuse)：在纹理贴图部分（Texture maps）的漫反射贴图通道凹槽里使用一个贴图替换这个倍增器的值。
- 反射(Reflection)：一个反射倍增器。可以在纹理贴图部分的反射贴图通道凹槽里使用一个贴图替换这个倍增器的值。
- 高光光泽度(Hilight glossiness)：控制材质的高光状态。
- 反射光泽度(Refl.glossiness)：随着取值的大小，反射效果会发生明显的变化，取值数值越来越小，反射效果就会越来越明显。
- 细分(Subdivs)：用来控制反射光泽度的品质。
- 使用插值(Use interpolation)：使用一种类似于发光贴图的缓存。
- 折射率(IOR)：主要用来设置菲涅耳折射的折射率。
- 最大深度(Max depth)：定义反射能完成的最大次数。
- 退出颜色（Exit color）：当反射强度大于反射贴图最大深度值时，将反射设置成该颜色。

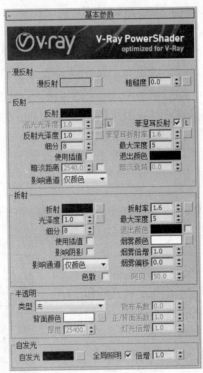

图7-13　V-RayMtl "基本参数" 卷展栏

📖7.3.2　VR-材质包裹器(VRayMtlWrapper Parameters)

V-Ray 材质包裹器主要用于控制材质的全局光照、焦散和不可见。通过 V-Ray 材质包裹器，可以将标准材质转换为 V-Ray 渲染器支持的材质类型。一个材质在场景中过亮或色溢太多，嵌套这个材质，可以控制产生/接受 GI 的数值。多数用于控制有自发光的材质和饱和度过高的材质，如图 7-14 所示。

- 基本材质(Base material):用于设置嵌套。

- 生成全局照明(Generate GI):产生全局光及其强度。
- 生成焦散(Generate caustics):接收全局光及其强度。
- 接收焦散(Receive caustics):设置材质产生焦散效果。
- 无光曲面(Matte surface)：物体表面为具有阴影遮罩属性的材质，使该物体在渲染时不可见，但该物体仍出现在反射/折射中，并且仍然能产生间接照明。
- Alpha 基值：物体在 Alpha 通道中显示的强度。当数值为 1 时，表示物体在 Alpha 通道中正常显示；数值为 0 时，表示物体在 Alpha 通道中完全不显示。
- 阴影(Shadows)：用于控制遮罩物体是否接收直接光照产生的阴影效果。
- 影响 Alpha(Affect alpha)：直接光照是否影响遮罩物体的 Alpha 通道。
- 颜色(Color)：控制被包裹材质的物体接收的阴影颜色。
- 亮度(Brightness)：控制遮罩物体接收阴影的强度。
- 反射量(Reflection amount)：控制遮罩物体的反射程度。
- 折射量(Refraction amount)：控制遮罩物体的折射程度。
- 全局照明（GI）量(GI amount)：控制遮罩物体接收间接照明的程度。

图7-14　VR材质包裹器

7.3.3　V-RayLightMtl（灯光材质）

V-Ray 灯光材质是一种自发光的材质，通过设置不同的倍增值，如图 7-15 所示，可以在场景中产生不同的明暗效果。它可以用来做自发光的物件，如灯带、电视机屏幕和灯箱等。

- 颜色(Color)：用于设置自发光材质的颜色，如果有贴图，则以贴图的颜色为准，此值无效。
- 细分(Subdivs)：用于设置自发光材质的亮度。相当于灯光的倍增器。
- 背面发光(Emit light on back side)：用于设置材质是否两面都产生自发光。
- 不透明度(Opacity)：用于指定贴图作为自发光。

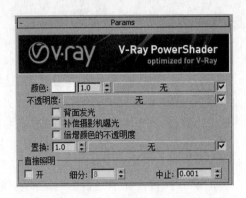

图7-15　V-Ray灯光材质

7.3.4　V-Ray2sidedMtl（双面材质）

V-Ray 双面材质用于表现两面不一样的材质贴图效果，可以设置其双面相互渗透的透明度，如图 7-16 所示。这个材质非常简单易用。

- 正面材质(Front material)：用于设置物体前面的材质为任意材质类型
- 背面材质(Back material)：用于设置物体背面的材质为任意材质类型
- 半透明(Translucency)：设置两种材质的混合度。当颜色为黑色时，会完全显示正面的漫反射颜色；当颜色为白色时，会完全显示背面材质的漫反射颜色；也可以利用贴图通道来进行控制。

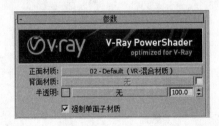

图7-16　V-Ray双面材质

7.3.5　V-RayBlendMtl（混合材质）

V-Ray 混合材质可以在曲面的单个面上将两种材质进行混合。混合具有可设置动画的"混合量"参数，该参数可以用来绘制材质变形功能曲线，以控制随时间混合两个材质的方式，如图 7-17 所示。

- 基本材质(Base material)：指定被混合的第一种材质。
- 相加（虫漆）模式（Additive(shellac)mode）（形成发亮的多层材质的效果）：指定混合在一起的其他材质。
- 混合数量(Blend amount)：设置两种材质的混合度。当颜色为黑色时，会完全显示基础材质的漫反射颜色；当颜色为白色时，会完全显示镀膜材质的漫反射颜色；也可以利用贴图通道来进行控制。

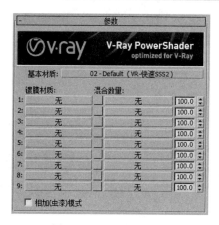

图7-17　V-Ray混合材质

第 **8** 章

V-Ray 渲染宾馆

本章主要讲解室内效果图制作流程中使用 V-Ray 进行模型渲染这一步骤。通过演示宾馆室内渲染的具体过程和技巧，读者将掌握在 V-Ray 中设置材质和灯光，调整模型的方法。

- ◎ 对大堂进行渲染。
- ◎ 对标准间进行渲染。
- ◎ 对卫生间进行渲染。
- ◎ 对会议室进行渲染。
- ◎ 对公共走道进行渲染。

8.1 对大堂进行渲染

📖 8.1.1 指定 V-Ray 渲染器

01 启动 3ds Max 2016，选择菜单栏"3ds"→"文件"→"打开"命令，打开"源文件/大堂"Max 文件，视图中的场景如图 8-1 所示。

02 为图形赋予材质。

03 调节 V-Ray 材质，首先要将渲染器改为 V-Ray 渲染器，选择菜单栏中的"渲染"→"渲染设置"，或通过快捷键 F10 来打开渲染面板，如图 8-2 所示。

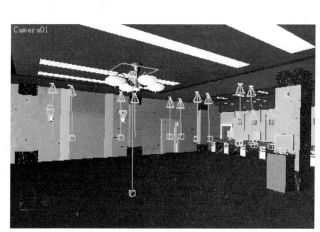

图8-1　打开大堂文件　　　　　　　　　　　图8-2　渲染面板

04 在渲染面板中按住鼠标向上拖动面板，展开"指定渲染器"卷展栏，如图 8-3 所示。

05 单击"选择渲染器"按钮，弹出"选择渲染器"控制面板，在面板中指定"V-Ray Adv 3.00.07"渲染器并单击"确定"按钮，如图 8-4 所示。

图8-3　指定渲染器卷展栏　　　　　　　　图8-4　"选择渲染器"控制面板

完成渲染器的选择后，将默认的渲染器面板转换成"V-Ray Adv 3.00.07"版本渲染器，如图 8-5 所示。

8.1.2 赋予 V-Ray 材质

01 单击主工具栏中的"材质编辑器"按钮，或通过快捷键 M 来打开"材质编辑器"控制面板，选择一个材质球，如图 8-6 所示。

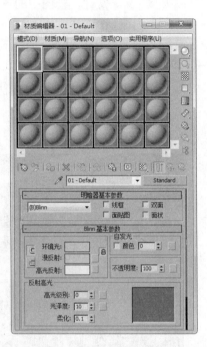

图8-5 渲染器面板转换成"V-Ray Adv 3.00.07"版本渲染器　　图8-6 "材质编辑器"控制面板

02 这是标准的材质控制面板，鼠标右键单击材质球，在弹出的鼠标快捷菜单中将材质球定义为"6×4 示例窗"，按 Shift 键拖动复制"标准"材质，这样将可以更多而且更直观地观看材质球，如图 8-7 所示。

单击"6×4 示例窗"后，材质球将如图 8-8 所示。

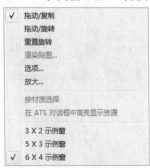

图8-7 选择显示模式

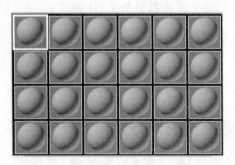

图8-8 6×4示例窗

03 单击"材质编辑器"编辑面板中的"标准"按钮，弹出 "材质/贴图浏览器"控制面板，展开"V-Ray"卷展栏可以看到十几种以 VR 开头的材质，如图 8-9 所示。

04 双击其中的任意材质，材质球将会从标准材质球转换成"V-Ray"材质球，其参数属性将会改变，如图8-10所示。

图8-9　"材质/贴图浏览器"控制面板　　　　图8-10　"V-Ray"材质球

05 在材质样本窗口选中一个空白材质球，单击"Standard"按钮，将其设置为VrayMtl材质，并将材质命名为"墙面"，具体设置如图8-11所示。

06 在材质样本窗口选中一个空白材质球，单击"Standard"按钮，将其设置为VrayMtl材质，并将材质命名为"地面"，漫反射贴图为"源文件/大堂/地面"，反射贴图为"衰减"。其他设置如图8-12所示。选择大堂地面将材质赋予。

07 在材质样本窗口选中一个空白材质球，单击"Standard"按钮，将其设置为VrayMtl材质，并将材质命名为"米黄墙面"，漫反射贴图为"源文件/大堂/米黄"，反射贴图为"衰减"。其他设置如图8-13所示。将材质赋予模型。

08 在材质样本窗口选中一个空白材质球，单击"Standard"按钮，将其设置为VrayMtl材质，并将材质命名为"柱底"，漫反射贴图为"源文件/大堂/大理石"，反射贴图为"衰减"。其他设置如图8-14所示。将材质赋予模型。

09 在材质样本窗口选中一个空白材质球，单击"Standard"按钮，将其设置为VrayMtl材质，并将材质命名为"木"，漫反射贴图为"源文件/大堂/胡桃"，反射贴图为"衰减"。其他设置如图8-15所示。将材质赋予模型。

10 在材质样本窗口选中一个空白材质球，单击"Standard"按钮，将其设置为VrayMtl材质，并将材质命名为"混油"，漫反射为白色，反射贴图为"衰减"。其他设置如图8-16所示。将材质赋予模型。

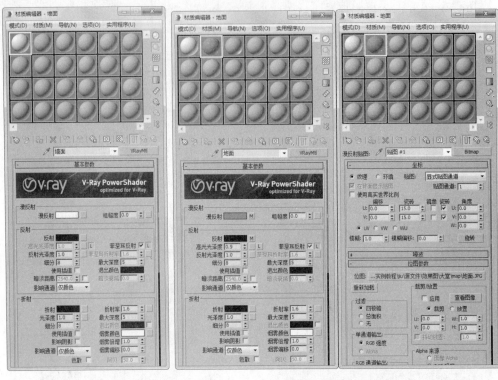

图8-11　"墙面"材质球　　　　　　　图8-12　"地面"材质球

图8-13　"米黄墙面"材质球　　　　　　图8-14　"柱底"材质球

11 在材质样本窗口选中一个空白材质球，单击"Standard"按钮，将其设置为 VrayMtl 材质，并将材质命名为"黑金砂"，漫反射为贴图为"源文件/大堂/黑金砂"，反射贴图为"衰减"。其他设置如图 8-17 所示。将材质赋予模型。

图8-15　"木"材质球　　　　图8-16　"混油"材质球　　　　图8-17　"黑金砂"材质球

利用上述方法完成剩余材质的赋予。

8.1.3　V-Ray 渲染

01 选择菜单栏中的"渲染"→"渲染设置"命令，或通过快捷键 F10 打开"渲染设置"对话框，单击"V-Ray"选项卡，如图 8-18 所示。这是 VR—基项渲染器面板，展开"授权【无名汉化】"卷展栏，显示 V-Ray 的安装路径等信息内容，此卷展栏不需要过多关注，如图 8-19 所示。

02 展开"关于 V-Ray "卷展栏，则显示 V-Ray 的版本，在这里没有其他功能不多讲述，如图 8-20 所示。

03 展开"帧缓冲区"卷展栏，勾选"启用内置帧缓冲区"复选框后，则会激活一些对场景渲染出图的一些选项，但也可以通过第一个选项卡"公用"来进行调节，所以在这里也不需要进行太多设置，如图 8-21 所示。

图8-18 "渲染设置"对话框

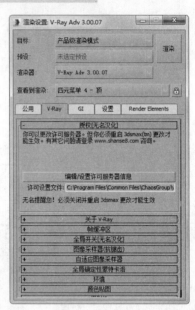

图8-19 "授权[无名汉化]"卷展栏

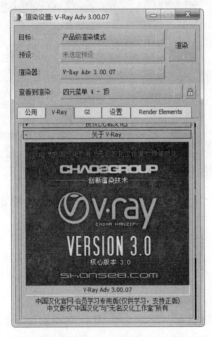

图8-20 "关于V-Ray"卷展栏 图8-21 "帧缓冲区"卷展栏

04 展开"全局开关[无名汉化]"卷展栏，勾选 "隐藏灯光"（Hiddem lights）、"阴影"（Shadows）复选框，取消后系统将自动关闭场景中默认灯光的光照，只显示全局光调节，其他参数如图 8-22 所示。

05 展开"图像采样器（抗锯齿）"卷展栏，在"类型"采样类型的下拉列表中选择"自适应"类型，其他参数设置如图 8-23 所示。

06 展开"环境"（Environment）卷展栏，勾选"全局照明（GI）环境"选项卡前的复选框，打开全局光，在后面的"颜色"后面的文本框中输入数值 2.0，如图 8-24 所示。

图8-22　"全局开关[无名汉化]"卷展栏

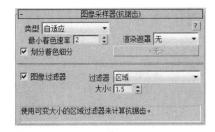

图8-23　"图像采样器（抗锯齿）"卷展栏

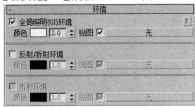

图8-24　"环境"卷展栏

07 展开"颜色贴图"卷展栏，在"类型"选择下拉列表中选择"指数"（Exponential）然后在"暗度倍增"（Dark multiplier）和"明亮倍增"（Bright multiplier）文本框中输入数值1.1，其他参数设置如图8-25所示。

08 单击GI设置选项，展开其中的"全局照明[无名汉化]"卷展栏，对其进行设置，如图8-26所示。

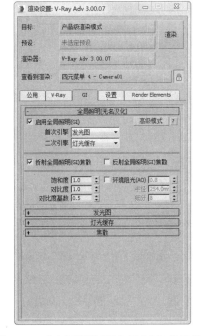

图8-25　"颜色贴图"卷展栏　　图8-26　"全局照明[无名汉化]"卷展栏

09 展开"发光图"（Irradiance map）卷展栏，在"细分"（HSph, subdivs）后的文本框内输入 30，在"插值采样"（Interp, samples）文本框内输入数值 20，并勾选"显示计算相位（Show calc phase）"和"显示直接光"（Show direct light）前的复选框，其他设置保持默认，如图 8-27 所示。

10 展开"灯光缓存(Light cache)"卷展栏，在"细分"后的文本框内输入 500，并勾选"存储直接光"和"显示计算相位"后的复选框，其他设置保持默认，如图 8-28 所示。

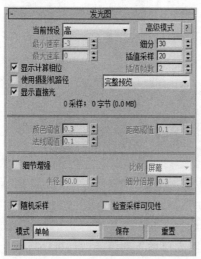

图8-27 "发光图"卷展栏   图8-28 "灯光缓存"卷展栏

11 完成渲染参数设置后可以单击渲染面板上面的"渲染"按钮，也可以使用快捷键 Alt＋Q 来进行渲染，在渲染时会弹出"V－Ray 消息"信息栏，若有错误会在此信息栏中提示，如图 8-29 所示。

另一个则是"渲染"对话框，这里显示渲染的进度，单击"取消"按钮，则可以取消对场景的渲染，如图 8-30 所示。

通过渲染观察的主要窗口可以直观地观看渲染出来的效果，如图 8-31 所示。

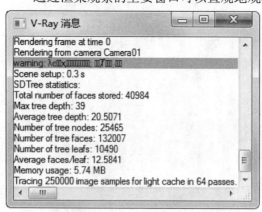

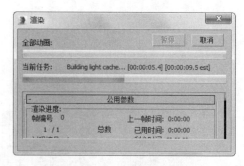

图8-29 "V－Ray 消息"信息栏   图8-30 "渲染"对话框

12 渲染完成后，单击"V-Ray frame buffer"对话框中的"保存图像"按钮，对场景的效果进行保存。

图8-31　渲染效果

8.2　对标准间进行渲染

8.2.1　指定 V-Ray 渲染器

01 启动 3ds Max 2016，选择菜单栏"3ds"→"文件"→"打开"命令，打开"源文件/标准间"Max 文件，如图 8-32 所示。

02 按上述操作为标准间指定渲染器。

图8-32　打开"标准间"文件

8.2.2　赋予 V-Ray 材质

01 在材质样本窗口选中一个空白材质球，单击"Standard"按钮，将其设置为 VrayMtl 材质，并将材质命名为"墙面"，漫反射贴图为"源文件/标准间/壁纸"，其他设置如图 8-33 所示。将材质赋予模型。

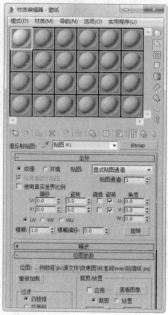

图8-33 "墙面"材质球

02 在材质样本窗口选中一个空白材质球，单击"Standard"按钮，将其设置为VrayMtl 材质，并将材质命名为"地面"，漫反射贴图为"源文件/标准间/地砖"，反射贴图为"衰减"。其他设置如图 8-34 所示。将材质赋予模型。

03 在材质样本窗口选中一个空白材质球，单击"Standard"按钮，将其设置为VrayMtl 材质，并将材质命名为"床板"，漫反射贴图为"源文件/标准/木"，反射贴图为"衰减"。其他设置如图 8-35 所示。将材质赋予模型。

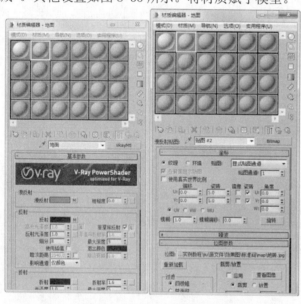

图8-34 "地面"材质球   图8-35 "床板"材质球

04 在材质样本窗口选中一个空白材质球，单击"Standard"按钮，将其设置为VrayMtl 材质，并将材质命名为"玻璃"，其他设置如图 8-36 所示。将材质赋予窗户玻璃模型。

05 在材质样本窗口选中一个空白材质球，单击"Standard"按钮，将其设置为VrayMtl 材质，并将材质命名为"金属"，其他设置如图 8-37 所示。将材质赋予模型。

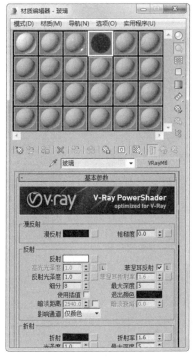

图8-36 "玻璃"材质球

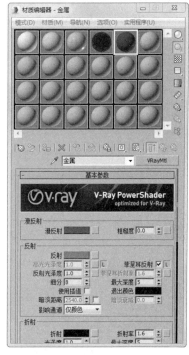

图8-37 "金属"材质球

06 在材质样本窗口选中一个空白材质球，单击"Standard"按钮，将其设置为VrayMtl 材质，并将材质命名为"窗帘"，漫反射贴图为"源文件/标准间/窗帘"。将材质赋予模型。

07 在材质样本窗口选中一个空白材质球，单击"Standard"按钮，将其设置为VrayMtl 材质，并将材质命名为"清油木器"，漫反射贴图为"源文件/标准间/柜子"，反射贴图为"衰减"。将材质赋予模型。

利用上述方法完成标准间其他材质的赋予。

8.2.3 V-Ray 渲染

01 按上述方法指定渲染器，展开"全局开关[无名汉化]"（Global switches）卷展栏中，调节参数如图 8-38 所示。

02 展开"图像采样器（抗锯齿）"（Image sampler（Antialiasing）卷展栏，设置抗拒齿设置，在"图像采样类型"的下拉列表中选择"自适应细分"（Adaptive subdivision）类型，其他参数设置如图 8-39 所示。

03 展开"全局照明[无名汉化]"（Indirect illumination）全局开关卷展栏，对对话框进行设置，如图 8-40 所示。

04 展开"发光图"（irradiance map)卷展栏，对对话框进行设置，如图 8-41 所示。

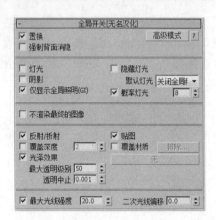

图8-38 "全局开关[无名汉化]"卷展栏

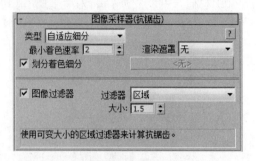

图8-39 "图像采样器(抗锯齿)"选项卡

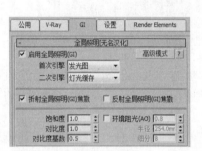

图8-40 "全局照明[无名汉化]"卷展栏

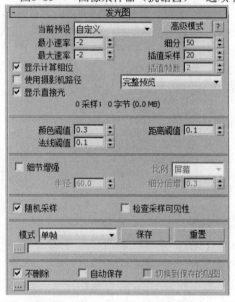

图8-41 "发光图"卷展栏

05 展开"环境"(Environment)卷展栏,勾选"全局照明(GI)环境"前面的复选框,打开全局光,在"颜色"后面的文本框内输入数值2.0,如图8-42所示。

06 完成渲染参数设置后可以单击渲染面板下面的"渲染"按钮,也可以使用快捷键Alt+Q来进行渲染,在渲染时会弹出"V-Ray 消息"信息栏,若有错误会在此信息栏中提示,如图8-43所示。

图8-42 "环境" 卷展栏

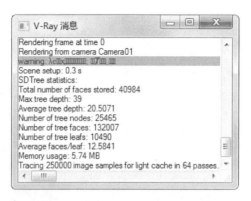

图8-43 "V—Ray 消息"信息栏

通过渲染观察的主要窗口可以观看渲染出来的效果，如图 8-44 所示。

图8-44 渲染效果

07 在渲染完成后，单击"V-Ray frame buffer"对话框中的"保存图像"按钮，对场景的效果进行保存。

8.3 对卫生间进行渲染

8.3.1 指定 V-Ray 渲染器

01 启动 3ds Max 2016，选择菜单栏"3ds"→"打开"命令，打开"源文件/卫生间"Max 文件，视图中的场景如图 8-45 所示。

02 按上述操作为卫生间指定渲染器。

图8-45 打开"卫生间"文件

8.3.2 赋予V-Ray材质

01 在材质样本窗口选中一个空白材质球,单击"Standard"按钮,将其设置为VrayMtl材质,并将材质命名为"墙面",漫反射贴图为"源文件/卫生间/瓷砖",反射贴图为"衰减"。其他设置如图8-46所示。将材质赋予墙面模型。

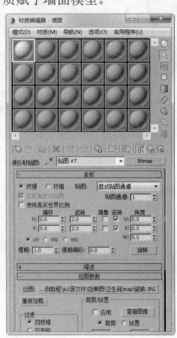

图8-46 "墙面"材质球

02 在材质样本窗口选中一个空白材质球,单击"Standard"按钮,将其设置为VrayMtl材质,并将材质命名为"浴缸",漫反射颜色为白色,反射贴图为"衰减"。其他设置如图8-47所示。将材质赋予模型。

03 在材质样本窗口选中一个空白材质球，单击"Standard"按钮，将其设置为VrayMtl 材质，并将材质命名为"金属"，其他设置如图 8-48 所示。

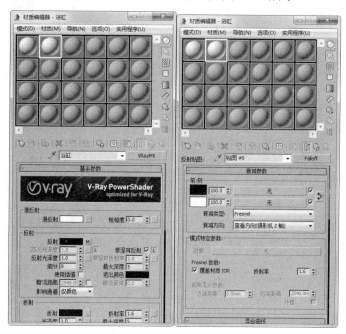

图8-47 "浴缸"材质球

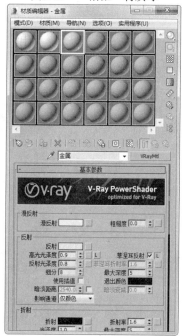

图8-48 "金属"材质球

04 在材质样本窗口选中一个空白材质球，单击"Standard"按钮，将其设置为VrayMtl 材质，并将材质命名为"地面"，漫反射贴图为"源文件/卫生间/地面"，反射贴图为"衰减"。其他设置如图 8-49 所示。将材质赋予地面。

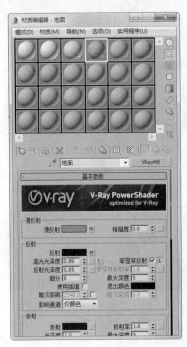
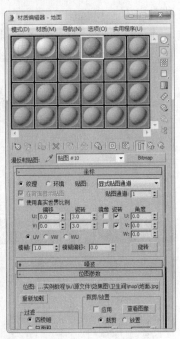

图8-49　"地面"材质球

05 在材质样本窗口选中一个空白材质球，单击"Standard"按钮，将其设置为VrayMtl 材质，并将材质命名为"大理石"，漫反射贴图为"源文件/卫生间/大理石"，反射贴图为"衰减"。其他设置如图 8-50 所示。将材质赋予模型。

06 在材质样本窗口选中一个空白材质球，单击"Standard"按钮，将其设置为VrayMtl 材质，并将材质命名为"木"，漫反射贴图为"源文件/卫生间/胡桃木"，反射贴图为"衰减"。其他设置如图 8-51 所示。将材质赋予模型。

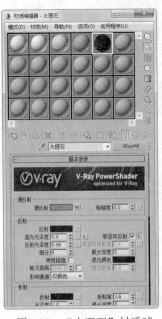
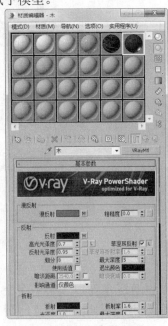

图8-50　"大理石"材质球　　　　　　图8-51　"木"材质球

8.3.3 V-Ray 渲染

01 按上述操作指定 V-Ray 渲染器。

02 展开"图像采样器（抗锯齿）"（Image sampler(Artialiasing)）卷展栏，在采样器下拉列表中选择" 自适应细分"（Adaptive subdivision）类型，其他设置如图 8-52 所示。

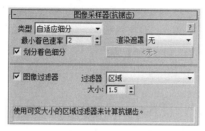

图8-52 "图像采样器（抗锯齿）"选项卡

03 展开"环境"（Environment）卷展栏，勾选"全局照明（GI）环境"前的复选框，在"颜色"后的文本框内输入数值 2.5，如图 8-53 所示。

04 展开"发光图"卷展栏，在"当前预设"下拉菜单中选择"自定义"，在"最大速率"和"最小速率"文本框中输入数值 -1、-2，如图 8-54 所示。

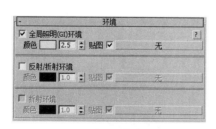

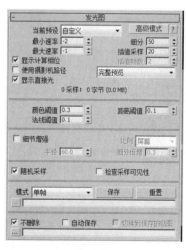

图8-53 "环境"卷展栏   图8-54 "发光图"卷展栏

05 展开"颜色贴图"卷展栏，在类型下拉列表中选择"指数"，在"暗度倍增"（Dark multiplier）后的文本框内输入数值 1.0，如图 8-55 所示。

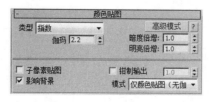

图8-55 "颜色贴图"卷展栏

06 单击"GI"选项卡，展开其中的"全局照明[无名汉化]"卷展栏进行设置，如

图 8-56 所示。

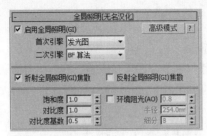

图8-56 "全局照明[无名汉化]"卷展栏

07 完成渲染参数设置后可以单击渲染面板下面的"渲染"按钮，也可以使用快捷键 Alt＋Q 来进行渲染，在渲染时会弹出"V-Ray 消息"信息栏，若有错误会在此信息栏中提示，如图 8-57 所示。

08 另一个则是"渲染"对话框，这里显示渲染的进度，单击"取消"按钮，则可以取消对场景的渲染，如图 8-58 所示。

通过渲染观察的主要窗口可以观看渲染出来的效果，如图 8-59 所示。

09 在渲染完成后，单击"V-Ray frame buffer"对话框中的"保存图像"按钮，对场景的效果进行保存，如图 8-59 所示。

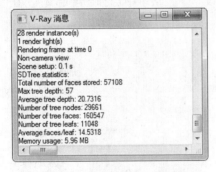

图8-57 "V-Ray 消息"信息栏

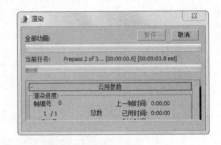

图8-58 "渲染"信息栏

图8-59 渲染效果

8.4　对会议室进行渲染

8.4.1　指定 V-Ray 渲染器

01 启动 3ds Max 2016，选择菜单栏"3ds"→"文件"→"打开"命令，打开"源文件/会议室"Max 文件，如图 8-60 所示。

02 利用 8.1 讲述的方法将渲染器指定为 V-Ray 渲染器。

图8-60　打开"会议室"文件

8.4.2　赋予 V- Ray 材质

01 在材质样本窗口选中一个空白材质球，单击"Standard"按钮，将其设置为 VrayMtl 材质，并将材质命名为"墙面"，漫反射贴图为"源文件/会议室/墙纸"，其他设置如图 8-61 所示。将材质赋予墙面模型。

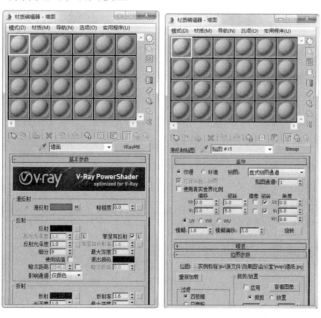

图8-61　"墙面"材质球

317

02 在材质样本窗口选中一个空白材质球，单击"Standard"按钮，将其设置为VrayMtl 材质，并将材质命名为"石膏吊顶"，贴图设置如图 8-62 所示。

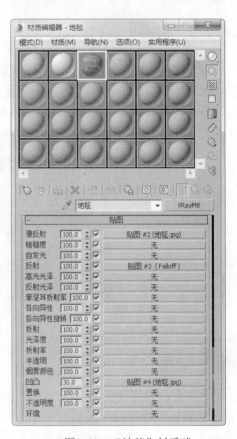

图8-62 "石膏吊顶"材质球　　　　图8-63 "地毯"材质球

03 在材质样本窗口选中一个空白材质球，单击"Standard"按钮，将其设置为VrayMtl 材质，并将材质命名为"地毯"，漫反射贴图为"源文件/会议室/地毯"，反射贴图为"衰减"。返回 V-Ray 材质，展开"贴图"卷展栏，将"漫反射"贴图拖拽复制到"凹凸"贴图通道上，如图 8-63 所示。

04 在材质样本窗口选中一个空白材质球，并将材质命名为"沙发"，单击"Standard"按钮，漫反射贴图为"源文件/会议室/沙发"，返回"标准"材质层级，单击自发光"颜色"右侧的贴图通道为其添加"遮罩"贴图。进入"遮罩"贴图层级为其添加一个"衰减"贴图。如图 8-64 所示。

05 在材质样本窗口选中一个空白材质球，单击"Standard"按钮，将其设置为VrayMtl 材质，并将材质命名为"榉木"，漫反射贴图为"源文件/会议室/榉木"，反射贴图为"衰减"。其他设置如图 8-65 所示。

06 在材质样本窗口选中一个空白材质球，单击"Standard"按钮，将其设置为VrayMtl 材质，并将材质命名为"玻璃"，如图 8-66 所示。

07 利用上述方法完成剩余模型材质的赋予。

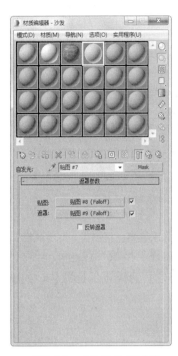

图8-64　"沙发"材质球

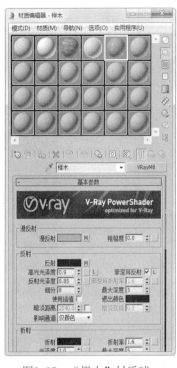

图8-65　"榉木"材质球

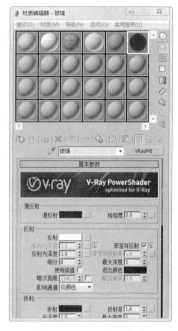

图8-66　"玻璃"材质球

8.4.3　V-Ray 渲染

01 指定渲染器后，展开"帧缓冲区"卷展栏，勾选"启用内置帧缓冲区"复选框后，则会激活对场景渲染出图的一些选项，但也可以通过第一个选项卡"公用"来进行调节，所以在这里也不需要进行太多的设置，如图 8-67 所示。

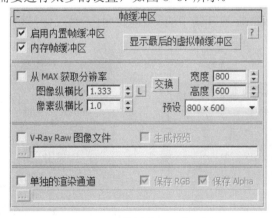

图8-67　"帧缓冲区"卷展栏

02 展开"全局开关[无名汉化]"卷展栏，勾选"灯光"（Lighr）、"隐藏灯光"（Hidden lights）、"仅显示全局照明（GI）"（Show GI only)的复选框，调节参数如图 8-68 所示。

03 展开"图像采样器（抗锯齿）"卷展栏，在类型的下拉列表中选择"固定"（Fixed)其他参数设置如图 8-69 所示。

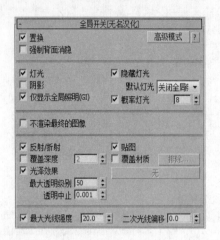

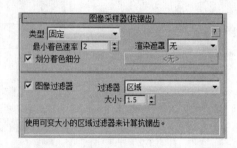

图8-68 "全局开关[无名汉化]"卷展栏　　　　图8-69 "图像采样器（抗锯齿）"卷展栏

04 展开"颜色贴图"卷展栏，在"类型"下拉列表中选择"指数"（Exponential）线性倍增，然后在"暗度倍增"（Dark）文本框中输入数值0.8，其他设置保持默认，如图8-70所示。

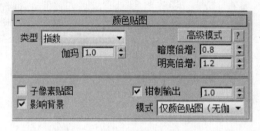

图8-70 "颜色贴图"卷展栏

05 展开"环境"（Environment）卷展栏，勾选"全局照明（GI）环境"前的复选框，打开全局光，在"颜色"后的文本框内输入数值2.0，如图8-71所示。

06 单击"GI"选项卡，展开其中的"全局照明[无名汉化]"（Indirect illumination）卷展栏，对其进行设置，如图8-72所示。

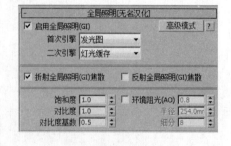

图8-71 "环境"卷展栏　　　　图8-72 "全局照明[无名汉化]"卷展栏

07 展开"发光图"（Irradiance map）卷展栏，在"细分"后的文本框内输入30，在"插值采样"（Interp, samples）文本框内输入数值20，并勾选"显示计算相位"和"显示直接光"前的复选框，其他设置保持默认，如图8-73所示。

08 展开 "灯光缓存"（Lighr cache）卷展栏，在"细分"后的文本框内输入500，并对其他选项进行设置，如图8-74所示。

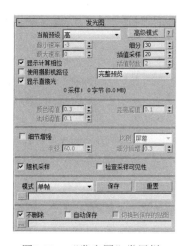
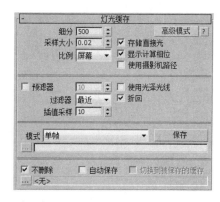

图8-73　"发光图"卷展栏　　　　　　图8-74　"灯光缓存"卷展栏

09 完成渲染参数设置后可以单击渲染面板下面的"渲染"按钮，也可以使用快捷键Alt+Q来进行渲染，在渲染时会弹出"V—Ray 消息"信息栏，若有错误会在此信息栏中提示，如图8-75所示。

10 另一个则是"渲染"对话框，这里显示渲染的进度，单击"取消"按钮，则可以取消对场景的渲染，如图8-76所示。

通过渲染观察的主要窗口可以观看渲染出来的效果，如图8-77所示。

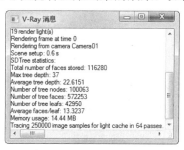

图8-75　"V—Ray消息"信息栏

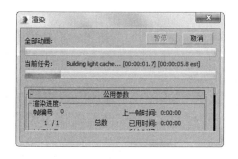

图8-76　"渲染"对话框　　　　　　图8-77　渲染效果

11 在渲染完成后，单击"V-Ray frame buffer"对话框中的"保存图像"按钮 🖫，对场景的效果进行保存。

8.5 对公共走道进行渲染

📖 8.5.1 指定 V-Ray 渲染器

01 启动 3ds Max 2016，选择菜单栏"3ds"→"文件"→"打开"命令，打开"源文件/公共走道"Max 文件，如图 8-78 所示。

02 利用 8.1 讲述的方法将渲染器指定为 V-Ray 渲染器。

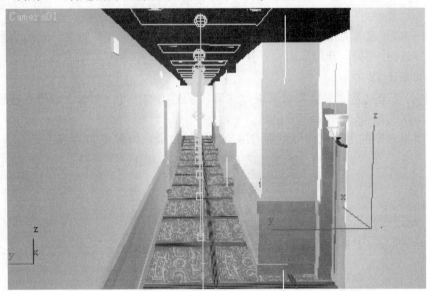

图8-78　打开"公共走道"文件

📖 8.5.2 赋予 V-Ray 材质

01 在材质样本窗口选中一个空白材质球，单击"Standard"按钮，将其设置为 VrayMtl 材质，并将材质命名为"壁纸"，其他设置如图 8-79 所示。将材质赋予公共走道墙面模型。

02 在材质样本窗口选中一个空白材质球，单击"Standard"按钮，将其设置为 VrayMtl 材质，并将材质命名为"木"，漫反射贴图为"源文件/标准/榉木"，反射贴图为"衰减"。其他设置如图 8-80 所示。将材质赋予墙围模型。

03 在材质样本窗口选中一个空白材质球，单击"Standard"按钮，将其设置为 VrayMtl 材质，并将材质命名为"标志"，漫反射贴图为"源文件/标准/标志"，其他设置如图 8-81 所示。将材质赋予模型。

利用上述方法完成剩余模型的赋予。

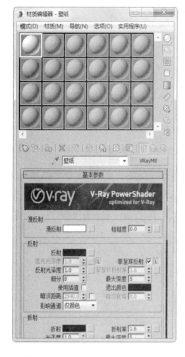

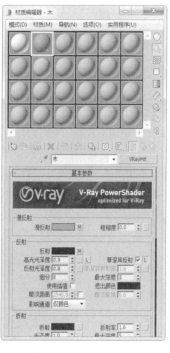

图8-79 "壁纸"材质球　　　　图8-80 "木"材质球　　　　图8-81 "标志"材质球

📖8.5.3　V-Ray 渲染

01 指定渲染器，展开"帧缓冲区"（Frome buffer）卷展栏，勾选"启用内置帧缓冲区"前的复选框，则会激活对场景渲染出图的一些选项，但在也可以通过第一个选项卡"公用"来进行调节，所以在这里也不需要进行太多的设置，如图8-82所示。

02 展开"全局开关[无名汉化]"卷展栏，取消"仅显示全局照明（GI）"前的复选框勾选，调节参数如图8-83所示。

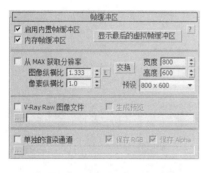

图8-82 "帧缓冲区"卷展栏　　　　图8-83 "全局开关[无名汉化]"卷展栏

03 展开"图像采样器（抗锯齿）"（Image sampler(Antialiasing)卷展栏，在"类型"的下拉列表中选择"自适应细分"（Adaptive DMC）类型，其他参数设置如图8-84所示。

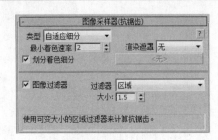

图8-84 "图像采样器（抗锯齿）"卷展栏

04 展开"颜色贴图"（Color mapping）卷展栏，在"类型"选择下拉列表中选择"指数"，然后在"明亮倍增"文本框中输入数值1.1，其他参数设置，如图8-85所示。

05 完成渲染参数设置后可以单击渲染面板下面的"渲染"按钮，也可以使用快捷键Alt＋Q 来进行渲染，在渲染时会弹出"V－Ray 消息"信息栏，若有错误会在此信息栏中提示，如图8-86所示。

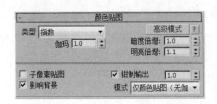

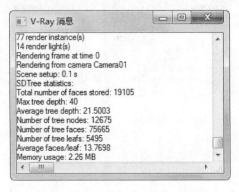

图8-85 "颜色贴图"卷展栏   图8-86 "V－Ray 消息"信息栏

06 另一个则是"渲染"对话框，这里显示渲染的进度，单击"取消"按钮，则可以取消对场景的渲染，如图8-87所示。

通过渲染观察的主要窗口可以观看渲染出来的效果，如图8-88所示。

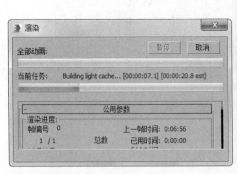

图8-87 "渲染"对话框   图8-88 渲染效果

07 在渲染完成后，单击"V-Ray frame buffer"对话框中的"保存图像"按钮，对场景的效果进行保存。

第 4 篇

Photoshop 后期处理篇

▶▶▶ **主要内容**

- Photoshop CC 入门
- 在 Photoshop 中进行后期处理

第 **9** 章

Photoshop CC 入门

　　Photoshop 是 Adobe 公司于 1990 年推出的图像处理软件，它具有强大的功能，且操作灵活，是广大设计者的首选软件工具。具体来说，Photoshop 是一个集图像制作、处理、合成等为一体的图像创作软件。它在商业广告、印刷行业等领域得到了广泛的应用，尤其是最近推出的 Photoshop CC 版本，功能更加齐全和完善，为图像设计创作人员提供了更广阔的使用空间。

　　在室内外效果图的设计制作中，Photoshop 和三维软件结合在一起，可使图像效果得到进一步的完善和提高。

学 习 要 点

　　◎ 了解 Photoshop CC 的界面及其快捷键的使用方法。
　　◎ 掌握 Photoshop CC 的基本操作。
　　◎ 学习 Photoshop CC 的颜色应用方法。

Photoshop CC 简介

9.1.1 Photoshop CC 主要界面介绍

1. Photoshop CC 的工作界面简介
- 菜单栏：显示 Photoshop CC 的菜单命令。包括文字、编辑、图像、图层、选择、滤镜、视图、窗口和帮助等菜单。
- 选项栏：是一个关联调板，它提供对应的工具或命令的各种选项。
- 工具栏：这里显示了 Photoshop CC 中的常用工具。单击每个工具的图标即可使用该工具，右键单击每个工具的图标或按住图标不动，稍后可显示该系列的工具。
- 图像窗口：图像窗口是用来显示图像的。窗口上方显示图像的名称、大小比例和色彩模式。右上角显示最小化、最大化和关闭 3 个按钮。
- 状态栏：状态栏显示当前打开图像的信息和当前操作的提示信息。
- 控制面板：控制面板列出了 Photoshop CC 操作的功能设置和参数设置。

选择菜单栏的"文件"→"打开"命令来打开一张图像，出现一个图像窗口，其在 Photoshop CC 工作界面的位置如图 9-1 所示。

图9-1　Photoshop CC的工作界面

2. 主菜单栏的组成及使用

Photoshop CC 菜单栏一共包括 11 个主菜单，单击菜单就可将菜单命令弹出，这时就可以选取要使用的命令了，如图 9-2 所示。

注意

（1）　在弹出的菜单中有呈灰色的选项，这表明这些选项在当前状态下不能使用。

（2）子菜单后跟"…"符号，这是表示单击此菜单将出现一个对话框。

（3）子菜单后跟一个黑三角符号，说明这个菜单下还有子菜单。

（4）子菜单后跟的组合键是打开此菜单的快捷键，直接按下快捷键即可执行命令。

3．工具箱构造

Photoshop CC 的所有图像编辑工具都存放在工具箱中，具体如图 9-3 所示。

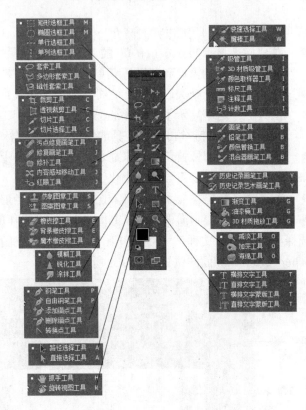

图9-2　Photoshop CC菜单　　　　　　　　图9-3　工具箱中的工具

在 Photoshop CC 的工具栏中，有些工具图标右下角有一个黑三角，表示此工具下还有一些隐藏工具。当用鼠标左键单击并保持不动或者用右键单击这些工具图标时，在这个工具图标旁会弹出它的隐藏工具，然后把鼠标指针移到工具上放开鼠标即可选取隐藏工具，如图 9-4 所示。同时，在选定某个工具后，在工具箱上方的选项栏中将显示该工具对应的属性设置，如图 9-5 所示。

图9-4　选择隐藏工具

图9-5　选项栏

4．控制面板

位于 Photoshop CC 屏幕右边的 5 个浮动面板是控制面板，它们的作用是显示当前的一些图像信息并控制当前的操作方式。控制面板如图9-6所示。

各控制面板在操作过程中各有所用。例如，在图层面板中可单独选择所需要的图层进行编辑，而不会影响到其他的图层。

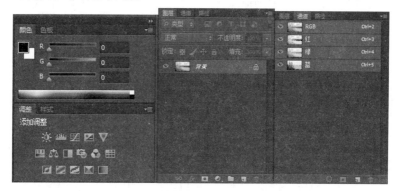

图9-6   控制面板

5．状态栏

Photoshop CC操作窗口的最底部是状态栏。状态栏的作用是显示当前打开图像的信息和当前操作的提示信息。用鼠标单击状态栏中的三角形图标，这时会出现一个子菜单，选择菜单上的选项，在状态栏上会出现相应的信息，如图9-7所示。

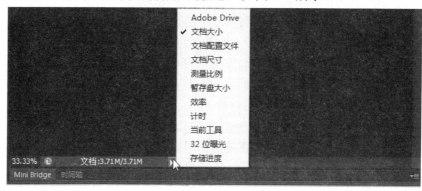

图9-7   状态栏信息显示

注意

图9-7中左下角显示的数字33.33%是指Photoshop CC中屏幕视图的大小。改变它的数值能改变屏幕视图的大小，但不能改变图像文件的像素大小。例如，当以100%的比例值来查看图像时，并不意味着所看到的视图中的图像为打印尺寸大小，它只是表示图像文件中的每个像素都在屏幕中以1像素出现。

6．帮助菜单

Photoshop CC中的帮助菜单有查询及索引功能，它可以有效地帮助读者掌握Photoshop CC的基本使用方法。通过"帮助"下拉菜单可以进入Photoshop CC的帮助主题、技术支持等。在操作Photoshop CC时，系统还提供了Internet"在线帮助"。当按下F1快捷键时，窗口中会弹出Photoshop CC"在线帮助"对话框，通过它可以获得丰富的帮助信息。

📖9.1.2 Photoshop CC 的优化和重要快捷键

为了加快在 Photoshop CC 中图像处理的速度和效率，需要优化 Photoshop CC 的性能和使用一些常用的键盘快捷键。

1. 优化 Photoshop CC 性能的方法

（1）清理剪贴板和其他缓存数据　在图像处理过程中，完成复制粘贴的操作后，复制的图像像素会仍然保留在剪贴板上，占用一定的内存。同时，在历史记录面板中也会保留大量的数据，以便使用"撤消"命令。所以，清理不需要使用的剪贴板内容和历史记录来释放内存是很好的方法。

选择菜单栏中的"编辑"→"清理"命令，即可清除剪贴板或历史记录的数据。

（2）不使用剪贴板进行文件复制　复制和粘贴命令如果使用较多会使剪贴板占用内存而降低 Photoshop CC 的运行速度。对此，可以采取一些不使用剪贴板而直接进行复制的方法。

● 在同一个图像文件中复制选区，按下 Ctrl+J 快捷键，复制的图像就不会保留在剪贴板上。

● 复制一个图层的内容时，可以单击"图层"面板上的"创建新图层"按钮 ⬛ ，这样就在"图层"面板上自动生成一个复制图层。

● 从一个图像文件中复制选区到另一个图像文件时，可以单击工具栏中的"移动工具"按钮 ⬛ 把选区拖到另一个图像文件中。如果要把复制的选区置于要粘贴的图像中心位置，则在停止拖动前按住 Shift 键。

（3）在低分辨率下进行草图处理　如果是进行较复杂的图像处理，可以在降低图像文件的分辨率状态下进行草图的处理。这样，能减少用于生成操作和比较操作的处理时间。在进行正稿的图像处理时，再进入高分辨率状态进行图像处理，并且在低分辨率下制作的矢量图形和图层样式可以直接拖放到高分辨率图像中进行继续使用。

选择菜单中的"编辑/图像大小"命令，则会弹出"图像大小"的对话框，在分辨率文本框中输入需要的分辨率大小值。更改分辨率后，图像文件的尺寸不会改变，但文件的大小会随着分辨率值的大小改变而改变。

2. 在 Photoshop CC 中较常用的快捷键

（1）隐藏/显示调板　为了避免 Photoshop CC 的视图和控制面板凌乱拥挤，影响观察图像效果，可以按下 Tab 键来隐藏所有调板，如果再次按下则会重新显示。如果按下 Shift+Tab 键则打开或关闭除了工具箱以外的所有调板。

（2）基本工具　在工具箱中的作图工具中最频繁使用到的为工具栏中的"移动工具"按钮 ⬛ 和"选框工具"按钮 ⬛ ，它们的快捷键分别为 V 和 M。

（3）变形工具　按下 Ctrl+T 快捷键相当于选择菜单栏中的"编辑"→"自由变换"命令。如果需要进一步的局部变形，在保持自由变形工具编辑状态下再次按下 Ctrl+T 快捷键。按下 Ctrl+Shift+T 快捷键则是再次自动变形。

（4）多次使用滤镜　使用了一次滤镜后，如果觉得没获得预期的效果，可以按下 Ctrl+F 快捷键再次使用和上一次同样设置的滤镜。如果想再次使用同样滤镜，但需要修改这个滤镜相应的设置，这时可以按下 Ctrl+Alt+F 快捷键。

（5）复制粘贴　按下 Ctrl+C 快捷键相当于选择菜单栏中的"编辑"→"拷贝"命令，按下 Ctrl+V 快捷键则是对复制的图像进行粘贴。需要注意的是，Ctrl+C 快捷键复制的是选区内当前所激活图层的图像，如果希望复制选区内所有图层的合并图像，则需要按下 Ctrl +Shift+C 快捷键。

（6）撤消操作　对当前的操作效果不满意时，按下 Ctrl+Z 快捷键即可撤消操作，再次按下则会重做。如果需要逐步撤消多步操作，而不是仅撤消一步时，则按下 Ctrl+Alt+Z 快捷键。

（7）存储文件　按下 Ctrl+S 快捷键为存储文件，按下 Ctrl+Shift+S 快捷键则打开"存储为"的对话框，把当前文件保存为另一个格式或名称。

（8）颜色填充　给一个选区或图层填充前景色，按下 Alt+Delete 快捷键；填充背景色，则按下 Ctrl+Delete 快捷键。如果编辑的图像为透明背景，只填充图像中的不透明像素，使透明的背景保持不变，可以在组合快捷键中添加 Shift 键。这样，透明背景仍然保持不变，但图像中的颜色则会被前景色或背景色所取代。

（9）画笔尺寸　使用工具箱的"画笔工具" 和"铅笔工具" 时，括号键[和]分别是用来减小和增大绘图时所用到的画笔尺寸。

（10）选取　使用工具箱的"快速选择工具" 、"套索工具" 或"框选工具" 这些选取工具时，在选取的同时按下 Shift 键，能继续添加选取对象。反之，要减去当前选取的一些选区时，则在选取的同时按下 Alt 键。如果要选择当前选区和新添加选区的相交区域，则选取的同时按下 Alt 键和 Shift 键。

（11）前景色和背景色　如果要使前景色和背景色变为默认的黑色和白色，按下 D 键。如果按下 X 键，则能使前景色和背景色的颜色进行交换。

9.2　Photoshop CC 的基本操作

9.2.1　图像文件的管理

1. 图像文件的新建和保存

Photoshop CC 文件的新建与保存命令全都在"文件"菜单中。选择菜单栏中的"文件"→"新建"命令，弹出"新建"对话框，如图 9-8 所示。在此对话框中，可以自由设定图像文件的大小、分辨率和背景的信息。单击"确定"按钮后，就可获得一个新设置的图像文件。

图9-8　"新建"对话框

在"新建"对话框中的主要选项如下：

- 名称：在此文本框中填写的文字为图像文件保存的文件名称。
- 预设：在选择框中的下拉菜单中可以选择系统设置好的图像大小尺寸。
- 宽度/高度：如果不想使用系统预设的图像尺寸，可以在文本框中输入图像文件需要的高度和宽度的尺寸。在第2个选择框中的下拉菜单中是图像尺寸的度量单位。
- 分辨率：分辨率是一种像素尺寸。该数据越大，图像文件就越大。
- 颜色模式：在此模式的下拉菜单中提供了5种色彩模式和相应的色彩通道数值。色彩通道数值越大，图像色彩越丰富，同时图像文件也会相应变大。
- 背景内容：在背景选项的下拉菜单中提供了3种背景色，分别为白色、透明色和背景色。

在系统的默认情况下创建的图像文件为白色背景。如果选择透明色，则创建的是一张没有颜色的图像。选择背景色则会生成一个 Photoshop CC 工具箱中所设置的背景色为背景的图像文件。

2. 色彩模式的选择

色彩模式是 Photoshop CC 以颜色为基础，用于打印和显示图像文件的方法。在创建图像文件时提供了5种色彩模式，选择不同的模式会生成不同的色域，它们之间的区别如下。

- RGB 颜色：RGB 表示的颜色为红、黄、蓝3原色，每种颜色在 RGB 色彩模式中都有256种阶调值。在所有的色彩模式中，RGB 色彩模式有最多的功能和较好的灵活性，是应用最广泛的色彩模式。因为除了 RGB 色彩模式拥有较宽的色域外，Photoshop CC 所有的工具和命令都能在这个模式下工作，而其他的模式则受到了不同的限制。
- CMYK 颜色：在处理完 Photoshop CC 中的图像需要打印时，CMYK 颜色则是最常用的打印模式。CMYK 颜色主要是指青色、洋红、黑色和黄色。需要转换到 CMYK 色彩模式来打印时，可以选择"编辑/颜色设置"进行编辑或者直接选择"图像/模式/CMYK 模式"。
- 位图：位图模式只有黑色、白色两种颜色。
- 灰度：灰度模式下只有亮度值，没有色相和饱和度数据，它生成的图像和黑白照片一样。该模式经常用于表现质感或是复古风格的图像。
- Lab 颜色：Lab 模式是 Photoshop CC 所提供的模式中色域范围最大，可显示色彩变化最多的模式，也最接近人类眼睛所能感知的色彩表现范围。

3. 图像文件的保存

Photoshop CC 有3种保存模式：存储、存储为、存储为 Web 所用格式。执行存储命令后，在弹出的存储对话框中可以设定文件的类型、名称和存储路径等内容。

- 选择菜单栏中的"文件"→"存储"命令，即可直接完成对文件的保存。
- 选择菜单栏中的"文件"→"存储为"命令，弹出"存储为"对话框。在该对话框中可以编辑图像的存储名称和选择图像的存储格式。
- 选择菜单栏中的"文件"→"存储为 Web 和设备所用格式"命令，弹出"存储为 Web"的一个对话框。在该对话框中，可以编辑存储 Web 格式和颜色等，还能预览到存储的 Web 的效果。

📖9.2.2 图像文件的视图控制

Photoshop CC 中有许多关于视图控制的命令，这在图像处理的过程中会需要经常地使用，给图像编辑带来极大的方便，也提高了图像运作效率。

1. 图像的放大和缩小

Photoshop CC 有 4 种视图缩放的操作方法：使用"视图"菜单命令、使用"缩放工具" 🔍、使用控制面板中的导航器和使用"抓手工具" ✋。

（1）使用"视图"菜单命令的操作方法是：

● 选择菜单栏中的"视图"→"放大/缩小"命令，图像就会自动放大或缩小一倍。

● 选择菜单栏中的"视图"→"按屏幕大小缩放"命令，可将图像在 Photoshop CC 界面中以最合适的比例显示。

● 选择菜单栏中的"视图"→"实际像素"命令，会将图像以 100%像素的比例显示。

● 选择菜单栏中的"视图"→"打印尺寸"命令，会使图像以实际打印的尺寸显示。

（2）使用"缩放工具"编辑图像的方法是：

● 单击工具箱中的"缩放工具"按钮🔍，在 Photoshop CC 的选项栏中会出现相应的选项，选择选项栏中的"放大"按钮🔍或"缩小"按钮🔍，在图像上单击，可以使图像放大一倍或缩小一倍。选项栏中还有"实际像素""适合屏幕""填充屏幕"和"打印尺寸"等按钮，直接单击需要的按钮，即可实现对视图所需的大小控制。

● 选择工具箱中的"缩放工具"按钮🔍，直接在图像上单击，即可使图像放大一倍。如果需要对图像缩小的话，可以配合 Alt 键，在图像中单击，就可将图像缩小一倍。

（3）使用导航器控制图像大小的方法是：选择控制面板中的导航器，当左右拖动导航器中的横向滑块时，图像会随着滑块的左右移动而进行相应的自动缩放，如图 9-9 所示。

图9-9　在导航器中控制图像大小

（4）使用"抓手工具"按钮✋进行图像编辑的方法：

● 选择工具箱中的"抓手工具"按钮✋，这时选项栏上会出现"实际像素""适合屏幕素"、"填充屏幕"和"打印尺寸"按钮，直接单击需要的按钮，即可实现对视图所需的大小控制。

- 选择工具箱中的"抓手工具"按钮，在图像上单击鼠标右键，在弹出的快捷菜单中选择所需要的视图大小选项。
- 当视图大小为超出满画布显示的尺寸时，可以使用"抓手工具"上下、左右拖动图像来观察图像局部的效果。

2．图像定位

在图像编辑中，经常要确定一个图像的位置，这只利用眼睛来衡量图像位置的准确与否是很难的。为此，Photoshop CC 专门提供了"标尺""参考线"和"网格"三个功能，给图像的定位带来的极大的方便。

（1）制作标尺　选择菜单栏中的"视图"→"尺寸"命令，或按 Ctrl+R 快捷键，就会在图像窗口的上侧和左侧弹出标尺。图 9-10 和图 9-11 所示为显示了标尺的图像。

（2）制作参考线　显示了标尺后，用鼠标往图像中心拖动标尺，就能出现相应的参考线。如果需要精确地定位标尺的位置，可选择菜单栏中的"视图"→"新建参考线"命令，在弹出的"新参考线"的对话框中点选需要的参考线取向和填入参考线离光标的距离位置，即会在图像上出现相应的参考线，如图 9-10 所示。把鼠标放在参考线上，还能左右或上下移动它。

如果想固定参考线，则选择菜单栏中的"视图"→"锁定参考线"命令。如果想删除参考线，则选择菜单栏中的"视图"→"清除参考线"命令。

图9-10　设置参考线　　　　　　　　图9-11　在图像上显示网格

（3）制作网格　定位图像最精确的方法是"网格"。选择菜单栏中的"视图"→"显示"→"网格"命令，就能在图像上显示"网格"，如图 9-11 所示。如果需要清除"网格"，在菜单栏上取消菜单栏中的"视图"→"显示"→"网格"命令前面的勾选即可。

3．图像的变形

图像变形在处理图像时会经常用到。图像变形包括图像的缩放、旋转、斜切、扭曲和透视，这些变形命令可应用到每个选区、图层中。

"缩放"命令可将图像选区部分的大小改变；"旋转"命令可将图像向各个角度旋转，改变图像的方向；"斜切"命令是把图像倾斜；"扭曲"命令能将图像沿不同的方向拉伸，使图像扭曲变形；"透视"命令可以将图像产生透视的效果。

这些命令都在菜单栏的"编辑/变换"的子选项中。用工具箱中的选取工具（包括"快速选择工具"按钮、"套索工具"按钮或"框选工具"按钮）在图像上选定需要变形的区域后，选择菜单栏中的"编辑"→"变换"命令中所需要的变形命令，在图像上的所选区域就会出现一个变形编辑边框。用鼠标单击并拖动边框上的图柄能预览到变形效果，如图9-12所示。然后，按下Enter键就能完成变形效果的应用，在按下Enter键之前如果按下Esc键就能将变形命令取消。

另外，这些命令只能应用于图层中不透明的图像选区、路径和"快速蒙版"模式中的蒙版。

4. 图像的排列和查看

当在Photoshop CC中打开多个图像窗口时，可以使用菜单栏中"窗口"菜单中的命令来按需要排列图像窗口。

选择菜单栏中的"窗口"→"排列"→"层叠"命令，可将图像窗口堆叠显示，如图9-13所示。

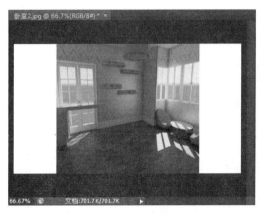

图9-12　在图像上使用变形命令　　　　　　图9-13　图像窗口层叠显示

选择菜单栏中的"窗口"→"排列"→"平铺"命令，可将图像以并列的形式显示，如图9-14所示。

图9-14　图像窗口并列显示

注意

(1) 若要取消选取工具选择的图像变形选区，则可按下 Ctrl+D 快捷键。

(2) 若要按比例缩放对象，则可在使用缩放命令的同时按住 Shift 键。

(3) 如果要一次应用几种效果，在图像选区内单击右键即可弹出变换菜单。

9.3 Photoshop CC 的颜色运用

Photoshop CC 有着强大的选择、混合、应用和调整色彩的功能。本节详细地讲解了色彩选择工具的使用以及色彩的调整，并用简单实例巩固对色彩操作的应用。

9.3.1 选择颜色

在使用 Photoshop CC 处理数码图像文件时，掌握选择颜色的方法是非常重要的，它决定着图像处理质量的好坏。Photoshop CC 为用户选择色彩提供了很多方法，包括使用"拾色器"、工具箱的吸管工具、色板等，用户可根据自己的需要进行选择应用。

1. 使用拾色器

单击工具箱中或控制面板中色板的"前景色/背景色"按钮，就会弹出"拾色器"对话框，用户可以根据该对话框进行颜色的选择，如图 9-15 所示。拾色器是 Photoshop CC 中最常用的标准选色环境，在 HSB、RGB、CMYK、Lab 等色彩模式下都可以用它来进行颜色选择。

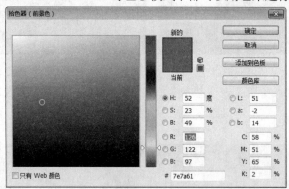

图9-15　"拾色器"对话框

（1）使用拾色器中选择颜色的方法如下：

● 使用色域：在拾色器左方大片的颜色区域叫色域。将鼠标移到色域内时，鼠标会变成圆形的图标。通过拖动这个颜色图标可在色域内选择所需要的颜色。

● 使用色杆：在拾色器中色域的右方有一条长方形的色彩区域，叫作色杆。拖动色杆两边的滑块能选择颜色区域。当色杆的颜色发生变化时，色域中的颜色也会相应发生变化，形成以在色杆中选取的颜色为中心的一个色彩范围，从而能在色域中更准确地选取颜色。

● 拾色器左上方的矩形区域显示了两个色彩，上方的色彩表示在色域中选取的当前色彩，下方的色彩表示在色域中上一次所选择的色彩。

- 使用数值文本框：拾色器提供了 4 种色彩模式来选择颜色，分别是 HSB、RGB、CMYK 和 Lab 模式，可以根据需要来进行选择。在右下方相应的文本框中填入色彩数值，能得到精确的颜色。

（2）使用"自定颜色"选择颜色的方法如下：

- 激活"自定颜色"：在拾色器中单击"自定"按钮，会弹出"自定颜色"对话框，如图 9-16 所示。"自定颜色"对话框中显示的颜色是 Photoshop CC 系统预先定义的颜色，对话框右方的数据表示的是颜色的信息。
- 选择颜色：对话框中色库的下拉菜单列表中有多种预设的颜色库。选择需要的色库后，色杆和色域上将会出现色库相应的颜色，这时可以滑动色杆上的滑块和单击色域中的颜色块来选择颜色。

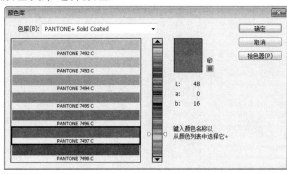

图9-16　自定颜色对话框

2．使用色板

选择菜单栏中的"窗口"→"色板"命令，即可显示色板，如图 9-17 所示。在色板中，可以任意选择由 Photoshop CC 所设定的色块，将之设定为前景色或背景色。使用色板选择颜色的方法如下：

- 挑选颜色：将鼠标移到所需要的色彩方格范围内单击选择颜色。
- 加入新颜色：将鼠标放到色板中尚未储存色彩的方格内，鼠标将变成"油漆桶"图标，用鼠标单击这个方格，就会弹出"色板名称"的对话框。在该对话框的文本框中输入新颜色的名称，单击"确定"按钮，当前设定的前景色就会被存放到色板的新方格内，可以随时调用。
- 删除色板中的颜色：选择色板中需要删除的色彩方格，拖放到色板右下角的"垃圾桶"按钮上即可。
- 使用色板菜单：单击色板右上角的三角形按钮，将会弹出色板菜单，如图 9-17 所示。单击在菜单中需要的选项即可。

3．使用颜色调板

颜色调板的功能类似于绘画时使用的调色板。选择菜单栏中的"窗口"→"颜色"命令或按下 F6 快捷键，即可显示颜色调板。颜色调板如图 9-18 所示。

使用调板选择颜色的方法如下：

- 设定前景色/背景色：在颜色调板的左上角显示了前景色/背景色的按钮，用鼠标单击前景色或背景色，可将其激活成为选择颜色的对象。
- 使用调色滑杆：颜色调板上的颜色和所属的色彩模式有关，可以通过移动滑块来选择滑杆上的颜色。图 9-18 所示的调板上的颜色属于 RGB 滑块，如果想选择其他色彩模式的色彩滑块，可单击调板右上角的三角形图标，在颜色调板菜单中选择其他的色彩滑块。

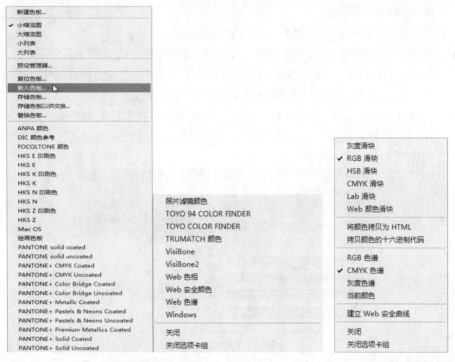

图9-17　色板和色板菜单　　　　　　　　　图9-18　颜色调板和颜色菜单

- 设置数值文本框：可以在滑块后面的文本框中输入色彩参数值，从而获得精确的颜色。
- 颜色横条：在颜色调板下方有一色彩横条，其中显示了图像所使用色彩模式下的所有颜色，可以直接从中点取所需的颜色来使用。

4．使用吸管工具

除了用拾色器、色板和颜色调板来选择颜色外，吸管工具也常常使用。它主要是用于选取现有颜色。

使用吸管工具选择颜色的方法如下：

- 选择采样单位：单击工具箱中的"吸管工具"按钮 ，Photoshop CC 的选项栏上会出现吸管工具编辑栏，其中有一个"取样大小"列表框。单击该列表框会出现3 个选项，如图 9-19 所示。其中，"取样点"表示以一个像素点作为采样单位，"3×3 平均"表示以 3×3 的像素区域作为采样单位，"5×5 平均"表示以 5×5 的像素区域作为采样单位。
- 使用信息调板：按下 F8 键，会显示控制面板中的信息调板。选中吸管工具后，鼠标在图像文件上会变成吸管图标。鼠标在图像上移动的同时，信息调板上的数据也会随着鼠标的移动而变化。信息调板用于显示鼠标所在点的颜色和位置信息，以便准确地选择颜色，如图 9-20 所示。
- 选择颜色：用吸管工具单击图像上的任意一点颜色，即可选择该点的颜色作为前景色，工具箱中的前景色图标的颜色就会随之改变。同时，信息调板上也会显示这个颜色的 RGB 参数值和 CMYK 参数值。如果要选择颜色作为背景色，则需在吸管工具单击图像选择颜色的同时按住 Alt 键。

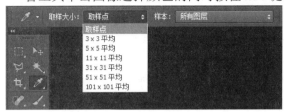

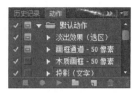

<table>
<tr><td>图9-19 "取样大小"列表框</td><td>图9-20 信息调板</td></tr>
</table>

9.3.2 使用填充工具

Photoshop CC 的填充工具主要包括"油漆桶工具"和"渐变工具"。这两种工具能对图像文件的选区填入选定颜色、添加渐变效果和花纹图案等，被广泛地应用于绘制图像背景、填充选区和制作文字效果上，是图像处理的有力工具。

1. 使用"油漆桶工具"填充颜色

"油漆桶工具"是将图像或图像的选区填充以前景色或图案的填充工具。在工具箱中选择油漆桶工具后，只要在图像或图像的选区上单击，Photoshop CC 就能根据设定好的颜色、容差值和模式进行填充。

"油漆桶工具"的具体使用方法如下：

（1）在工具箱上选择油漆桶工具后，在 Photoshop CC 的选项栏上会出现油漆桶工具的参数选项，如图 9-21 所示。

图9-21 油漆桶工具的选项栏

（2）在选项栏上的第 1 项为填充方式的选项，可以在下拉菜单中选择填充是前景色还是图案。填充前景色是指使用设定的当前前景色来对所选择的图像区域进行填充，填充图案是指使用 Photoshop CC 系统内设置的图案来对所选择的图像区域进行填充。选择图案选项后，图案选项将被激活。可在图案选项的下拉菜单中选择需要的图案。

（3）除了使用 Photoshop CC 系统预置的图案进行填充外，还可以选择菜单栏中的"编辑"→"定义图案"命令来自己定义使用的图案。

（4）选项栏上的第 3 项为填充模式，在其下拉菜单中选择 Photoshop CC 提供的模式，给图像填充增加附加效果。

（5）用鼠标滑动不透明度选项的滑杆，可选择填充需要的透明度。

（6）设定容差选项的参数值后，在填充时 Photoshop CC 会根据这个参数值的大小来扩大或缩小以鼠标单击点为中心的填色范围。

2. 使用"渐变工具"填充颜色

"渐变工具"是一种特殊的填充工具，使用它能使图像或图像的选区填充一种连续的颜色。这种连续的颜色包括从一种颜色到另一种颜色和从透明色到不透明色等方式，可根据需要灵活选择运用。

"渐变工具"在工具箱中和"油漆桶工具"处于同一位置。在 Photoshop CC 默认情况下，工具箱上显示的是油漆桶工具。按住"油漆桶工具"不放，即会出现"渐变工具"的图标。选择"渐变工具"后，在 Photoshop CC 选项栏上会出现渐变工具的工具编辑条。

单击工具条上渐变显示框的下拉菜单，会出现 Photoshop CC 系统预置的 16 种色彩渐变效果，单击任意一个色彩渐变效果方格，可以直接使用这种效果来填充图像或图像选区，如图 9-22 所示。

如果需要自定义渐变的色彩，直接单击工具条上的渐变显示框，会弹出"渐变编辑器"对话框，可直接使用 Photoshop CC 预置的渐变效果来直接进行编辑，如图 9-23 所示。

图9-22　渐变工具条　　　　　　　图9-23　"渐变编辑器"对话框

工具条上还提供了 5 种渐变形状模式，包括线性渐变模式■、径向渐变模式■、角度渐变模式■、对称渐变模式■和菱形渐变模式■。可以根据图像效果的需要单击选择任意一种形状模式，再进行颜色的编辑。

（1）使用渐变编辑器

- 新建渐变效果：从预置的预览框中选择一种渐变效果，改变它的设置，就能在它的基础上建立一种新的渐变效果。编辑完新的渐变效果后，单击"新建"按钮，就可把新的渐变效果添加到当前显示的预置框中。

- 删除建立的渐变效果：在预置框中按住 Alt 键的同时单击要删除的渐变效果即可将其删除。

- 重命名：双击预置框中的渐变效果，在名称的文本框中输入新名称即可。

- 使用渐变色带：在渐变编辑器下方的长方形的颜色显示框称为渐变色带。在渐变色带上方的控制点表示颜色的透明度，下方的控制点表示颜色。当单击任何一个控制点时，会有一个小的菱形图标出现在单击的控制点和距离它最近的控制点之间，这个菱形代表着每一对颜色或不透明度之间过渡的中心点。拖动控制点就能改变渐变的颜色或透明度效果。单击渐变色带的空白处还能增加颜色或透明度的控制点，并移动控制点使渐变模式变得更富于变化。

- 渐变的平滑度设置：提高"平滑度"选项的参数，能使渐变得到更加柔和的过渡。

（2）创建实底渐变

- 在渐变编辑器中的渐变类型选项的下拉菜单中选择"实底"。

- 选择渐变颜色：单击渐变色带下方的任意控制点，在渐变编辑器的色标栏的"颜色"显示框中会显示该控制点的颜色，如图 9-24 所示。单击颜色显示框的颜色，可在弹出的拾色器中进行渐变色彩的选择。

- 选择渐变透明度：单击渐变色带上方的任意控制点，在渐变编辑器的色标栏的"不透明度"的文本框中会显示该控制点的透明度，如图 9-25 所示。单击"不透明度"文本框的三角形图标▶，会显示"不透明度"的滑杆。可通过移动滑杆上的滑块来调节控制点的"不透明度"，也可以直接在"不透明度"文本框中输入相应的参数。
- 设置控制点的位置：设置好控制点的不透明度和颜色后，就能在渐变色带上左右移动控制点来调节该控制点的位置。除此之外，还能在设置控制点的颜色和不透明度时，在其对应的"位置"文本框中输入相应的参数来设置该控制点在透明色带上的位置。

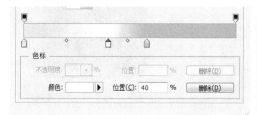 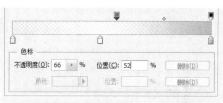

图9-24　设置控制点的颜色　　　　　　　图9-25　设置控制点的不透明度

- 增加和删除控制点：单击渐变色带的空白处就能增加颜色或透明度的控制点；如果需要删除多余的控制点，可选择该控制点，按下色标栏里的"删除"按钮，或者是选择要删除的控制点后，向渐变色带中心拖动该控制点，即能删除。

（3）制作渐变效果

- 选择菜单栏中的"文件"→"打开"命令，打开一张图像文件。
- 选择工具箱中的"渐变工具"按钮，然后单击选项栏的渐变显示框，在弹出的渐变编辑器中编辑实底渐变效果，使其如图 9-26 所示。

图9-26　编辑的渐变效果　　　　　　　图9-27　确定渐变在图像中的方向

- 设置完渐变效果后，单击渐变编辑器的"新建"按钮，把新设置的渐变效果添加到当前显示的预置框中。然后，单击"确定"按钮关闭渐变编辑器。
- 按下 F7 键，单击弹出的图层调板中的"新建新的图层"按钮，创建一个新的图层，并确定该新图层被选中，处于激活状态。
- 选择工具箱中的"渐变工具"按钮，此时选项栏上的渐变显示框上显示的是刚设置好的渐变效果。单击选项栏上的"径向渐变"图标，选择径向渐变的模式。
- 在图像上用渐变工具拉出一条编辑线，如图 9-27 所示，从而确定渐变在图像中的方向。

- 拉完编辑线后，在图像上会马上呈现出渐变效果，如图9-28所示。
- 返回到图层调板，在渐变图层上调节该图层的不透明度，如图9-29所示，能使背景图层更清晰。

图9-28　创建的渐变效果　　　　　　　　　图9-29　调节图层的透明度

9.3.3　快速调整图像的颜色和色调

1．颜色和色调调整选项的使用

在 Photoshop CC 菜单栏的"图像/调整"的子菜单中有 17 项关于图像的颜色和色调调整的命令，它们的用途分别如下：

- 色阶：色阶指图像中颜色的亮度范围。色阶对话框中的色阶分布图表示颜色在图像中亮度的分配。通过设置色阶对话框的选项能使图像的色阶趋于平滑和和谐。
- 自动色阶：选择菜单栏中的"图像"→"调整"→"色阶"命令，在打开的对话框中选择自动，Photoshop CC 就会自动调整整体图像的色彩分布。
- 自动亮度/对比度：选择菜单栏中的"图像"→"调整"→"亮度/对比度"命令，在打开的对话框中选择自动，Photoshop CC 就会自动调整整体图像的色调对比度，而不会影响到颜色。
- 曲线：曲线命令可以调节图像中从 0～255 的各色阶的变化，拖动曲线对话框中的曲线能灵活地调整色调和图像的色彩特效。
- 色彩平衡：使用色彩平衡命令可以从高光、中间调和暗调三部分来调节图像的色彩，并通过色彩之间的关联来控制颜色的浓度，修复色彩偏色问题，达到平衡的效果。
- 亮度/对比度：使用亮度/对比度命令能整体地改善图像的色调，一次性地调节图像的所有像素，包括高光、中间调和暗调。
- 色相/饱和度：调整色相是指调整颜色的名称类别，调整饱和度则使颜色更中性或更艳丽。颜色饱和度越高，颜色就越鲜艳。
- 去色：使用去色命令能删除色彩，使成为黑白图像效果。但在文件中仍保留颜色空间，以便还原色彩的需要。
- 替换颜色：使用替换颜色命令能改变图像中某个特定范围内色彩的色相和饱和度变化。可以通过颜色采样制作选区，然后再改变选区的色相、饱和度和亮度。

- 可选颜色：这项调色命令比较适用于 CMYK 色彩模式，它能增加或减少青色、洋红、黄色和黑色油墨的百分数。当执行打印命令，打印机提示需要增加一定百分比原色时，就可以使用这个命令。

- 通道混合器：通道混合器命令适用于调整图像的单一颜色通道，或将彩色图像转化为黑白图像。

- 渐变映射：使用渐变映射命令能使设置的渐变色彩代替图像中的色调。

- 反相：使用反相命令能反转图像的颜色和色调，生成类似于照相底片的颠倒色彩的效果，将图像中所有的颜色都变成其补色。

- 色调均化：使用色调均化命令能重新调整图像的亮度值，使白色代替图像中最亮的像素，黑色代替图像中最暗的像素，从而使图像呈现更均匀的亮度值。

- 阈值：使用阈值命令可制作一些高反差的图像，能把图像中的每个像素转化为黑色或白色。其中，阈值色阶控制着图像色调的黑白分界位置。

- 色调分离：使用色调分离命令能指定图像中的色阶数目，将图像中的颜色归并为有限的几种色彩，从而简化图像。

- 变化：使用变化命令能进行广泛的色彩调整，包括调整阴影、高光、饱和度、中间调的色相和亮度调整，并通过预览和比较变化后的效果来进行效果的选择。

2．调整图像的颜色和色调

（1）选择菜单栏中的"文件"→"打开"命令，打开"源文件/第 4 章/1. jpg"图像文件。

（2）按下 F7 键，单击弹出的"图层"面板上的"创建新的填充或调整图层"按钮，在弹出的图层菜单上选择"色阶"。

（3）选择"色阶"选项后，Photoshop CC 会弹出"色阶"对话框，如图 9-30 所示。这时，会发现对话框中的色阶分布偏向暗调部分，说明图像整体色彩表现偏暗。

（4）按下"色阶"对话框中的"自动"按钮，让 Photoshop CC 对图像进行自动色阶调节。自动色阶调节后，会发现图像的整体亮度已经变得明亮和谐，但整体颜色却偏黄。显然，自动色阶命令调整了整体色调，但却对图像的颜色产生了不符合需要的影响，如图 9-31 所示。

（5）激活"图层"面板自动生成的"色阶 1"图层，把该图层的"图层模式"由系统默认的"正常"改为"亮度"，如图 9-32 所示。这样，自动色阶命令将只会调整图像的色调而不会影响颜色。

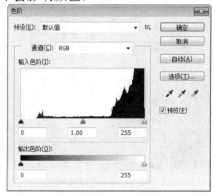

图9-30　"色阶"对话框

图9-31　自动色阶调节后的图像

ⓘ注意

使用菜单命令"图像/调整/自动色阶"通常会改变图像的全部色调，而使用图层菜单中的"色阶"命令，则能在自动生成的新图层中进行自动色阶的调整，而不会影响到原的图像。

（6）现在需要进一步调整图像的整体色调。选择菜单栏中的"图像"→"调整"→"色彩平衡"命令或按下 Ctrl+B 快捷键，打开"色彩平衡"对话框，进行图像的色相调整。

（7）在"色彩平衡"对话框中，点选"中间调"选项进行图像暗色调的调整，往蓝色方向拖动"黄色—蓝色"滑杆上的滑块来减少图像中的黄色像素。同时，在调整的过程中可以观察图像调整的预览效果。不断地进行调整后，"色彩平衡"对话框如图 9-33 所示。确定色彩调整效果后，单击对话框上的"确定"按钮退出色彩平衡的编辑。这时，可以看到图像不再有黄色的偏色，色彩比较和谐。

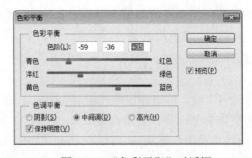

图9-32　改变图层模式　　　　　图9-33　"色彩平衡"对话框

（8）选择菜单栏中的"图像"→"调整"→"曲线"命令或按下 Ctrl+M 快捷键，打开"曲线"对话框，进行图像的亮度调整。在对话框中，往上拖动曲线，如图 9-34 所示。通过预览确定图像的亮度效果后，单击对话框上的"确定"按钮退出曲线的编辑。最后，图像的调整效果如图 9-35 所示。

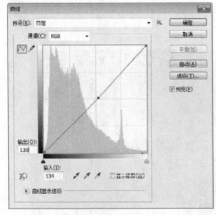

图9-34　曲线面板　　　　　　　　图9-35　图像调整效果

📖 9.3.4　重新着色控制

在图像处理当中，经常会有些图像的某些区域需要进行重新着色，这时就要用到图层的混合模式。图层的混合模式控制当前图层的颜色和下层图层的颜色之间的合成效果。在"正常"模式下，添加的颜色会完全覆盖原始图像的颜色像素，但应用混合模式能改变颜色和添加的颜色之间的作用方式。

按下 F7 键打开"图层"面板，在"图层"面板的模式下拉菜单中共提供了 27 种混合模式，如图 9-36 所示。图层混合模式的功能如下：

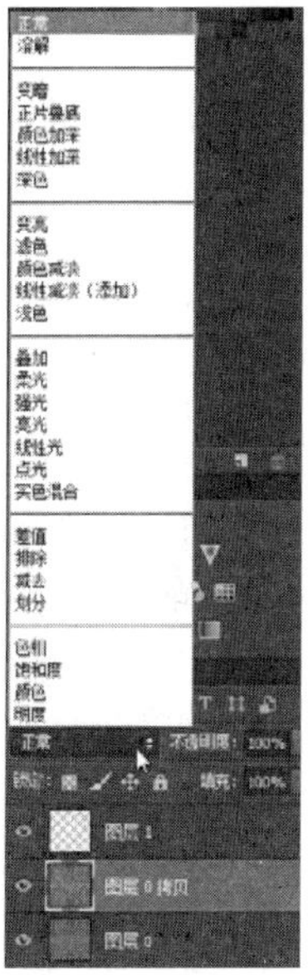

- 正常模式：图层模式处于正常模式下时，图层的颜色是正常化的，不会和它下面的图层进行色彩的相互作用。快捷键为 Shift+Alt+N。

- 溶解模式：在图层的不透明度值为 100% 时，溶解模式和正常模式的效果是一样的。减少图层的不透明度值，溶解模式会使图像产生许多像溶解效果般的扩散点。不透明度值越低，图像的溶解扩散点就越疏，越能看到下层图层的图像。快捷键为 Shift+Alt+I。

- 变暗模式：使用变暗模式后，Photoshop CC 系统会自动比较出图像通道中最暗的通道，并从中选择这个通道使图像变暗。快捷键为 Shift+Alt+K。

图9-36　图层的混合模式

- 正片叠底模式：正片叠底模式使当前图层和下层图层如同两张幻灯片重叠在一起，能同时显示出两个图层的图像，但颜色加深快。快捷键为 Shift+Alt+M。

- 颜色加深模式：颜色加深模式和颜色减淡模式会增加下层图像的对比度，并通过色相和饱和度来强化颜色。颜色加深模式会在这个过程中加深图像的颜色。

- 线性加深模式：线性加深模式根据在每个通道中的色彩信息和基本色彩的暗度，通过减少亮度来表现混合色彩。其中，和白色像素混合不会有变化。快捷键为 Shift+Alt+A。

- 变亮模式：变亮模式和变暗模式相反，Photoshop CC 系统会选择图像通道中最暗的通道使图像变暗。快捷键为 Shift+Alt+G。

- 滤色模式：查看每个通道的颜色信息，并将混合色的互补色与基色进行正片叠底。结果色总是较亮的颜色。用黑色过滤时颜色保持不变，用白色过滤时将产生白色。此效果类似于多个摄影幻灯片在彼此之上投影。

- 颜色减淡模式：和颜色加深模式一样，只是颜色减淡模式在增加下层图像的对比度时使图像颜色变亮。快捷键为 Shift+Alt+D。

- 线性减淡（添加）模式：查看每个通道中的颜色信息，并通过增加亮度使基色变亮以反映混合色。与黑色混合则不发生变化。

- 浅色模式：比较混合色和基色的所有通道值的总和并显示值较大的颜色。"浅色"不会生成第三种颜色（可以通过"变亮"混合获得），因为它将从基色和混合色中选取最大的通道值来创建结果色。

- 叠加模式：使用叠加模式除了保留基本颜色的高亮和阴影颜色不会被替换外，还能使其他颜色混合起来表现原始图像颜色的亮度或暗度。快捷键为Shift+Alt+O。
- 柔光模式：柔光模式使下层图像产生透明、柔光的画面效果快捷键为Shift+Alt+F。
- 强光模式：强光模式使下层图像产生透明、强光的画面效果快捷键为Shift+Alt+H。
- 亮光模式（Vivid Light）：亮光模式根据混合的颜色来增加或减少图像的对比度。如果混合颜色亮于50%的灰度，图像就会通过减少对比使整体色调变亮；如果混合颜色暗于50%的灰度，图像就会通过变暗来增加图像色调的对比。快捷键为Shift+Alt+V。
- 线性光模式：线性光模式根据混合的颜色来增加或减少图像的亮度。如果混合颜色亮于50%的灰度，图像就会通过增加亮度使整体色调变亮；如果混合颜色暗于50%的灰度，图像就会通过减少亮度来使图像变暗。快捷键为Shift+Alt+J。
- 点光模式：根据混合色替换颜色。如果混合色（光源）比50%灰色亮，则替换比混合色暗的像素，而不改变比混合色亮的像素。如果混合色比50%灰色暗，则替换比混合色亮的像素，而比混合色暗的像素保持不变。这对于向图像添加特殊效果非常有用。
- 实色混合：将混合颜色的红色、绿色和蓝色通道值添加到基色的RGB值。如果通道的结果总和大于或等于255，则值为255；如果小于255，则值为0。因此，所有混合像素的红色、绿色和蓝色通道值要么是0，要么是255。这会将所有像素更改为原色：红色、绿色、蓝色、青色、黄色、洋红、白色或黑色。
- 差值模式：差值模式会比较上、下两个图层的图像颜色，使形成图像的互补色效果。同时，如果像素之间没有差别值，会使该图像上显示的像素呈现出黑色。快捷键为Shift+Alt+E。
- 排除模式：排除模式和差值模式的功能是一样的，但会使图像的颜色更为柔和，整体为灰色调。快捷键为Shift+Alt+X。
- 色相模式：使用色相模式会改变图像的颜色而不改变亮度和其他数值。快捷键为Shift+Alt+U。
- 饱和度模式：使用饱和度模式将增加图像整体的饱和度，使图像色调更明丽。快捷键为Shift+Alt+T。
- 颜色模式：颜色模式使用图像基本颜色的亮度和混合颜色的饱和度、色相来生成一个新的颜色。该模式适用于灰色调和单色的图像。快捷键为Shift+Alt+C。
- 明度模式：用基色的色相和饱和度以及混合色的明亮度创建结果色。此模式创建与"颜色"模式相反的效果。快捷键为Shift+Alt+Y。

使用图层混合模式进行重新着色实例

选择菜单栏中的"文件"→"打开"命令，打开配套光盘中的"源文件/第4章/2.jpg"图像。

（1）右键单击Photoshop CC的工具箱中的"套索工具"按钮，在其弹出的隐藏菜单中选择"磁性套索工具" 。使用磁性套索工具选取图像上的沙发坐垫，如图 9-37 所示。

（2）按下 F7 键，打开 Photoshop CC 的"图层"面板。然后，在按住 Alt 键的同时单击"图层"面板中的"创建新的填充或调整图层"按钮 ，在弹出的图层菜单上选择"纯色"。

（3）在弹出的"新图层"对话框中的模式下拉选项中选择"色相"，再单击"确定"按钮退出"新图层"对话框。退出"新图层"对话框的同时，会弹出"拾色器"对话框。该对话框用来选择选区的颜色。

（4）在"拾色器"对话框中按下"自定"按钮，进入"自定颜色"对话框，选择颜色。在"色库"的下拉菜单中选择"PANTONE®pastel coated"，然后，在颜色选框中选择颜色"PANTONE Green 0921 C"，如图 9-38 所示。

（5）单击"确定"按钮退出"自定颜色"对话框，这时图像上的沙发坐垫的颜色已经变成了刚选择的绿色，但沙发的亮度、饱和度等都没有变化，如图 9-39 所示。

（6）在"图层"面板上会自动增加一个蒙版图层，可以在这个图层上进一步修改色彩效果，而不会影响到原始的背景图层，如图 9-40 所示。如果对重新着色效果不满意，还可以直接把这个图层拖到"图层"面板的"删除图层"按钮 上，删除这个图层。

图9-37 选择图像选区

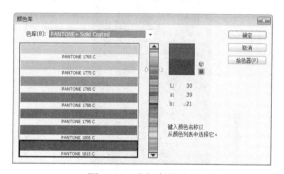

图9-38 选择色库中的颜色

图9-39 着色后的图像效果

图9-40 "图层"面板的新增图层

9.3.5 通道颜色混合

1．通道

通道是 Photoshop CC 提供给用户的一种观察图像色彩信息和储存的手段，它能以单一颜色信息记录图像的形式。一幅图像通过多个通道来体现色彩信息。同时，Photoshop CC 色彩模式的不同决定了不同的颜色通道。例如，RGB 色彩模式分为 3 个通道，分别表示红色（R）、绿色（G）和蓝色（B）3 种颜色信息。

选择菜单栏中的"窗口/通道"命令，就能打开"通道"面板。"通道"面板如图 9-41 所示。可以使用图像的其中一个通道进行单独操作，观察通道所表示的色彩信息，并改变该通道的特性。

2．通道混合器

选择菜单栏中的"图像"→"调整"→"通道混合器"命令，就能打开"通道混合器"对话框，如图 9-42 所示。通过使用通道混合器，可以完成以下操作：

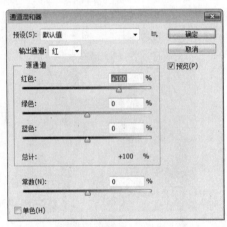

图9-41　"通道"面板　　　　　　　　　图9-42　"通道混合器"对话框

- 有效地校正图像的偏色状况。
- 从每个颜色通道选取不同的百分比创建高品质的灰度图像。
- 创建高品质的带色调彩色图像。

3．通道混合器的使用

（1）通道混合器的工作原理　选定图像中其中一个通道作为输出通道，然后根据图像的该通道信息及其他通道信息进行加减计算，达到调节图像的目的。

（2）通道混合器的功能　输出通道可以是图像的任意一个通道，源通道则根据图像色彩模式的不同而变化。色彩模式为 RGB 时，源通道为 R、G、B；色彩模式为 CMYK 时，源通道为 C、M、Y、K。假设以绿色通道为当前选择通道，则在图像中操作的结果只在绿色通道中发生作用，因此绿色通道为输出通道。

通道混合器中的"常数"是指该通道的信息直接增加或减少颜色量最大值的百分比。

通道混和器只在图像色彩模式为 RGB、CMYK 时才起作用，在图像色彩模式为 LAB 或其他模式时不能进行操作。

4．使用通道混合器制作灰度图像实例

（1）在 Photoshop CC 中选择菜单栏中的"文件"→"打开"命令，打开配套光盘中"源文件/第4章/餐厅.jpg"图像文件。

（2）选择菜单栏中的"窗口"→ "通道"命令，打开"通道"面板。在"通道"面板中,分别单击选择红、绿和蓝3个通道来观察图像中各个颜色的情况,如图9-43～图9-45所示。从比较这3个通道的颜色来看，由于图像中右面墙壁和地面的红色成分较多，所以红色通道中的右面墙壁和地面较为明亮；在绿色通道中，窗户和带窗户的墙壁较为明亮，而且有丰富的细节；而由于照片中蓝色成分较少，所以蓝色通道很暗，并且比较模糊。

图9-43 红色通道　　　　　　　　　　　　　图9-44 绿色通道

图9-45 蓝色通道

（3）在"通道"面板中单击选择 RGB 通道，回到彩色视图。为了便于以后对图像的进一步修改和调整，按下F7键打开"图层"面板，在使用图层下调整通道颜色。

（4）单击"图层"面板的"创建新的填充或调整图层"按钮，在弹出的图层菜单上选择"通道混合器"，如图9-46所示。这样，Photoshop CC 会在背景图层上建立"通道混合器"调整图层，而对于背景图层则毫无影响。

（5）在弹出的"通道混合器"对话框（见图 9-47）中勾选"单色"复选框。这时，输出通道则变为"灰色"选项，图像也由彩色变为灰度图像。

注意

在默认的情况下，通道混合器的源通道中红色通道值为100%，绿色通道和蓝色通道均为0%。所以，在输出通道转为灰色通道时，绿色通道和蓝色通道均被扔掉，而红色通道则全部输出到灰色通道。在图像窗口的预览中可以看到，得到的效果实际上与在通道调板中只选择红色通道是一样的。

图9-46　选择"通道混合器"　　　　　　图9-47　"通道混合器"对话框

（6）根据图像预览效果，需要调整各个通道的输出比例，从而得到最理想的灰度图像效果。另外，为了调整的图像效果不出现过暗或者过亮，3 个通道的比例之和应保持在100%左右。"通道混合器"参数设置如图 9-48 所示。

（7）单击"确定"按钮关闭"通道混合器"对话框。这时，图像的灰度效果如图 9-49所示。如果需要进一步地修改图像的灰度效果，在"图层"面板上双击"通道混合器"图层，就会再次弹出"通道混合器"对话框以进行修改。

（8）通过通道混合器调整后的图像仍然是 RGB 色彩模式。在"图层"面板的"通道混合器"图层上按下 Ctrl+E 快捷键，将调整图层和背景图层进行合并。然后，选择菜单栏中的"图像"→"模式"→"灰度"命令，在弹出的"是否要扔掉颜色信息"对话框中单击"确定"按钮进行确定。这样，图像文件就转化为真正的灰度图像，"通道"面板中也只有灰色通道了。

5．使用通道混合器调整图像色调实例

（1）在 Photoshop CC 中选择菜单栏中的"文件→打开"命令，打开配套光盘中的"源文件/第 4 章/走廊.jpg"图像文件。这时，可以看到图像整体色调偏红，颜色较暗。

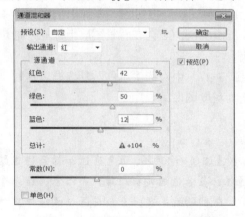

图9-48　"通道混合器"参数设置　　　　　　图9-49　灰度图像效果

（2）选择菜单栏中的"窗口"→ "通道"命令，打开"通道"面板，如图 9-50 所示。在"通道"面板中，观察各个通道颜色的情况，可以看到绿色和蓝色通道比较暗。

（3）按下 F7 键，打开"图层"面板，单击"图层"面板中的"创建新的填充或调整图层"按钮 ，在弹出的图层菜单上选择"通道混合器"，打开"通道混合器"对话框。

（4）在"通道混合器"对话框中，设置输出通道为绿色，并调整参数如图 9-51 所示，单击"确定"按钮进行确定。

（5）在"图层"面板上再次打开"通道混合器"对话框，调整参数如图 9-52 所示。

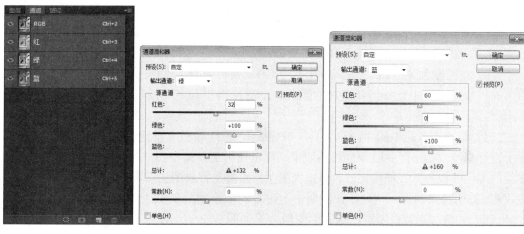

图9-50 "通道"面板　　图9-51 "通道混合器"设置1　　图9-52 "通道混合器"设置2

（6）在"图层"面板上单击选择背景图层，按下 Ctrl+M 快捷键，打开"曲线"面板，调整曲线如图 9-53 所示，单击"确定"按钮进行确定。这时，图像色调效果如图 9-54 所示。

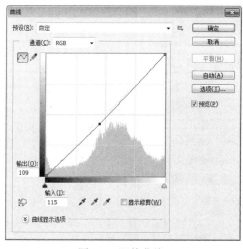

图9-53 调整曲线

图9-54 图像色调效果

9.3.6 黑白图像上色

早期的摄影照片都是黑白的，照片上色专家需要使用颜料和染料来为黑白照片上色。当今天彩色照片广泛普及时，在电脑上手工上色似乎也很流行，尤其在 Photoshop CC 中，为每种颜色创建一个单独的图层，可以有很大的灵活空间来控制每种颜色和黑白照片的相互作用过程。这样，就可以随心所欲地为黑白图像上色和修改，创造出让人耳目一新的效果。

黑白图像上色实例：

（1）在 Photoshop CC 中选择菜单栏中的"文件"→ "打开"命令，打开配套光盘中的"源文件/第 9 章/走廊.jpg"图像文件，如图 9-55 所示。然后，选择菜单栏中的"图像"→"模式"→ "RGB 颜色"命令，把图像由灰度模式转化为可上色的色彩模式。

（2）按下 F7 键，打开"图层"面板，按住 Alt 键单击"图层"面板底部的"新建图层"按钮，打开"新建图层"对话框，分别设置"模式"和"不透明度"的参数，如图9-56 所示。然后，按下"确定"按钮进行确定。

（3）在刚刚创建的图层上添加颜色。单击工具箱中的"前景色设置工具"按钮，在弹出的"拾色器"中选择需要添加的颜色，然后单击"确定"按钮进行确定，如图 9-57所示。

（4）单击工具箱中的"画笔工具"按钮，在选项栏上设定相应的画笔大小，在图像上进行描绘。如果需要修改描绘的效果，可以使用工具箱中的"橡皮擦工具"按钮把描绘的颜色予以擦除。描绘完后，单击"图层"面板上背景图层前面的"指示图层可视性"按钮，关闭背景图层。这时，在图层 1 上进行的描绘如图 9-58 所示。

（5）重新打开背景图层，这时的图像效果如图 9-59 所示。用同样的方法，为每一个需要添加的颜色单独设置一个图层进行上色。这样，当某一个图层上的颜色不合适时，就可以通过调节该图层的"不透明度"或"模式"来进行修改，使得调整画面效果比较容易。

图9-55　原始图像

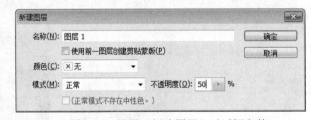

图9-56　设置"新建图层"对话框参数

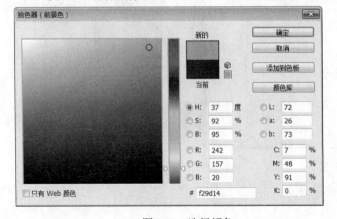

图9-57　选择颜色

图9-58　给图层1添加颜色

（6）完成上色后，需要调整色彩的整体效果。选择菜单栏中的"图像"→"新建"

→ "组"命令，在弹出的"新建组"对话框中进行设置，如图9-60所示。然后，单击"确定"按钮进行确定。这样，就可以编辑图层组来改变图层组中所有图层属性。另外，还可以单独编辑图层组中的每一个图层。

图9-59　上色效果　　　　　　　　图9-60　创建新图层组

（7）在"图层"面板上调整图层的位置，如图9-61所示。根据画面效果，通过编辑图层的 "不透明度"或"模式"来调整画面的颜色强度效果。最后的图像效果如图 9-62 所示。

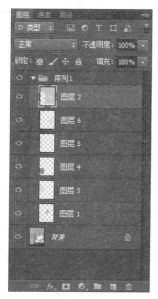

图9-61　调整图层位置　　　　　　图9-62　图像效果

第  章

在 Photoshop 中进行后期处理

本章讲解的是室内效果图制作流程中使用
Photoshop 进行后期处理这一步骤。通过演示宾馆室内
效果图的图像处理，读者将掌握使用 Photoshop 进行图
像的合并、变形、选择和调整色调。

◎ 巩固上一章学习的基本知识。
◎ 学习利用 Photoshop 进行后期处理的具体方法与技巧。

10.1 对大堂进行后期处理

本节主要介绍宾馆大堂的渲染图像在 Photoshop 中的调整方法和技巧。

10.1.1 添加人物和饰物

01 运行 Photoshop CC。

02 选择菜单栏中的"文件"→"打开"命令,打开并选择本书配套光盘中"源文件/效果图/大堂图像文件"。

03 选择菜单栏中的"文件"→"打开"命令,打开并选择本书配套光盘中"源文件/渲染/大堂/PS/E-A-001.psd"文件。选择工具箱中的"魔棒"按钮 ,在图像的透明背景上单击,再单击鼠标右键,在弹出的快捷菜单中选择"选取相似"命令,选中图像所有的透明区域,如图 10-1 所示。

04 选择菜单栏中的"选择"→"反向"命令,选取图像中的人物。然后,单击工具栏中的"移动工具"按钮 ,把选中的人物拖到大堂图像中。

05 按下 Ctrl+T 快捷键对人物进行大小比例的缩放,使其在大堂中的大小和位置如图 10-2 所示。

图10-1 选择透明区域

06 制作人物的投影。单击大堂图像的"图层"面板的人物图层,按右键在快捷菜单中选择"复制图层",并使复制的图层置于人物图层的下层。选择菜单栏中的"编辑"→"变换"命令,把复制的人物副本进行变形,如图 10-3 所示。

07 选择菜单栏中的"图像"→"调整"→"亮度/对比度"命令,在"亮度/对比度"面板中移动滑块进行调整，如图 10-4 所示。

08 激活人物投影图层并调整该图层的不透明度值，如图 10-5 所示。

图10-2 调整大小比例和位置 　　　　图10-3 进行斜切变形

图10-4 调整亮度/不透明度 　　　　图10-5 调整图层的不透明度

09 添加其他人物。选择菜单栏中的"文件"→"打开"命令，打开并选择本书配套光盘中"源文件/渲染/大堂/PS/E-B-019.psd 和"E-C-009"文件。按照同样的方法进行选取、移动、缩放和制作投影，如图 10-6 所示。

10 制作大堂壁上的文字。选择工具箱中的"文字工具"按钮 **T**，在视图上单击输入文字"客运宾馆"。使文字图层处于激活状态，单击"图层"面板下方的"添加图层样式"按钮 **fx**，在弹出的快捷菜单中选择"投影"选项。

11 在弹出的"图层样式"面板中进行文字图层投影的设置，如图 10-7 所示。

12 在文字图层上单击右键，在快捷菜单中选择"删格化图层"使其转化为普通图层。选择菜单栏中的"编辑"→"变换"→"透视"命令，把文字进行透视变形，这时，大堂效果如图 10-8 所示。

图10-6 添加其他人物

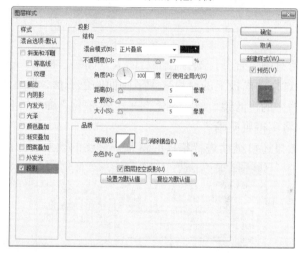

图10-7 设置文字图层的投影

图10-8 大堂效果

📖 10.1.2 调整效果图整体效果

01 单击大堂的背景图层，按下 Ctrl+L 快捷键，打开"色阶"对话框。拖动对话框中的滑块调节画面的对比度，如图 10-9 所示。

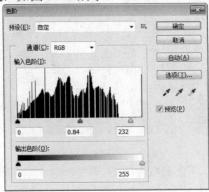

图10-9 "色阶"对话框

02 将图层中所有图层合并，选择合并后的大堂图层，按下 Ctrl+B 快捷键打开"色彩平衡"对话框，通过拖动面板上的滑块来调节画面的色彩值，如图 10-10 所示。

03 选择菜单栏中的"滤镜"→"锐化"→ USM 锐化"命令，参数如图 10-11 所示。这样，整体画面效果将变得更明晰。

04 根据画面效果还可继续进行整体的调整，最终的效果图如图 10-12 所示。

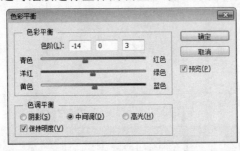

图10-10 调整画面色彩

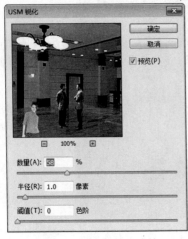

图10-11 添加锐化滤镜

图10-12 最终效果

10.2　对标准间进行后期处理

本节主要介绍宾馆标准间的渲染图像在 Photoshop 中的调整方法和技巧。

10.2.1　添加饰物

01 运行 Photoshop CC。选择菜单栏中的"文件"→"打开"命令，打开并选择本书配套光盘中"源文件/效果图/标准间图像文件"。

02 选择菜单栏中的"文件"→"打开"命令，打开并选择本书配套光盘中"源文件/渲染/标准间/PS/植物.psd"文件。选取图像中的植物将其拖拽到标准间图像中，如图 10-13 所示。

03 单击工具栏的"移动工具"按钮 ，把选中的植物拖到标准间图像中。按下 Ctrl+T 键对植物进行大小比例的缩放，如图 10-14 所示。把植物调整到适当的大小后，放在窗台旁的茶几上。

图10-13　选取植物

图10-14　进行比例缩放

04 制作植物的投影。在"图层"面板激活植物图层，在图像文件上按下 Ctrl+A 快捷键全选图层上的像素。然后，激活标准间图层，在图像文件上按下 Ctrl+V 快捷键进行粘贴植物图层。

05 按下 Crtl+T 快捷键，单击鼠标右键，在弹出的快捷菜单中依次选择"垂直翻转"和"斜切"命令进行调整阴影的形状，如图 10-15 所示。调整后按下 Enter 键进行确定。

06 选择菜单栏中的"图像"→"调整"→"亮度/对比度"命令"在亮度/对比度面板中移动滑块进行调整，如图 10-16 所示。

图10-15　调整阴影形状　　　　　　　　　　图10-16　调整亮度/对比度

07 在"图层"面板上把该层的不透明度数值设置为20%，如图10-17所示。

08 单击工具栏的"框选工具"按钮，在图像文件上框选露出桌面的部分，然后按Delete键进行删除，如图10-18所示。

图10-17　设置不透明度　　　　　　　　　图10-18　框选多余部分

09 在"图层"面板上单击植物图层，两次按下Ctrl+E快捷键向下合并图层，把植物、植物投影和标准间图层合并为一个图层。

10.2.2　调整效果图整体效果

01 单击标准间图层，按下Ctrl+L快捷键，打开"色阶"对话框。拖动对话框中的滑块调节画面的对比度，如图10-19所示。

02 按下Ctrl+B快捷键打开色彩平衡面板，色彩平衡面板的设置如图10-20所示。

03 选择菜单栏中的"滤镜"→"锐化"→"USM锐化"命令，参数如图10-21所示。这样，整体画面效果将变得更明晰。最后，标准间效果图如图10-22所示。

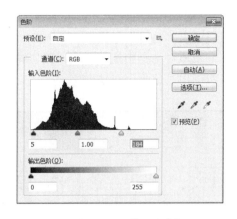

图10-19 调整对比度

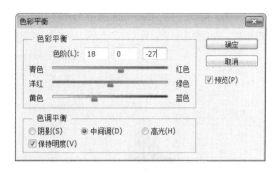

图10-20 调整色彩平衡

图10-21 锐化滤镜参数

图10-22 标准间效果图

10.3 对卫生间进行后期处理

本节主要介绍宾馆卫生间的渲染图像在 Photoshop 中的各项调整方法和技巧。

01 运行 Photoshop CC。选择菜单栏中的"文件"→"打开"命令，打开并选择本书配套光盘中"源文件/效果图/卫生间图像文件"，如图 10-23 所示。

图10-23 调整构图

02 按下 Ctrl+L 快捷键打开"色阶"对话框，在该对话框中拖动滑块，调节画面的对比度，如图 10-24 所示。然后，单击"确定"按钮退出"色阶"对话框。

03 按下 Ctrl+L 快捷键打开"色阶"对话框，在该对话框中拖动滑块，调节画面的对比度，如图 10-25 所示。然后，单击"确定"按钮退出"色阶"对话框。

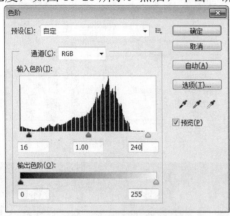

图10-24　调节图像对比度

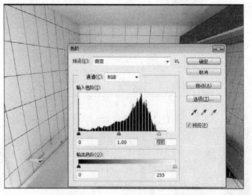

图10-25　调节选中区域亮度

04 整体调节画面的色调。按下 Ctrl+B 快捷键再次打开"色彩平衡"面板，调节整体画面的色彩，如图 10-26 所示。

05 单击工具栏的"模糊工具"按钮 ，设定相应的画笔大小，对渲染时出现的阴影锯齿的边缘进行模糊处理。

06 选择菜单栏中的"滤镜"→"锐化"→"USM 锐化"命令，参数如图 10-27 所示。这样，整体画面效果将变得更明晰。卫生间效果图如图 10-28 所示。

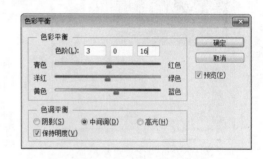

图10-26　调节顶棚的色彩

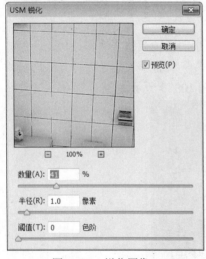

图10-27　锐化图像

图10-28　卫生间效果

10.4　对会议室进行后期处理

本节主要介绍宾馆会议室的渲染图像在 Photoshop 中的调整方法和技巧。

📖10.4.1　添加饰物

01 运行 Photoshop CC。选择菜单栏中的"文件"→"打开"命令，打开并选择本书配套光盘中"源文件/效果图/会议室图像文件"。

02 选择菜单栏中的"文件"→"打开"命令，打开并选择本书配套光盘中"源文件/渲染/标准间/PS/植物.psd"文件。选择工具箱中的"魔棒"按钮，在图像的白色背景上单击，选择菜单栏中的"选择"→"反向"命令，选取图像中的植物，如图 10-29 所示。

图10-29　选取植物

03 单击工具栏的"移动工具"按钮，把选中的植物拖到标准间图像中。然后，按下 Ctrl+T 快捷键对植物进行大小比例的缩放，如图 10-30 所示。当调整到适当的大小后，按下 Enter 键进行确定。

04 单击工具栏的"框选工具"按钮，在图像文件上框选沙发和植物重叠的部分，然后按下 Delete 键进行删除，如图 10-31 所示。

图10-30　调整植物大小

图10-31　框选沙发和植物重叠区域

05 用同样的方法导入相应路径下的"源文件/渲染/标准间/PS/花.psd"图像文件，并调整其大小放在会议室的茶几上。然后，依次按下Ctrl+A快捷键、Ctrl+C快捷键和Ctrl+V快捷键，对图像进行图层全选、复制和粘贴。

06 按下Ctrl+T快捷键，在自由变形编辑框中单击鼠标右键，在快捷菜单中选择"垂直翻转"命令，如图10-32所示。

07 在"图层"面板上设置该层的不透明度为40%，然后使用"框选工具"按钮 ，选择下面露出茶几以外的部分，按下Delete键进行删除。

08 在"图层"面板激活该图层，按下Ctrl+E快捷键进行向下合并图层，把花图层和投影图层进行合并。然后，依次按下Ctrl+A、Ctrl+C和Ctrl+V快捷键，再复制出两个同样的图像放在会议室另外两个茶几上。这时，会议室效果图如图10-33所示。

图10-32　垂直翻转

图10-33　会议室效果图

10.4.2　调整效果图整体效果

01 单击会议室图层，按下Ctrl+L快捷键，打开"色阶"对话框。拖动对话框中的滑块调节画面的对比度，如图 10-34 所示。然后，单击"确定"按钮退出"色阶"对话框。

02 整体调节画面的色调。激活图层 0，取消对所有物体的选择，按下 Ctrl+B 快捷键再次打开"色彩平衡"面板，调节整体画面的色彩，如图 10-35 所示。

图10-34　调节画面对比度

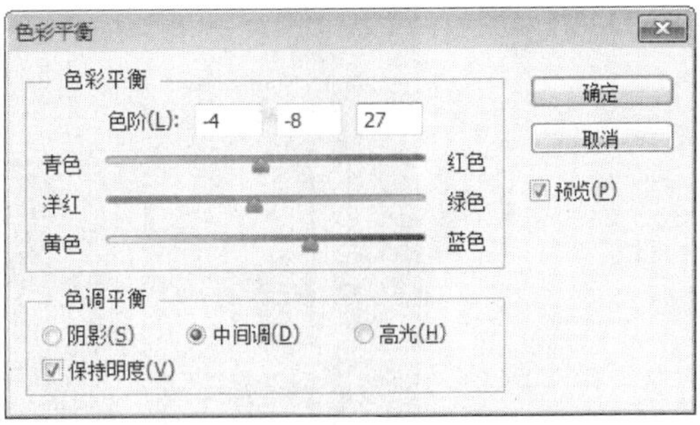

图10-35　调节整体画面的色彩

03 选择菜单栏中的"滤镜"→"锐化"→"USM 锐化"命令，参数如图 10-36 所示。这样，整体画面效果将变得更明晰。最后，会议室效果图如图 10-37 所示。

图10-36　锐化图像

图10-37　会议室效果

10.5 对公共走道进行后期处理

本节主要介绍宾馆公共走道的渲染图像在 Photoshop 中的调整方法和技巧。

01 运行 Photoshop CC。选择菜单栏中的"文件"→"打开"命令，打开并选择本书配套光盘中"源文件/效果图/公共走道图像文件"。

02 设置构图，由于图像两边较空，需要对图像进行裁切。单击工具箱中的"裁切工具"按钮，框选设置图像的构图，使图像多余的部分不被框选，显示为深色，如图 10-38 所示。

03 按下 Ctrl+L 快捷键打开"色阶"对话框，在该对话框中拖动滑块，调节画面的对比度，如图 10-39 所示。然后，单击"确定"按钮退出"色阶"对话框。

04 按下 Ctrl+L 快捷键打开"色阶"对话框，拖动滑块调节选中区域的对比度，如图 10-40 所示。

图10-38 调整构图

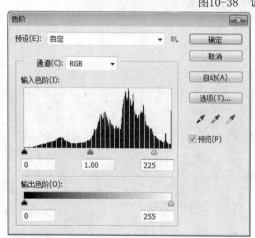

图10-39 调节图像对比度

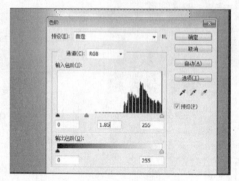

图10-40 调节选中区域亮度

05 退出"色阶"对话框后，按下 Ctrl+B 键打开"色彩平衡"对话框，拖动滑块调节顶棚的颜色，如图 10-41 所示。然后，单击"确定"按钮退出"色彩平衡"对话框。

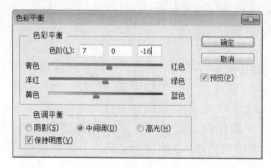

图10-41 调节顶棚的色彩

选择菜单栏中的"滤镜"→"锐化"→"USM 锐化"命令，参数如图 10-42 所示。这样，整体画面效果将变得更明晰。最后，公共走道效果图如图 10-43 所示。

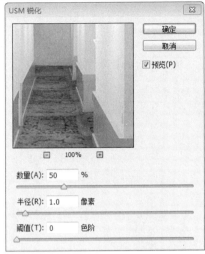

图10-42　锐化参数设置　　　　　　　图10-43　公共走道效果图